王 皓 ◎编著

Flutter
小白开发

跨平台客户端应用开发学习路线

清华大学出版社
北京

内 容 简 介

本书以移动平台（iOS/安卓）与 Web 平台为例，系统地介绍如何基于 Flutter 框架开发跨平台的应用。

本书分为三大部分，共 27 章。第一部分（第 1～4 章）主要介绍开发前要做的准备工作，包括安装命令行界面、开发环境，熟悉 Dart 语言和包管理知识；第二部分（第 5～14 章）带领大家熟悉和理解 Flutter 框架，掌握 Flutter 应用开发的基础知识；第三部分（第 15～27 章）是 Flutter 实践，结合服务端应用接口，实现一些真实应用里经常用到的界面，并将做好的应用发布到应用商店。

本书提供了一套系统、全面的训练任务，从易到难，轻松有趣。从准备开发工具与开发环境开始，熟悉程序语言，了解应用框架，直到具体实践与应用分发，引领大家逐步掌握 Flutter 应用框架的使用技巧，获得开发移动端应用的基础能力，对于初学者来说非常友好。

本书可作为 Flutter 应用开发者的入门图书，也可作为服务端开发者和独立开发者的参考用书。

图书在版编目（CIP）数据

Flutter 小白开发：跨平台客户端应用开发学习路线 / 王皓编著 . —北京：清华大学出版社，2023.5
ISBN 978-7-302-63336-5

Ⅰ．①F… Ⅱ．①王… Ⅲ．①移动终端—应用程序—程序设计 Ⅳ．①TN929.53

中国国家版本馆 CIP 数据核字（2023）第 063761 号

责任编辑：贾小红
封面设计：姜　龙
版式设计：文森时代
责任校对：马军令
责任印制：沈　露

出版发行：清华大学出版社
网　　　址：http://www.tup.com.cn，http://www.wqbook.com
地　　　址：北京清华大学学研大厦 A 座　　　　　　　　邮　　编：100084
社 总 机：010-83470000　　　　　　　　　　　　　　　邮　　购：010-62786544
投稿与读者服务：010-62776969，c-service@tup.tsinghua.edu.cn
质量反馈：010-62772015，zhiliang@tup.tsinghua.edu.cn
印 装 者：北京嘉实印刷有限公司
经　　销：全国新华书店
开　　本：185mm×260mm　　　　印　　张：25　　　　字　　数：573 千字
版　　次：2023 年 6 月第 1 版　　　　　　　　　　　　印　　次：2023 年 6 月第 1 次印刷
定　　价：98.80 元

产品编号：093764-01

前　言

Preface

Flutter 最初是由 Google 公司发起的开源项目，现如今已广泛用于各行各业的应用开发中。不仅 Google 内部会使用它构建应用，国内几乎所有大公司也都在使用 Flutter，如阿里的闲鱼 App，就是一个非常成功的应用案例。

基于 Flutter 框架，你可以用同样的方法为不同的平台开发应用，即你可以使用同一种方法构建跨 iOS、安卓、Web、macOS、Windows、Linux 等平台的应用。使用 Flutter 内建的界面组件（小部件），可以快速做出应用界面，从而大大提高开发效率。开发体验也十分顺畅，保存项目文件以后，就可以实时预览应用界面的变化。

为什么要写本书

Flutter 中有上千个小部件，从中提取常用的小部件，也会有上百个。但问题是我们即便搞明白了这上百个小部件的用法，也不一定有能力将它们组织在一起，实现一个完整的应用。

本书为读者提供了一套系统的训练任务，从准备开发工具与环境，熟悉程序语言，了解应用框架，直到具体实践与分发应用。读者并不需要面面俱到地学习 Flutter 应用提供的全部内容，重要的是理解与掌握方法，这就需要亲手写一些代码，真正完成一个应用，才能学会如何把各种零部件组织成一个完整的系统。

设计本书内容时，笔者尽量通过一些可实际操作的任务，引领大家逐步理解 Flutter 应用框架，构建起一套系统的应用开发方法，获得开发移动端应用的基础能力。因此，本书内容知识点虽多，但整体架构从易到难，轻松有趣，对于初学者来说非常友好。

本书内容

本书以移动平台（iOS/安卓）与 Web 平台为例，系统地介绍如何基于 Flutter 框架开发跨平台的应用。

第一部分：开发准备。

第一部分包括第 1~4 章，主要介绍了开发前要做的准备工作。读者需要准备好开发用的工具，如代码编辑器、终端、源代码管理工具等，在 Windows 或 macOS 平台上搭建好应用的开发环境，熟悉开发 Flutter 应用使用的 Dart 程序语言。

第二部分：Flutter 基础。

第二部分包括第 5~14 章，主要工作是带领大家熟悉和理解 Flutter 框架，掌握 Flutter 应用开发的基础知识。读者要了解一些常用的小部件，能搭建页面的基础结构，能够自定义小部件，还要学会管理应用的路由与状态，并掌握通过网络获取应用数据的方法。

第三部分：Flutter 实践。

第三部分包括第 15~27 章，主要内容是实践之前所学，结合服务端应用接口，实现一些真实应用里经常用到的界面。读者需要学会创建内容列表页面和显示内容详情页面，实现用户注册与登录功能，能够创建内容与上传文件，实现内容点赞功能，并能将做好的应用发布到 Apple Store 中（仅限于 iOS 应用）。

读者对象

- ☑ 应用开发初学者：如果您对应用开发感兴趣，但又不知道从哪里下手，这本书就是非常好的起点。
- ☑ 在校学生：本书提供了完整的跨平台应用开发训练与学习路线。
- ☑ 服务端开发者：通过本书您可以掌握客户端（iOS、Android 与 Web）应用开发。
- ☑ 独立开发者：想要通过独立设计与开发应用成为一名独立开发者，掌握客户端应用开发是必不可少的技能。

本书学习资源

本书提供了详细的教学视频，以及项目代码、文件资源、后端服务、前端应用等学习资源。读者可扫描右侧二维码，查询学习资源的获取方式。

学习资源 | 读者服务

- ☑ 项目代码：在 Github 与 Coding 上，可找到本书开发的应用源代码。读者可以用 Git 将项目复制到本地，运行并调试，可以使用一些带图形界面的 Git 工具，检查项目里的每一次提交。

☑　文件资源：本书提供了开发应用时需要的一些图像、小图标等文件资源。

☑　后端服务：开发 Flutter 应用时需要配合使用服务端接口，如获取内容列表数据、处理用户注册与登录、发布内容上传文件等。笔者开发了一个服务端应用，读者可以在开发时直接使用该服务端应用里提供的接口。

☑　前端应用：笔者使用 Vue.js 框架开发了一个前端应用，在这个应用里使用的服务端接口，跟书中开发的应用使用的服务端接口是同一个。

读者服务

读者可通过宁皓网联系笔者，也可添加笔者的微信或关注 B 站账号。我们可以交流技术，也可以畅聊工作与生活。

王皓

2023 年 5 月

目　录

Contents

第一部分　开　发　准　备

第二部分　Flutter 基础

第三部分 Flutter 实践

第一部分

开发准备

- ↪ 准备开发 Flutter 应用需要的工具与环境。
- ↪ 熟悉 Dart 程序语言。

第1章

准备开发

本章将带领读者熟悉命令行界面的工作方式，准备好代码编辑器，并配置好源代码管理工具。

1.1　命令行界面

开发应用时，很多任务需要在命令行界面下完成，即需要通过输入一些字符命令来完成，如远程连接管理服务器、创建应用、启动应用的开发服务、做源代码管理等。执行这些字符命令的地方就叫作命令行界面。

命令行是每位开发者都必须掌握的工具，读者应尽早熟悉这种工作方式。

操作系统通常会自带命令行界面，如 Windows 系统下的 cmd 和 PowerShell。相比 Linux 和 macOS 系统，Windows 系统自带的命令行工具缺少了很多实际开发需要用到的命令，所以建议读者安装一个更好用的命令行界面——Cmder。macOS 用户则可以使用系统自带的终端。

1.1.1　任务：Windows 系统下准备命令行界面 Cmder

如果用户计算机上使用的是 Windows 操作系统，可以下载、安装完整版的 Cmder。

> 提示：本书中提示用户"打开终端"或"在终端"，均表明打开 Cmder，新建一个 bash as Admin 类型的命令行标签。

1. 下载完整版 Cmder

登录 Cmder 官方网站，下载页面提供了 Mini（迷你）版和 Full（完整）版的 Cmder。建议读者下载完整版的 Cmder，其中包含了大量的工具，在后面的开发中会陆续用到一些。

2. 安装 Cmder

下载的安装文件通常是一个压缩包，解压后可得到一个 cmder 文件夹。其中，Cmder.exe 文件就是要安装的命令行界面。把解压后得到的 cmder 文件夹复制到 C:\Program Files 目录下。为了方便使用，可以在桌面上创建一个 Cmder 快捷方式。

3. 以管理员身份运行 Cmder

使用 Cmder 时，有些工具或任务需要用到系统管理员权限，所以在打开 Cmder 时，可用鼠标右击 Cmder 图标（快捷方式或 Cmder.exe），在弹出的快捷菜单中选择"以管理员身份运行"命令。

4．创建 bash as Admin 命令行标签

打开 Cmder 时会自动创建一个 cmd 类型的命令行界面，在其上执行命令和直接使用 Windows 系统自带的命令行工具差不多。我们需要的是一个 Bash 类型的命令行界面，后面所有需要在命令行下面执行的任务，都需要在这种 Bash 类型的命令行界面下完成。

打开 Cmder 后，单击右下角的绿色小加号图标，创建一个新的命令行标签，在 Startup command 下拉菜单里选择 bash::bash as Admin 命令，然后单击窗口右下角的 Start 按钮，就可以在这个命令行界面下使用很多 Cmder 自带的小工具，用法跟 Linux 或者 macOS 系统非常接近。

在 Cmder 底部的状态栏中会出现两个命令行标签：一个是 cmd.exe，这是默认创建的标签；另一个是 bash.exe，这是用户创建的命令行界面。执行命令时，需要在 bash.exe 标签上完成，如图 1.1 所示。

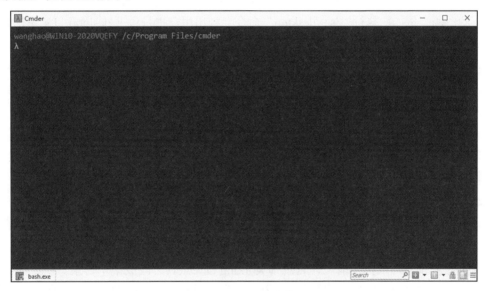

图 1.1　Cmder 软件

1.1.2　任务：在 macOS 系统下准备命令行界面 Terminal

终端（Terminal）是 macOS 系统自带的命令行界面，读者可以在启动里找到它，也可以在"聚焦搜索"中搜索 Terminal 或"终端"，找到 Terminal 工具。

1.1.3　任务：熟悉基本命令

打开终端，我们一起来认识基本的命令行工具，如输出当前所在位置、列出指定目录下的资源、进入目录等。

1．输出当前所在位置

```
pwd
```

命令行工具 pwd 的含义是 Print Working Directory，因此它可以输出用户当前所在的位置，即当前处于系统的哪个目录下。执行 pwd 命令，得到的结果是个路径，通过这个路径，用户可快速定位到自己当前所在的位置。

路径中不同目录间用斜杠"/"或反斜杠"\"进行分隔，在 Linux 与 macOS 系统下使用斜杠"/"，在 Windows 系统下使用反斜杠"\"。在 1.1.1 节中，我们在 Windows 系统上下载、安装 Cmder，并新建了一个 Bash 类型的命令行标签，表示路径用的斜杠也可以是"/"。

2．列出指定目录下的资源

```
ls
```

ls 是单词 List 的简称，因此该命令行工具可以列出当前目录或指定位置下有什么资源（即包含什么文件和目录）。在 ls 命令后加上一个目录位置，执行命令后，系统将列出指定目录下的资源。例如，执行"ls ~/desktop"命令会列出用户主目录下 desktop 目录里的资源。

3．理解命令行工具的选项

```
ls -la
```

这里同样使用了 ls 命令，但又添加了两个特殊选项"-l"和"-a"。命令行工具选项一般放在短横线"-"后，通过不同选项可以扩展命令行工具的功能。这里的两个选项，"-l"表示要用长格式显示列出的内容;"-a"表示要列出所有资源,包括隐藏资源。Linux 与 macOS 系统里以"."开头的文件或目录默认会被隐藏起来，要想在资源列表里显示这些隐藏的文件，就需要在 ls 命令后使用"-a"选项。

4．进入目录

```
cd ~/desktop
```

命令行工具 cd 的含义是 Change Directory，即改变当前的目录位置。使用 cd 命令，可以进入某个目录下，或把当前工作目录（Working Directory）改成某个目录。

cd 命令后是用户要进入的目录。其中，"~"（波浪号）表示用户的主目录。这里的用户指登录计算机时的用户名，假设使用 wanghao 这个用户登录，则"~"表示目录 /Users/wanghao（masOS 系统），~/desktop 表示目录/Users/wanghao/desktop。

执行上述命令后，将进入用户主目录下的 desktop 目录里，其中的资源会默认出现在用户计算机桌面上。

5．回到上一级目录

```
cd ../
```

"../"（两个点加一条斜杠）表示的是上一级目录。例如，对/Users/wanghao/ desktop 目录来说，其上一级目录是/Users/wanghao；"../../"表示上一级目录的上一级目录；"./"（一个点加一条斜杠）表示当前目录。

1.1.4 理解环境变量目录

在命令行界面，执行的命令其实都是一些小程序。这些小程序没有图形界面，所以只能在命令行界面下使用它们。另外，只有在一些特殊位置，用户才能通过名字直接使用这些小程序，不然就只能输入小程序的完整路径以准确定位到它们。这些特殊的位置就是环境变量目录。

Windows 用户可以打开 Cmder，新建一个 bash 类型的命令行界面。macOS 用户可以打开终端，然后执行：

```
echo $PATH
```

执行上面的命令，得到的是系统里的环境变量目录列表。你会发现有很多不同环境变量目录之间是用冒号分隔开的。echo 命令用于输出，要输出的是变量$PATH，其值就是一些环境变量目录的位置。当然，用户也可以通过配置，添加个人需要的环境变量目录。

总结一下，把命令行工具放在环境变量目录中，用户就可以在命令行界面中直接输入名字执行它们；否则就必须进入命令行工具所在的目录，或输入命令行工具的完整路径来执行它们。

假设我们创建了一个命令行工具 greet，其文件位于/Users/wanghao/desktop 目录下。在命令行界面执行 greet 命令时，需要这样写代码：

```
/Users/wanghao/desktop/greet
```

因为/Users/wanghao/desktop 目录并不是环境变量目录，所以必须输入完整的路径才能执行 greet 命令。当然，我们也可以通过配置让/Users/wanghao/desktop 目录变为环境变量目录。

如果我们把 greet 命令放在/usr/bin（macOS/Linux 系统）目录下，会发现在命令行界面使用 greet 命令时，直接输入 greet 执行就行了，因为/usr/bin 目录是一个环境变量目录。

1.1.5 知道命令来自哪里

如果读者想知道一个命令行工具到底在哪儿，可以用 which 命令。例如，想知道 ls 命令的位置，可以执行：

```
which ls
```

执行上述命令得到的就是 ls 命令行工具的位置。当然，ls 命令的具体位置取决于用户的操作系统。在 macOS 系统里，ls 命令的位置是/bin/ls；在 Windows 系统里，如果用户用的是 bash 类型的 Cmder，则 ls 工具的位置是/usr/bin/ls。usr 一般表示 user，也就是用户的意思，bin 目录里通常包含一些可执行程序。

需要注意的是，/usr/bin 应该是 Cmder 设置的一个目录别名，因为 Windows 系统里并不存在这个目录。在笔者的系统里，/usr/bin 的真正位置是/C/Program/Files/cmder/vendor/git-for-windows/usr/bin。进入该目录下，列出目录里的资源，会发现有很多.exe 后缀的文件，如可远程连接服务器的 ssh、可生成密钥文件的 ssh-keygen 等。Windows 系统自带的命令行界面一般不包含这些非常有用的可执行文件，这就是建议读者使用 Cmder 的原因。

1.1.6 命令行工具的帮助信息

如果读者想了解某个命令行工具的用法，可以在命令的后面加上--help 选项。例如：

```
ls --help
```

如果命令不提供--help 选项，可以试着用 man 命令查看命令的使用说明。例如：

```
man ls
```

命令的说明文档可能会分页显示，按 f 键可以向后翻页，按 b 键可以向前翻页，按 q 键可以退出文档。

1.1.7 命令行界面的配置文件

通过配置文件可以配置命令行界面，如设置命令的别名、添加新的环境变量等。

命令行的配置文件一般放在用户主目录下，名字取决于当前命令行界面使用的是哪种 Shell，一般是 bash 或 zsh。macOS 系统以前用的是 bash 命令行界面，但从 Catalina 版本开始，换成了 zsh。

下面以 macOS 为例，先来了解一下命令行界面的配置文件，搞清楚它在哪里，以及如何修改它。

打开系统终端，观察窗口标题栏上的文字。这里通常会显示用户名，用户名后是命令行界面当前使用的 Shell 类型，一般是 bash 或者 zsh。如果是 bash，需要在用户主目录下创建.bashrc 或.bash_profile 文件，它们都是 bash 的配置文件；如果是 zsh，需要在用户主目录下创建.zshrc 或者.zprofile 文件，它们都是 zsh 的配置文件。

从 Catalina 版本开始，macOS 开始推荐使用 zsh，如果不是，打开终端后会提示执行命令，把 Shell 从 bash 切换到 zsh。在确定使用的是 zsh 后，我们可以给它创建一个配置文件，然后修改命令提示符。默认的命令提示符如下：

```
wanghao@wanghaodeMacBook ~ %
```

默认的命令提示符包含了用户名、计算机名和当前所在目录。简化一下这个命令提示符，只需要一个→。

先创建一个 zsh 的配置文件，然后执行：

```
vi ~/.zshrc
```

vi 是在命令行界面使用的一个文本编辑器，其后紧跟的是要编辑的文件位置（如果文件不存在，则会新建一个）。打开文本编辑器后，先按 i 键打开编辑模式，然后就可以编辑文件内容了。输入：

```
PROMPT='→ '
```

上面这行命令配置的就是命令提示符。编辑完成后，按 esc 键退出编辑模式，然后输入 ":wq" 命令保存并退出文件。注意，输入上述命令时，一定要在英文状态下。

关掉终端，再重新打开它，或者执行 srouce ~/.zshrc 命令，会发现新的配置已生效，此时的命令提示符就会是我们修改之后的样子了。

1.2 代码编辑器

本书使用 VSCode 编写应用代码。VSCode 是一款通用型的编辑器，优点非常多，如开源、免费、跨平台、可定制、可扩展等，而且 Windows 用户与 macOS 用户都可以使用它。下面我们一起来认识 VSCode 代码编辑器。

1．下载并安装 VSCode

在 VSCode 官方网站下载适合个人操作系统的 VSCode 版本，然后把它安装在计算机上。

2．熟悉命令面板（Command Palette）

Windows 用户按 Shift+Ctrl+P 快捷键可打开命令面板，macOS 用户按 Shift+Command+P 快捷键可打开命令面板。

在 VSCode 编辑器里能做的操作，一般都可以在命令面板里执行。所以读者只需要先记住打开命令面板的快捷键，后续想干什么，直接在命令面板搜索相关命令然后执行操作就可以了。

3．打开项目

打开 VSCode 编辑器，单击活动栏上的"资源管理器"图标，编辑器的侧边栏上会出现一个"打开文件夹"（Open Folder）按钮，单击该按钮，即可浏览想要打开的项目目录。

4．用 code 命令打开项目

在终端可以用 code 命令行工具打开项目目录。例如：

```
cd ~/desktop/xb2_flutter
code ./
```

如果无法在终端使用 code 命令，可以先打开编辑器的命令面板，然后搜索 install code，执行 install 'code' command in PATH 命令。命令运行完成以后，重新打开终端，再试一下执行 code 命令。

5．修改编辑器主题

VSCode 编辑器可以通过主题（Theme）改变界面的样式。如果你看到别人的 VSCode 编辑器和自己的不太一样，通常就是因为他使用的颜色主题跟你不一样。

VSCode 自带了几款主题，选择一款自己喜欢的主题，然后可以定制一些细节，也可以额外再安装一些主题。一般的颜色主题除了可以改变界面的样式，还会影响代码文字的样式。打开编辑器的命令面板，搜索 Color Theme，打开颜色主题，然后在主题列表中选择一款个人喜欢的主题即可。

6．设置编辑器

编辑器的功能、行为和样式，可以在设置里定制。打开命令面板，然后搜索 Open Settings

UI，打开图形设置页面，进行自定义设置即可。

这里做的自定义设置会保存在设置文件里，因此也可以直接修改设置文件 settings.json 对编辑器进行设置。打开命令面板，搜索 Open Settings JSON，可以打开这个设置文件。

1.3　源代码管理

对项目做了修改后，使用源代码管理工具可以保留项目修改后的状态。

Git 是当下最流行的源代码管理工具。macOS 系统自带了 Git 工具，我们在 Windows 系统上下载的 Cmder 命令行界面里也包含了 Git 工具。用 Git 管理项目源代码时，需要记录提交和保存项目状态者的用户名，所以要提前配置 Git，告诉它操作者是谁。

1．配置全局用户名与邮件地址

打开终端，用 git config 命令进行配置，告诉 Git 用户的名字和邮件地址。执行命令：

```
git config --global user.name "wanghao"
```

git config 命令中的--global 选项，表示要做的是一个全局配置，这样在所有项目里都可以使用这个配置信息。wanghao 是笔者的名字，读者需要替换成自己的名字。

接下来配置用户的邮箱地址，执行命令：

```
git config --global user.email "wanghao@ninghao.net"
```

上面这行命令在全局范围内配置了邮件地址，读者需要把这个邮件地址替换成自己的。

2．查看配置信息

git config 可以处理 Git 的配置信息，用--global 选项设置配置影响的范围是全局范围，user.name 配置的是用户的名字，user.email 配置的是用户的邮件地址。这个命令实际上做的事情就是修改了一个配置文件里的内容，查看所有的配置，可以执行：

```
git config --list
```

Git 在工作的时候可能会用到这个配置文件里的配置信息，如在保存应用状态时，它要知道这个动作是谁做的，Git 就会从这个配置文件里读取配置里的用户名和邮件地址。

第2章

开发环境

亲爱的读者，本章将重点介绍 Flutter 应用开发环境的配置。

2.1　下载开发工具包

在 Flutter 的官方网站（flutter.dev）或 Flutter 文社区网站，可以下载 Flutter 的 SDK（Software Development Kit，软件开发工具包）。下载文件通常就是一个".zip"格式的压缩包，把解压后的 flutter 目录放在系统的某个目录下，再配置好系统的环境变量目录，即可在任何地方执行 flutter 命令。

下载开发工具包时要选择适合个人计算机操作系统的版本，如 Windows、macOS 或 Linux 版本的 Flutter。下载得到的压缩包文件名通常是 flutter_macos_3.7.6-stable.zip 这样的形式，其中 macos 指的是操作系统，3.7.6 是 Flutter SDK 的版本号，stable 表示这是一个稳定版本的 Flutter。除了稳定版，还有测试版（beta）与开发版（dev）。

2.1.1　任务：macOS 系统下安装 Flutter

下面介绍如何在 macOS 系统下配置使用 Flutter。

1. 下载 Flutter

在 Flutter 官方网站（flutter.dev）或 Flutter 中文社区网站上下载最新的适合在 macOS 平台使用的 Flutter SDK。注意在下载页面会提供两个适用于 macOS 平台的 Flutter SDK，如果您的计算机用的是 M1/M2 芯片，可以下载带 arm64 字样的 Flutter SDK，如 flutter_macos_arm64_3.7.6-stable.zip。

2. 存放 Flutter

下载的文件是一个压缩包，解压以后把它放在/Applications 系统目录下（该目录下有很多应用程序）。在终端，执行命令：

```
cd /Applications
unzip ~/Downloads/flutter_macos_*.zip
```

进入系统根目录的 Applications 目录，用系统自带的 unzip 软件解压主目录下 Downloads 目录里的 Flutter SDK 压缩包。注意，解压时可以用通配符*省略部分文件名，当然也可以具体设置要解压的压缩包文件名。另外，如果是用 Safari 浏览器下载的 Flutter SDK，下载完成后很可能会自动对压缩包进行解压。

不管怎么样，我们要做的就是下载 Flutter SDK，把解压之后得到的 flutter 目录放到 /Applications 这个目录里面。

3．测试执行 flutter 命令

在终端，执行如下命令：

```
/Applications/flutter/bin/flutter
```

上面这行命令可执行/Applications/flutter/bin 目录下的 flutter 命令行工具，显示它的帮助信息。读者也可以试一下能否在不给出完整路径的情况下，直接执行 flutter 命令，通常会提示找不到 flutter 命令。要想在任意地方都能直接执行 flutter 命令，需要配置系统的环境变量目录。

4．配置系统环境变量目录

把 flutter 命令所在的目录路径设置成系统环境变量目录，这样就可以随时随地直接使用 flutter 命令。

用编辑器编辑用户主目录下的终端配置文件。例如，可以用 VSCode 提供的 code 命令打开要编辑的文件：

```
code ~/.zprofile
```

也可以用 vi 命令编辑~/.zprofile 文件：

```
vi ~/.zprofile
```

在这个配置文件里，添加如下配置信息：

```
export PATH="$PATH:/Applications/flutter/bin"
```

上面这行配置信息的含义是把/Applications/flutter/bin 目录作为系统环境变量目录。在终端执行命令时，系统会在环境变量目录里搜寻要执行的命令，找到匹配的命令就会执行它。

保存文件并重启终端，然后再次直接执行 flutter 命令，如果终端显示这个命令的帮助信息，就表明已在 macOS 上安装配置好了 Flutter。

2.1.2　任务：Windows 系统下安装 Flutter

下面介绍如何在 Windows 系统下配置使用 Flutter。

1．下载 Flutter

在 Flutter 官方网站（flutter.dev）或 Flutter 中文社区网站上下载最新的适合在 Windows 平台使用的 Flutter SDK。

2．存放 Flutter

解压下载的 Flutter SDK 压缩包，会得到一个 flutter 目录，把这个目录放在系统某个目录下，如 C 盘的根目录下面（C:\）。

3. 测试执行 flutter 命令

在终端（Cmder）执行如下命令：

```
/c/flutter/bin/flutter
```

上面这行命令可执行/c/flutter/bin 目录下的 flutter 命令行工具，终端会显示它的帮助信息。同样，读者可以试一下能否不给出完整路径，直接执行 flutter 命令。很遗憾，终端一样会提示找不到 flutter 命令。要想在任意地方都能直接执行 flutter 命令，需要配置系统的环境变量目录。

4. 配置系统环境变量目录

把 flutter 命令所在的目录路径设置成系统的环境变量目录，这样就可以随时随地直接使用 flutter 命令。

在 Windows 系统下，我们使用 Cmder 作为命令行界面，之前安装时把它放在了 C:\Program Files 目录下，打开该目录下的 config/user_profile.sh 配置文件，然后添加如下配置信息：

```
export PATH=/c/flutter/bin:${PATH}
```

上面这行配置信息的含义是把/c/flutter/bin 目录作为系统的环境变量目录，在终端执行命令时，系统会在环境变量目录里寻找要执行的命令。

保存文件并重启终端（Cmder），然后再次直接执行 flutter 命令，如果终端显示命令的帮助信息，则表明已在 Windows 系统下安装配置好了 Flutter。

2.1.3　任务：配置使用国内镜像

在下载升级 Flutter SDK，安装管理项目软件包的时候，我们默认会从 Flutter 官方网址下载，但有时候网速会不稳定，所以也可以使用国内提供的镜像下载链接，这样下载速度会更快一些。

要想使用国内镜像，需要在系统里设置两个环境变量。macOS 用户需要编辑~/.zprofile 终端配置文件，Windows 用户需要编辑 cmder/config/user_profile.sh 终端配置文件。

在配置文件里添加如下两行内容：

```
export PUB_HOSTED_URL=https://pub.flutter-io.cn
export FLUTTER_STORAGE_BASE_URL=https://storage.flutter-io.cn
```

如果上述镜像无法启用，可以换用上海交通大学提供的如下镜像地址：

```
export PUB_HOSTED_URL=https://mirrors.sjtug.sjtu.edu.cn
export FLUTTER_STORAGE_BASE_URL=https://dart-pub.mirrors.sjtug.sjtu.edu.cn
```

2.2　准备 iOS 与 macOS 应用开发环境

使用 Flutter 可以开发能运行在 iOS 与 macOS 平台上的应用，即可以在 iPhone 与 Mac

计算机上使用的应用。我们需要在一台 Mac 计算机上配置 iOS 与 macOS 应用的开发环境。如果读者使用的计算机是 Windows 操作系统，可以跳过这一步，直接配置 Android 与 Web 平台应用的开发环境。

2.2.1　任务：安装 Rosetta

如果您是在 Apple Silicon 版本的 Mac 上运行 Flutter，也就是如果您的 Mac 计算机用的是 M1/M2 芯片，则需要用到 Rosetta 翻译环境，启用这个环境可以在终端执行如下命令：

```
sudo softwareupdate --install-rosetta --agree-to-license
```

2.2.2　任务：安装 Homebrew

Homebrew 是 macOS 系统的一种软件包管理工具，常用来安装命令行工具。换句话说，Homebrew 不是必须的工具，但却是一个很好的帮手。

在 macOS 系统里安装 Homebrew，只需要执行 Homebrew 官方网站提供的一行脚本即可。在 brew.sh 网站可以找到这行要执行的脚本，复制这行脚本并打开终端执行一下。Homebrew 安装完成以后，就可以在终端使用 brew 命令管理系统的软件包了。

```
/bin/bash -c "$(curl -fsSL https://raw.githubusercontent.com/Homebrew/
install/HEAD/install.sh)"
```

2.2.3　任务：安装与准备 Xcode

Xcode 是开发 iOS 与 macOS 应用必须的工具。

1. 安装 Xcode

打开 macOS 系统里的应用商店（App Store），搜索并安装 Xcode。这个软件体积较大，安装需要一段时间。安装完成后，打开 Xcode 软件，会提示安装一些额外的组件，单击 Install 按钮，确认安装这些额外的组件即可。

2. 准备 Xcode

安装 Xcode 以后，在终端执行如下命令：

```
flutter doctor
```

上面这行命令可以检查 Flutter 的开发环境。先观察命令执行结果里出现的 Xcode，如果有下面这样的提示，说明已经准备好了 Xcode。

```
[√] Xcode - develop for iOS and macOS
```

有时会给出一些安装问题提示，如 Xcode 安装的不完整、Cocoapods 版本太低等。仔细阅读问题说明，然后根据这些提示解决存在的问题。

如果提示 Xcode installation is incomplete，即 Xcode 安装的不完整，可执行下面两个命令：

```
sudo xcode-select --switch /Applications/Xcode.app/Contents/Developer
sudo xcodebuild -runFirstLaunch
```

如果提示 Cocoapods 版本太低，它是 Swift 语言的包管理工具。要使用新版本的 Cocoapods，可以用 Homebrew 去安装一个，执行：

```
brew install cocoapods
```

命令运行完成以后，再执行：

```
brew link --overwrite cocoapods
```

确定系统使用的 Cocoapods 版本，可以执行：

```
pod --version
```

升级了新版本的 Cocoapods 以后，再次执行 flutter doctor 命令，观察 Xcode 是否已经准备好了，如果没问题，会在 Xcode 前面出现[√]。准备好 Xcode 后，就可以用 Flutter 开发 iOS 或 macOS 平台的应用了。

2.3　准备 Android 平台应用开发环境

用 Flutter 可以开发适用于 Android 平台的 App，即可以在安卓手机上使用的应用程序。在 Windows 与 macOS 系统上都可以基于 Flutter 开发 Android 应用，开发时需要用到 Android Studio 提供的一些功能。

下面介绍如何下载和安装 Android Studio。

1. 安装 Android Studio

访问 Android 开发者网站（https://developer.android.google.cn/studio），下载适用于个人操作系统的 Android Studio，把它安装在自己的计算机上以后，再打开它。

2. 配置 Android Studio

第一次打开 Android Studio 时需要做一些配置（可以后续再修改）。

下载 Android SDK 时，国内用户可能会遇到网络问题，提示 Unable to access Android SDK add-on list，即无法访问 Android SDK 扩展列表（见图 2.1），这个问题可以通过配置代理来解决。

单击 Setup Proxy 按钮，打开代理配置界面，如图 2.2 所示。选中 Manual proxy configuration（手动配置代理）单选按钮，然后输入代理服务的 Host name（主机名）和 Port number（端口号）。如果无法直接

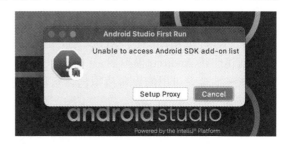

图 2.1　遇到网络连接问题会提示配置代理（Proxy）

通过网络访问 Android SDK 列表，就需要通过代理服务来访问这个列表。注意，这个代理服务需要个人准备好。

配置好代理服务后，单击 OK 按钮，如果一切正常，可以访问扩展列表，此时 Android Studio 会启动配置，一路按 Enter 键即可完成对应配置。配置完成后，Android Studio 会下载 SDK 和相关工具，如图 2.3 所示。

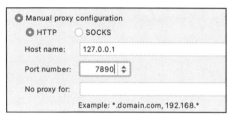

图 2.2　手工配置 Android Studio 代理

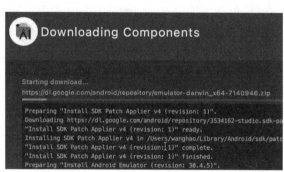

图 2.3　正在下载组件

3．确认已准备好 Android 工具链

安装配置好 Android Studio 后，基本上就准备好了使用 Flutter 开发 Android 平台应用需要的工具。在终端执行如下命令：

```
flutter doctor
```

观察 Android toolchain 出现的问题，很可能会提示 Android licenses not accepted，意思是有些协议条款还需确认一下。执行命令：

```
flutter doctor --android-licenses
```

执行上述命令，会提示很多次确认同意条款，输入 y，然后按 Enter 健表示确认。完成以后，再次执行 flutter doctor 命令，准备好 Android 工具链以后，会在 Android toolchain 前面出现[√]，像下面这样。

```
[√] Android toolchain - develop for Android devices ...
```

2.4　准备设备模拟器

用户可以在真实的 iOS 与 Android 设备上运行调试 Flutter 应用，也可以在模拟器上运行调试 Flutter 应用。安装了 Xcode 后，可以直接使用 iOS 设备的模拟器。通过 Android Studio 可以创建一些 Android 模拟器。

在终端查看可用的设备模拟器，可以执行：

```
flutter emulators
```

正常的话，列出的内容像下面这样：

```
2 available emulators:
apple_ios_simulator • iOS Simulator  • Apple  • ios
Pixel_XL_API_28     • Pixel XL API 28 • Google • android
```

上面的信息提示系统里有两台模拟器，一个是 iOS 平台模拟器，ID 是 apple_ios_simulator；

另一个是 Android 平台模拟器，ID 是 Pixel_XL_API_28。开发 Flutter 应用时，可以在这些模拟器上调试应用程序。

配置 Android 模拟器的操作如下。

打开 Android Studio，在启动界面上单击右下角的 Configure 按钮，在弹出的菜单中选择 AVD Manager 选项（见图 2.4），即可管理 Android 模拟器。

📢 **注意**：AVD 是 Android Virtual Device（安卓虚拟设备）的缩写，也就是我们说的模拟器。

通过 AVD Manager 选项可以添加或编辑模拟器。新建一个 Android 模拟器，名字设置为 flutter，如图 2.5 所示。创建了 Android 模拟器后，在终端执行 flutter emulators 命令，会显示刚才新建的 Android 模拟器。

图 2.4　安卓虚拟设备管理器

图 2.5　创建安卓虚拟设备

2.5　准备 Web 应用开发环境

用 Flutter 可以开发 Web 应用，也就是可以在浏览器上运行的应用。要开发 Web 应用，需要先在计算机上安装 Chrome 浏览器。

Chrome 是一款备受开发者青睐的浏览器，可在百度搜索 chrome 关键字，或通过网址 https://www.google.cn/chrome/ 下载并安装 Chrome 浏览器。安装好以后，执行 flutter doctor 命令，正常的话会在 Chrome 前面显示[√]，此时就可以基于 Flutter 开发 Web 应用了。

```
[√] Chrome - develop for the web
```

2.6　准备代码编辑器 VSCode

VSCode 是本书使用的代码编辑器。要使用这款编辑器开发 Flutter 应用，需要给编辑器安装一个 Flutter 插件。

打开 VSCode 编辑器，再打开编辑器的扩展管理，然后搜索并安装 Flutter 插件（见图 2.6）。安装好以后，就可以使用 VSCode

图 2.6　在 VSCode 编辑器安装 Flutter 插件

编辑器编写 Flutter 应用代码了。

2.7　创建 Flutter 项目

给 VSCode 编辑器装好 Flutter 插件后，打开编辑器的命令面板，搜索并执行 Flutter: New Application Project 命令，可以创建一个全新的 Flutter 项目。同样，也可以在命令行界面使用 flutter create 命令创建一个 Flutter 项目。

2.7.1　任务：创建并运行 Flutter 项目

1. 创建一个 Flutter 项目

在终端进入想要保存项目的目录，然后用 flutter create 创建一个 Flutter 项目。命令如下：

```
cd ~/desktop
flutter create xb2_flutter
```

执行上面两行命令后，将在桌面上创建一个 Flutter 项目，后文中再提及"在项目所在目录的下面"，指的就是桌面上的 xb2_flutter 目录（即~/desktop/xb2_flutter）。

2. 用编辑器打开项目

进入新创建的 Flutter 项目所在目录，然后用 VSCode 编辑器打开这个项目：

```
cd ~/desktop/xb2_flutter
code ./
```

3. 运行 Flutter 应用

打开项目的 src/main.dart 文件，这是应用的入口文件。单击编辑器底部右下角出现的设备名称，如 Chrome（web-Javascript），会打开一个设备列表（见图 2.7），这里选择 Chrome。

打开 VSCode 编辑器的调试功能，按 Shift+Command+D 或 Shift+Ctrl+D 快捷键，单击 Run and Debug 按钮（见图 2.8），成功后会在 Chrome 浏览器上打开 Flutter 应用（见图 2.9）。

图 2.7　在 VSCode 编辑器选择要使用的设备

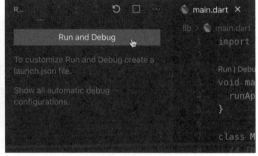

图 2.8　在 VSCode 编辑器运行调试

4．测试编辑应用

回到编辑器，打开 src/main.dart 文件，修改 MyHomePage 小部件 title 参数值为 ninghao.net。

```
class MyApp extends StatelessWidget {
  @override
  Widget build(BuildContext context) {
    return MaterialApp(
      ...
      home: MyHomePage(title: 'ninghao.net'),
    );
  }
}
```

保存文件，观察 Chrome 浏览器运行的应用界面，会发现界面顶部显示的标题已变成 ninghao.net，如图 2.10 所示。

图 2.9　在 Chrome 浏览器中调试 Flutter 应用　　　　图 2.10　修改了标题以后的结果

5．在模拟器上运行调试应用

停止编辑器的调试，选择一个模拟器设备，然后重新执行调试功能，此时将在模拟器上运行正在开发的 Flutter 应用（见图 2.11）。编辑项目文件，保存文件以后，可以实时地看到界面的变化。

图 2.11　在 iOS 模拟器上调试 Flutter 应用

如果需要重启应用调试，可以在打开编辑器的调试（单击 Run and Debug 按钮）功能后，单击"重启"按钮，或者按 Shift+Command+F5 快捷键（在 macOS 下）。

17

2.7.2 任务：清理项目与源代码管理

可以使用 Git 对项目源代码进行管理，这个不是必须的，但推荐大家学习一下。

1. 清理 main.dart 文件

main.dart 是应用的入口文件，打开这个文件，然后把文件里的所有内容全部删除。

2. 删除 test 目录

在 test 目录里有一些测试文件，可以暂时把这个 test 目录全部删除。

3. 创建仓库并做一次初始提交

在终端，进入项目所在目录下：

```
cd ~/desktop/xb2_flutter
```

然后初始化项目仓库，执行：

```
git init
```

做一次初始提交：

```
git add .
git commit -m 'init'
```

4. 添加远程仓库

在 Github 或 coding.net 中给项目创建一个远程仓库，然后在项目本地仓库里添加这个远程仓库。例如，在 Github 中给项目创建了一个远程仓库，地址是 git@github.com:ninghao/xb2_flutter.git，在终端项目所在目录的下面，执行：

```
git remote add origin git@github.com:ninghao/xb2_flutter.git
```

执行上面的命令，可以给项目添加一个名为 origin 的远程仓库，这个仓库就是在 Github 上面创建的。给项目添加了远程仓库后，就可以把项目的本地仓库推送到远程仓库里了。

2.8 问题与思考

问题 1：完成任务后该如何提交

跟随本书开发应用的时候，每完成一个任务，如果任务里修改了项目文件，就需要做一次提交（commit），保存一下项目当前的状态。提交的时候可以编写一条日志，说明一下本次提交对项目所做的修改部分，建议使用任务标题作为提交日志的内容。读者可以在命令行下完成提交，也可以使用 VSCode 编辑器的源代码管理（source control）功能。

（1）在命令行下提交任务。

在终端执行命令：

```
git status
git add .
git commit -m '描述一下这次提交'
```

执行 git status 命令，可以查看当前项目的状态，如项目里哪些文件发生了变化，新建或删除了哪些文件等。然后选择本次提交包含的修改，执行"git add ."命令，添加当前发生的所有修改。确定提交后，执行 git commit 命令，用-m 选项设置一条提交日志。

（2）使用编辑器源代码管理功能。

VSCode 编辑器自带源代码管理功能，完成任务以后，打开编辑器的源代码管理界面，如图 2.12 所示。

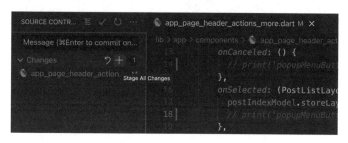

图 2.12　VSCode 编辑器的源代码管理功能

Changes 列表会列出项目当前有变化的地方（文件），单击右侧的+按钮（Stage All Changes），可以将当前发生的所有修改包含在这次要做的提交里，如图 2.13 所示。

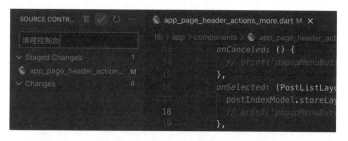

图 2.13　选中要包含在提交里的修改并设置提交日志

添加修改后，在 Staged Changes 下可以看到本次添加的修改，即要包含在本次提交里的修改。在上面输入一条日志，描述本次提交要做的事情，然后单击 √ 按钮，确定提交。

问题 2．如何使用已完成的项目

读者可以参考笔者已经完成的 Flutter 项目，里面包含了所有要在本书中编写的代码。

（1）复制项目到本地。

在终端执行命令：

```
cd ~/desktop
git clone https://e.coding.net/ninghao/xb2/xb2_flutter.git xb2_flutter_done
```

上面两行命令可以把笔者做好的项目放到读者桌面的 xb2_flutter_done 目录下。

（2）查看提交。

查看项目的提交历史，可以使用带图形界面的 Git 工具。例如，用 Sourcetree 软件打开笔者已完成项目的效果，如图 2.14 所示。

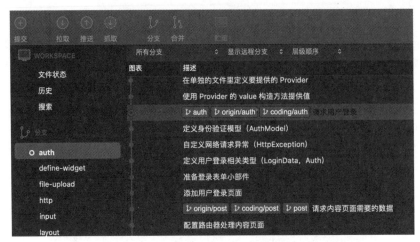

图 2.14　Sourcetree 软件截图

最初，左侧"分支"列表中只有一个 master 本地分支。选中 master 分支，观察右侧的提交历史，会发现有一些 origin 开头的分支，如 origin/auth，表示这是一个远程分支。双击远程分支，可以基于它创建一个本地分支，这样你在左侧"分支"列表里就可以看到 auth 这个分支了。

双击提交的描述，可以检出（checkout）这次提交，也就是把项目当前的状态暂时切换到这次提交保存的状态上。这时如果运行调试，用户看到的应用就是完成当前提交后的样子。

单击选中某次提交，页面下方会显示与该次提交相关的信息，如会显示这次提交修改了哪些文件，选中一个文件，右侧会显示在这次提交里该文件发生了怎样的变化（见图 2.15）。

图 2.15　在 Sourcetree 软件里查看项目的提交历史记录

除了 Sourcetree 这种图形界面的 git 工具外，读者也可以直接通过 github 或 coding 网站浏览本书配套项目的提交历史。

第 3 章

熟悉 Dart 语言

Dart 是开发 Flutter 应用的基本程序语言，本章我们先来学习 Dart 语言的语法规则和使用要点。

3.1 准 备 工 作

下面我们新建一个空白的项目，编写几行代码，熟悉一下 Dart 语言。

1. 创建项目

在桌面上创建 ninghao_dart 目录，然后用 VSCode 编辑器打开这个空白的目录。命令如下：

```
cd ~/desktop
mkdir ninghao_dart
cd ninghao_dart
code ./
```

2. 新建.dart 文件

用 Dart 语言编写的文件扩展名是.dart，新建一个文件（lib/main.dart），定义一个 greet() 函数，在控制台输出"您好 ~"，然后在程序入口 main()函数里执行 greet()函数。代码如下：

```
void greet() {
  print('您好 ~');
}
void main() {
  greet();
}
```

main()是 Dart 应用里必须要有的函数，一切程序都将从这里开始执行。定义 greet()与 main()函数时，可以在函数名前加一个修饰，表示执行函数后返回值的类型。如果执行函数后不需要返回任何值，就可以在函数前加上 void。void 其实也是一种类型，表示它对应的值永远不会被用到，也可以理解成其值原本就不存在。

3. 运行应用

首先确定当前打开的是 main.dart 文件，然后打开 VSCode 编辑器的运行和调试功能，单击"运行和调试"按钮，可以运行该 Dart 程序。此时编辑器的 Debug Console（调试控制器）窗口会显示文字"您好 ~"。在控制台上输出文字是 greet()函数要做的事情。

3.2 变 量

在程序里声明一个变量，本质是在内存里申请一小块空间，并给它起个名字。后续在这块空间里存放值时，在程序里通过小空间的名字就可以引用存放的值。

在 Dart 语言里，声明一个变量可以用 var、final 和 const 关键字，关键字后面跟着变量的名字，以及给变量分配的初始值。

3.2.1　var

用关键字 var 可以声明一个变量。例如：

```
var title = '小白的开发之路';
```

上面声明了一个叫 title 的变量，在程序里引用这个变量，得到的是一个字符串类型的值"小白的开发之路"。接着，用 main()函数为入口，执行 print()函数，输出 title 变量的值。

```
void main() {
  var title = '小白的开发之路';
  print(title);
}
```

运行程序，调试控制台将输出"小白的开发之路"几个字，如图 3.1 所示。

图 3.1　在 VSCode 调试控制台输出结果

下面试着改变 title 的值：

```
void main() {
  var title = '小白的开发之路';
  title = '小白兔的开发之路';
  print(title);
}
```

上面的代码中，用 var 关键字声明了一个变量 title，给它分配了一个值，然后又修改了 title 变量的值。最后，把 title 的值输出到控制台时，输出的就是修改后的"小白兔的开发之路"。也就是说，用 var 声明的变量，在后面可以修改它的值。

3.2.2　final

用关键字 final 也可以声明一个变量，但给它分配值以后，不能再重新分配新的值。

例如：

```
final title = '小白的开发之路';
```

上面用 final 关键字声明了一个叫 title 的变量，并给它分配了一个初始值"小白的开发之路"。下面试着重新给 title 分配一个值：

```
title = '小白兔的开发之路';
```

这时，编辑器会提示不能这么做。如果运行调试的话，会输出下面的结果：

```
Error: Can't assign to the final variable 'title'.
  title = '小白兔的开发之路';
  ^^^^^
```

上面这个错误的意思是：不能修改用 final 声明的变量，不能为其分配新的值。

程序里如果变量的值不需要发生改变，可以使用 final 关键字声明；如果变量的值会发生改变，可以用 var 关键字声明。但总的原则是：尽量使用 final 关键字声明变量。也就是说，能用 final 就用 final，实在有需要再用 var 来声明变量。因为在程序里，能不变的数据最好能确定不让它发生改变。

3.2.3　const

用关键字 const 也可以声明一个变量，该变量通常是一个常量或恒量，其值无法发生改变。例如：

```
const title = '小白的开发之路';
```

上面用 const 声明了一个叫 title 的变量，并给它分配了一个初始值"小白的开发之路"。下面试着修改 title 的值：

```
title = '小白兔的开发之路';
```

编辑器会提示不能这么做，如果运行调试的话，输出的结果将是：

```
Error: Can't assign to the const variable 'title'.
  title = '小白兔的开发之路';
  ^^^^^
```

上面这个错误的意思是：不能修改用 const 声明的变量的值。

📢 **注意**：final 与 const 在 Dart 里有着不同的含义。final 影响的是变量本身，const 影响的是变量的值。具体来说，如果我们用 final 声明了一个变量，则不能再设置这个变量；但如果变量的值是一个对象，则可以修改对象里某个属性的值。如果我们用 const 声明了一个变量，那变量的值就会永远恒定，在任何情况下都无法被改变。

3.2.4　理解 var、final 与 const 的区别

var、final 和 const 都可以用来声明变量。在程序里，能用 const 就用 const，不能用 const 就用 final，最后再选择用 var 来声明变量。下面来深入讨论三者之间的区别。

1．用 var 声明变量

首先来看一段代码：

```
（文件：lib/main.dart）
void main() {
  var book = {'title': '小白的开发之路'};
  book = {'title': '小白兔的开发之路'};
  print(book);
}
```

上面的代码中，用 var 声明了一个叫 book 的变量，其值是一个 Map（映射）类型的数据，这个 Map 里面有个叫 title 的数据，对应的值是"小白的开发之路"。声明该变量后，重新给 book 分配新的值，这个值也是一个 Map 类型的数据，里面有个 title，对应的值是"小白兔的开发之路"。运行程序，观察输出结果，发现输出的 book 值如下：

```
{'title': '小白兔的开发之路'}
```

用 var 声明的变量，可以先不分配值，此时它的值默认是 null。分配了值以后，还可以重新给它分配新的值。

2．用 final 声明变量

把声明变量用的 var 替换成 final：

```
（文件：lib/main.dart）
void main() {
  final book = {'title': '小白的开发之路'};
  book = {'title': '小白兔的开发之路'};
  print(book);
}
```

var 替换为 final 以后，下面再给 book 变量分配新值，编辑器会提示"The final variable 'book' can only be set once"，即用 final 声明的 book 变量只能被设置一次。

注释掉给 book 分配新值的代码，替换为下面的代码：

```
book['title'] = '小白兔的开发之路';
```

注意，上面这行代码不再是给变量直接分配新值，而是修改了 book 映射里 title 的值。运行应用，观察控制台的输出，会发现 title 的值变成了"小白兔的开发之路"。也就是说，final 这个关键字只限制重新分配这个动作（即限制的是变量本身），但允许修改变量表示的值。

3．用 const 声明变量

把声明变量用的 final 改换为 const，再试一下。

```
（文件：lib/main.dart）
void main() {
  const book = {'title': '小白的开发之路'};
  book['title'] = '小白兔的开发之路';
  print(book);
}
```

运行应用，编辑器会提示"Cannot set value in unmodifiable Map"，即不能设置无法修改的 Map 数据里面的值，因为用 const 声明的变量其值是恒定不变的。

3.3　类　　型

类型用来描述一个对象的样子与行为。在程序里，一个变量如果确定了类型，我们就知道它的值是什么，以及怎么去使用它。

在 Dart 语言里，可以明确地为某个变量设置类型。但如果未做设置，Dart 会根据条件推断其类型。例如：

```
const title = '小白的开发之路';
```

上面定义了一个叫 title 的变量，定义时并未设置其类型，但 Dart 会根据后面分配的值，推断出 title 是一个 String（字符串）类型的值。

在 VSCode 编辑器里，把鼠标指针悬停在变量上，会提示其类型。如图 3.2 所示，这里提示 title 是一个 String 类型的值。String 是 Dart 语言里内置的一种类型。

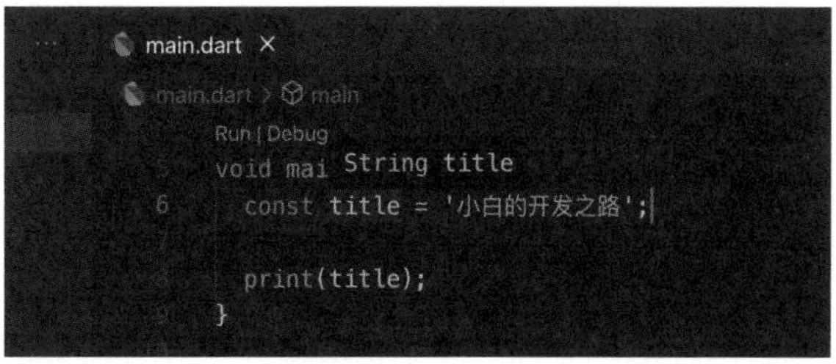

图 3.2　将鼠标指针悬停在变量上会显示类型

当然，也可以明确地设置变量的类型，做法是在变量前加上类型名字。例如：

```
const String title = '小白的开发之路';
```

声明 title 变量时，明确设置了它的类型是 String。知道了 title 的类型，我们就知道它里面都有哪些属性与方法了。

3.4　内　置　类　型

Dart 语言中内置的数据类型有字符串、数字、布尔值、列表、集合、映射等，下面分别进行介绍。

3.4.1　字符串

在 Dart 语言里，字符串类型的值是一个 String 实例（3.8.2 节会详细解释什么是实例）。例如：

```
const title = '小白的开发之路';
```

上面的代码中，放在一组单引号里的文字就是一个 String 类型的值。再如：

```
void main() {
  const subTitle = 'Flutter 移动端应用开发';
  const title = '小白的开发之路 - $subTitle';
  print(title);
}
```

上面的代码里，title 字符串引用了 subTitle 变量，写法是在引用变量的名字前面加上$符号。最后输出 title 的值，得到的结果是"小白的开发之路-Flutter 客户端应用开发"。

3.4.2　数字

在 Dart 语言里，数字值可以是 int（整数）或 double（双精度浮点）类型。

1. int 型

如果把一个整数赋给变量，Dart 会根据赋值自动推断出变量类型为 int，变量的值是一个 int 类的实例。例如：

```
var totalLikes = 3000;
```

声明变量时，也可以通过 int 关键字，明确地把它设置成 int 类型。例如：

```
int totalLikes = 3000;
```

2. double 型

double 是双精度浮点型，比 int 型的数字更精确一些，因为它可以带小数位。例如：

```
const totalAmount = 3000.0;
```

上述代码声明 totalAmount 变量时，给它赋的值是 3000.0，Dart 会推断出这是一个 double 类型的数字。

声明变量时，也可以通过 double 关键字，明确地把变量设置成 double 类型。例如：

```
double totalAmount = 3000;
```

3.4.3　布尔值

布尔值只能是 true 或者 false，表示真与假。在 Dart 语言里，布尔值类型的名字为 bool。例如：

```
bool hasValidSubscription;
```

上述代码声明 hasValidSubscription 变量时，把其类型设置为 bool，也就是布尔值。

```
hasValidSubscription = 'TRUE';
// A value of type 'String' can't be assigned to a variable of type 'bool'.
```

上述代码中，编辑器会提示不能把字符串"TRUE"赋给变量 hasValidSubscription，因为它的类型是 bool，其值只能是 true 或者 false，不能是其他。

3.4.4　列表

列表里可以包含一组数据，这些数据项目可以是任何类型。在 Dart 语言里，列表数据是一个 List 对象，也就是 List 类的一个实例。表达列表数据可以用一对中括号，里面是列表项目，项目之间用逗号分隔开。例如：

```
final animals = ['🐒', '🐍', '🐋'];
```

上面的代码声明了一个 animals 列表，其值由一组方括号括起来，所以 Dart 可准确推断出这是一个 List 类型的值。更具体一些，这是一个 List<Stirng>类型的值，其中尖括号里的 String 指的是列表项目类型，即 animals 列表里数据项目的类型必须是 String。将鼠标指针悬停在 animals 上，可观察到系统提示 List<Stirng>类型，如图 3.3 所示。

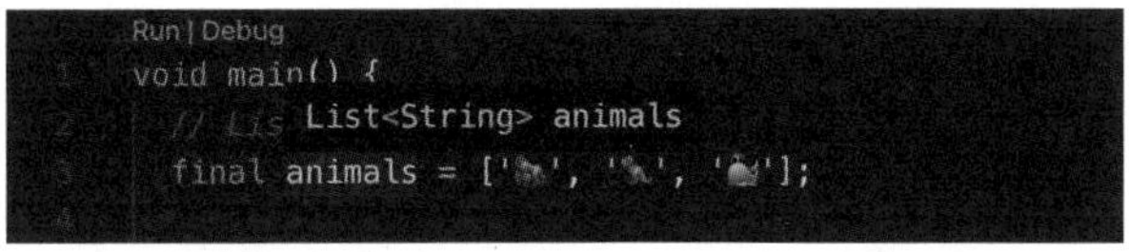

图 3.3　鼠标指针悬停在 animals 上显示类型是 List<String>

1. 添加新的列表项目

再来看一段代码：

```
animals.add(3);
// The argument type 'int' can't be assigned to the parameter type 'String'.
```

如果在程序里运行上面这行代码，编辑器会提示不能把 int 类型的值赋给 String 类型的参数。这里使用 List 数据的 add()方法向列表里添加新的项目，因为 animals 列表项目的类型必须是 Stirng，所以给 add()方法提供的参数值类型也必须是 String。例如：

```
animals.add('🐘');
```

上面的操作是可行的，因为给 animals 列表 add()方法提供的参数也是一个字符串类型的值。

2. 访问列表项目

要引用列表里的某个数据项目，可以使用方括号加索引号的形式。列表里，数据项目是有顺序的，编号从 0 开始，也就是说，第一个项目的编号是 0，第二个项目的编号是 1，以此类推。这个编号就是 index，也就是索引。

例如，在如下列表中：

```
List<String> animals = ['🐒', '🐍', '🐘'];
```

要得到 animals 列表中的数据 '🐍'，需要使用 animals[1]进行访问，列表数据名字的后面是中括号，里面是待访问项目的索引号。animals 列表里的'🐍'排在第二，所以对应的索引号为 1。

3.4.5　集合

在 Dart 语言里，集合数据用一对大括号表示，括号内是一组数据，它们在集合里具有唯一性，数据项目之间没有顺序，用逗号分隔。

集合数据都是 Set 对象，即是 Set 类的实例。例如：

```
final animals = {'🦍', '🦕', '🐳'};
```

上面声明了一个叫 animals 的变量，根据数据项目，Dart 可推断它是一个集合类型的数据。更具体一些，是 Set<String>类型的数据。首先它是一个 Set 类型的数据，尖括号里的 String 说明 Set 里的数据项目是 String 类型（见图 3.4）。

图 3.4　鼠标指针悬停在 animals 上显示类型是 Set<String>

Set 类型的数据有一个 add 方法，使用该方法可以向集合里添加新的数据项目。例如：

```
animals.add('🦕');
```

在上面的代码中，用 add 方法向 animals 集合里添加了一只'🦕'，之前在 animals 里有一只一样的'🦕'，因为集合里的数据项目必须在集合里唯一，所以输出 animals 时我们看到的是{'🦍','🦕','🐳'}。注意，输出的仍然只有一只'🦕'。

💡 提示：列表与集合都可以包含一组数据项目，它们的表达方式不一样，列表用方括号，集合用大括号，列表里的数据项目有顺序，集合里的项目没有顺序，集合里的数据项目在集合里是唯一的。

3.4.6　映射

在 Dart 语言里，映射数据通常使用一对大括号表示，括号里是多个数据项目，每个项目都既有名字又有对应的值，名字与值之间用冒号分隔，数据项目之间用逗号分隔。

映射数据都是 Map 对象，即是 Map 类的实例。例如：

```
final animals = {'猩猩': '🦍', '恐龙': '🦕', '鲸鱼': '🐳'};
```

根据数据项目，Dart 可推断出 animals 是一个 Map 类型的数据。再具体一些，是 Map <String, String>类型的数据。这里尖括号中有两个 String，第一个 String 表示数据项目的名字是 String 类型，第二个 String 说明数据项目的值是 String 类型。

使用映射里数据项目的名字，可以访问对应的值。例如：

```
animals['恐龙'];
```

用中括号的形式可以访问映射里数据项目的值，中括号里是数据项目的名字。上面得到的会是一只'🦕'，因为在 animals 这个 Map 里面，跟'恐龙'对应的数据值是'🦕'。

3.5　函　　数

我们可以把一块具有特定功能的代码组织在一起，定义成一个函数，并给它起个名字。

这样，就可以在程序里重复使用这块代码了。

3.5.1　创建函数

创建一个函数的过程就是定义该函数的过程。通常会先设置函数的名字，后面跟着一组括号，括号里可以添加函数需要的一些参数，接着是一组大括号，把函数要做的事情放在这组大括号里面。例如：

```
greet() {
  print('您好 ~');
}
```

上面定义了一个 greet() 函数，其功能是使用 print() 函数在调试控制台输出"您好 ~"。

3.5.2　执行函数

要使用函数提供的功能，就需要执行该函数（也称为调用函数）。执行函数可以在函数的名字后面加上一组括号。例如：

```
greet();
```

上面执行了 greet() 函数，执行的结果是在控制台输出"您好 ~"。

3.5.3　函数参数

在定义函数时，可以在函数名后的括号中添加一些参数（Parameters）。在函数的主体里面可以使用这些参数，执行函数时还可以设置这些参数的具体值。换句话说，这些参数相当于函数的配置选项，函数可以重复使用，每次执行它时都可以提供不同的参数值，这样执行的结果也就会不一样了。也就是说，变换不同的参数可以让函数更加灵活。

下面来看一段函数定义：

```
log(String message) {
  print('LOG:: $message');
}
```

上面的代码中，定义 log() 函数时，给它添加了一个叫 message 的参数，其类型是 String。下面是函数执行语句，执行时必须给出具体的 message 参数值，并保证参数类型是 String。

```
log('🐕');
// LOG:: 🐕
log('🐋');
// LOG:: 🐋
```

如果提供的是其他类型的值，则编辑器会报错。

3.5.4　函数有多个参数

函数中可以有多个参数，各参数之间用逗号隔开。执行函数时，要按照参数顺序提供各个参数。例如，有如下函数定义：

```
log(String message, String prefix) {
  print('$prefix $message');
}
```

log()函数里有两个参数：message 和 prefix。因此，执行 log()函数时，也必须给出两个参数，第一个参数的值赋给 message，第二个参数的值赋给 prefix。

例如，函数执行语句为：

```
log('🐾', '日志::');
```

这里执行 log()函数时提供了两个具体的参数值，"🐾"赋给 message 参数，"日志::"赋给 prefix 参数。执行的结果是在控制台输出"日志:: 🐾"。

3.5.5　有名字的参数

执行函数时，如果要用参数的名字设置参数的值，在定义函数时可以把参数放在一组大括号里，这种参数叫作具名参数（named parameters），就是带名字的参数。例如：

```
log({String? message, String? prefix}) {
  print('$prefix $message');
}
```

上述代码中，在一组大括号里给 log()函数添加了两个参数，设置参数值的类型时，在类型名字的后面有个"?"（String? message），表示值可以是 null（空值）。如果不加这个"?"，就必须给参数设置默认的值，如 String: prefix = 'LOG::'，意思是在不指定 prefix 参数值时，默认其值为 LOG::。

下面来执行 log()函数：

```
log(prefix: 'LOG::', message: '🐾');
```

再次执行 log()函数，会发现在设置其参数值时，需要先指定参数名字，然后才能提供对应的值。注意，现在设置参数值，参数顺序变得不重要了。

3.5.6　必填参数

在函数里使用命名参数时，这些参数是可选的，也就是说，执行函数时可以不给这些参数提供任何值。如果想设置某些参数必填，可以用 required 关键字修饰该参数。例如：

```
log({required String message, String? prefix}) {
  print('$prefix $message');
}
```

上述代码中，执行 log()函数时如果不提供 message 参数的值，Dart 就会提示错误，要求必须提供'message'参数的值。提示信息如下：

```
Error: Required named parameter 'message' must be provided.
```

3.5.7　参数默认值

定义函数时，可以为其参数设置默认值。执行函数时，如果未特别设置参数值，则会在函数内部使用参数的默认值。设置参数默认值可以使用"="。

示例：

```
log(String message, [String prefix = 'LOG::']) {
  print('$prefix $message');
}
```

函数中如果使用的是位置参数（positional parameters），则把要设置默认值的参数放在一组大括号里，然后用等号设置它的默认值。

示例：

```
log({required String message, String prefix = 'LOG::'}) {
  print('$prefix $message');
}
```

在具名参数里面可以直接用等号设置参数的默认值。

3.5.8　函数返回值

如果想使用函数执行后得到的结果，定义函数时需使用 return 关键字返回一个结果。

例如，下面代码中定义的 greet()函数会返回字符串连接后的结果"你好！"加上执行 greet()函数时提供的 name 参数值。

```
greet(String name) {
  return '您好！' + name;
}
```

把鼠标指针悬停在 greet()函数上，系统将提示其类型为 String greet(String name)。其中，第一个 String 是函数返回值的类型，源代码并未设定，因此是 Dart 自行推断出来的。

当然，也可以在定义函数时明确地设定函数返回值的类型。例如：

```
String greet(String name) {
  return '您好！' + name;
}
```

还可以把执行函数得到的结果赋给一个变量。例如：

```
String greeting = greet('王皓');
```

上述代码中，把 greet()函数的返回结果赋给了 greeting 变量，因此 greeting 的最终值将是"您好！王皓"。如果定义函数时未使用 return 返回值，Dart 会在后台返回一个 null。

3.6　流　程　控　制

Dart 语言提供了一些流程控制方法，如 if、swtith 语句等，可以控制代码的执行顺序。

3.6.1　if 语句

if 语句分为 if 语句和 if...eles 语句两种情况，下面分别进行介绍。

1．if 语句

if 语句的执行思路：判断指定的条件，如果满足条件，就执行指定的代码块。即 if 关键字后的括号里是一个条件表达式，满足条件时，就执行大括号里的代码。

语法：

```
if () { ... }
```

示例：如果车辆时速大于 120，则输出"您已超速！"。

```
if (speed > 120) {
  print('您已超速！');
}
```

上述代码检查 speed 的值是否大于 120，如果符合这个条件，即条件表达式算出的结果是 true，就执行在 if 后面大括号里的代码，在控制台输出"您已超速！"。

2．if...eles 语句

if...eles 语句的执行思路：判断指定的条件，满足条件时执行一块代码，不满足时执行另一块代码。

语法：

```
if () {
  ...
} else {
  ...
}
```

示例：如果车辆时速大于 120，输出"您已超速！"，否则输出"车速正常~"。

```
if (speed > 120) {
  print('您已超速！');
} else {
  print('车速正常~');
}
```

3.6.2　switch 语句

switch 语句的执行思路：检查一个值，设置一些情况，在不同情况下执行不同的代码。

语法：

```
switch () {
  case :
    break;
  case :
    break;
```

```
...
  default:
    break;
}
```

在 switch 语句中，把要检查的值放在 switch 后的括号里，把各种可能情况放在一组大括号里；每个 case 代表一种情况，case 下是符合当前情况时要执行的操作，default 代表所有 case 都不满足的情况；无论是 case 还是 default，执行完成后都需要使用 break 语句跳出，即不再检查其他情况，直接从当前 switch 语句中跳出来。

示例：根据汽车档位的值，给出不同的操作提示。

首先定义一个变量 gear，表示当前档位。代码如下：

```
var gear = 'P';
```

下面需要根据当前档位的值，执行不同的操作。例如，gear 为 P 时输出"停车"，如果用 if 语句表达，代码如下：

```
if (gear == 'P') {
  print('停车');
}
```

上述代码中，先判断 gear 的值是否等于字符串 P，如果是，就在控制台上输出"停车"。显而易见，使用 if 语句也可实现同样的功能，但当有多种条件需要判断时，就要写多条 if 语句，比较烦琐。

如果换成 switch 语句来表达，就简单很多。代码如下：

```
switch (gear) {
  case 'P':
    print('停车');
    break;
  case 'R':
    print('倒车');
    break;
  case 'D':
    print('前进');
    break;
  case 'N':
    print('空档');
    break;
  default:
    print('档位异常！');
    break;
}
```

在上面的示例中，用 switch 检查 gear 的值，用 case 设置多种验证情况。如果 gear 值是 P，执行 case 'P'，输出"停车"；如果 gear 值是 R，执行 case 'R'，输出"倒车"……如果 gear 值不满足所有列出的情况，执行默认情况（default）下的操作。

如果不需要默认情况，可以不使用 default 语句。

3.7 异　　常

应用程序在运行时，可能会遇到一些错误或者异常情况。例如，应用在执行某些任务时，执行的结果可能是成功的，也可能是失败的。如果失败，就会触发或抛出一条异常信息。如果异常情况得不到处理，应用就会停止运行。我们可以编写代码处理各种可能的异常情况。

3.7.1 抛出异常（throw）

抛出异常，又称为触发异常，使用 throw 关键字来实现。Dart 允许用户触发各种不同类型的异常，其本身也自带了一些异常类型，可以根据应用的需要触发它们。例如：

```
throw '出问题了 ~ 😧 ';
```

如果程序中没有处理 throw 抛出的异常，程序就会中断执行，给出如下错误提示。

```
Unhandled exception:
出问题了 ~ 😧
```

上面是执行程序在控制台上输出的提示，Unhandled exception 表示未被处理的异常，后面是异常信息。

一般情况下，用 throw 抛出的都是一个特定类型的异常，类似于：

```
throw FormatException('格式有问题');
```

如果执行程序，会提示：

```
Unhandled exception:
FormatException: 格式有问题
```

上述代码不但提示了未被处理的异常情况，还给出了异常类型信息 FormatException。借助异常类型信息，用户可以快速找到问题并解决它。Dart 里内置了几种类型的异常，除此以外，用户还可以自定义应用需要的异常类型。

3.7.2 捕获异常（catch/on）

使用 catch 或 on 关键字可以捕获异常，捕获以后就可以处理发生的异常情况。
语法 1：

```
try {
} catch(error) {
}
```

上面代码使用的是 try、catch 关键字，在 try 大括号内程序可以做一些事情，此时如果发生异常，就在 catch 区块里捕获它。catch 区块可以捕获任何类型的异常情况，其 error 参数值就是发生的异常。

语法 2：

```
try {
} on Exception {
}
```

使用 on 关键字可以捕获特定类型的异常，这里 Exception 就是异常的类型，可以是内置的 FormatException、HttpException 等异常，也可以是用户自定义的异常类型。

如果想使用异常，可以再加上一个 catch 语句。例如：

```
try {
} on Exception catch(error) {
}
```

下面来看一段代码示例。

```
getGasoline() {
  return 0;
}

drive() {
  var gasoline = getGasoline();
  if (gasoline == 0) {
    throw '没油了! ';
  }
  print('呜~呜~~~');
}

try {
  drive();
} catch (error) {
  print(error);
}
```

上述代码中首先定义了两个函数 getGasoline() 与 drive()，然后执行 drive() 函数。getGasoline() 函数的功能是获取汽车的油量，为了演示异常，我们让它返回数字 0。

在 drive() 函数里，首先使用 getGasline() 函数获取油量，然后进行判断。如果汽车油量等于 0，说明没油了，就用 throw 抛出一个异常，否则就在控制台输出 "呜~呜~~~"。

执行 drive() 函数时，把它放在 try 区块里，如果发生异常，就可以在 catch 区块里处理，在控制台输出 "error"。因为 getGasoline() 函数一直返回数字 0，所以执行 drive() 函数一定会出现异常，在控制台输出 "没油了!"。修改 getGasoline() 函数，让它返回大于 0 的数字，如 10，则会在控制台输出 "呜~呜~~~"。

3.8　类

类（class）用来描述有共性的某类事物，定义类时可以在其中添加一些数据（即属性）

以及要做的事情（即方法）。基于类，可以创建很多对象（object），因此类是创建对象的模板，对象就是类的一个实例。

3.8.1　定义一个类

定义（即创建）一个类时，需要使用 class 关键字，后面加上类的名字，然后是一组大括号，在其中可以设置类的属性和构造方法。类的名字一般需要首字母大写。例如，要创建一个用户服务类，用户的英文是 User，服务的英文是 Service，所以类的名字可以是 UserService。Dart 并不限制用户为类取什么名字，只要合理就行。

语法：

```
class ClassName {}
```

例如，下面定义了一个类，名字是 Car（汽车），这是一个空白的类，里面没有属性和方法。

```
class Car {
}
```

3.8.2　实例化一个类

有了类，接下来就可以去创建符合该类的一个或多个对象，这个过程叫作类的实例化（Instantiate）。创建的这个对象，就是类的一个实例（Instance）。

例如，下面这行代码实例化了 Car 类，基于 Car 类创建了一个对象并赋给 c1。可以说，c1 就是 Car 类的一个实例。声明 c1 时，需要把它的类型设置成 Car。

```
Car c1 = Car();
```

创建的实例（对象）里面会包含类里的属性与方法，但是 Car 现在是个空白的类，下面我们给它添加属性和方法。

3.8.3　属性

属性（Property）就是类里的一些数据，也可以叫作字段（Field）或者成员（Member），在 Dart 语言里，经常用实例变量（Instance variables）来表示属性。

语法：

```
class ClassName {
  PropertyType? propertyName;
}
```

示例：

```
class Car {
  String? engine;
}
```

在上面的 Car 类里，添加了一个名为 engine 的属性，其类型是 String，"?"表示属性的初始值是 null。此时再基于 Car 类创建对象，该对象将直接拥有 engine 属性。

现在 Car 类的实例里有了一个 engine 属性，设置 Car 实例属性值的代码可以这样写：

```
Car c1 = Car();
c1.engine = 'v8';
print(c1.engine);
```

上述代码最后输出 c1 对象里 engine 属性的值，得到的结果是 v8。如图 3.5 所示，输入"c1."时，编辑器会提示 c1 里面包含的内容，其中就有 engine 属性。

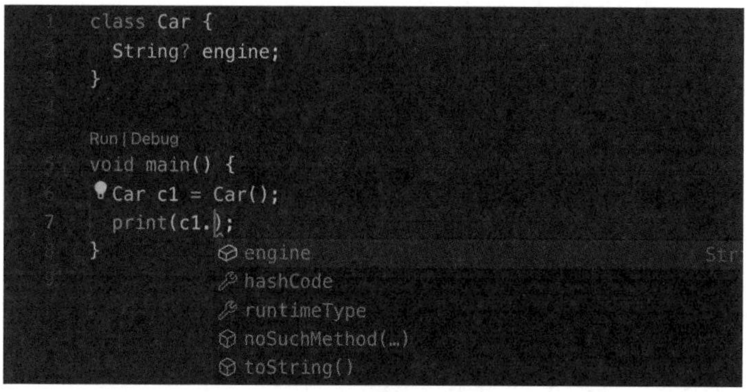

图 3.5　输入"c1."时会提示 c1 里面包含的内容

3.8.4　构造方法

类里面有一个特别的方法，叫作构造方法（Constructor），实例化类（即基于类去创建对象）时会自动执行该方法。在 Dart 语言里，构造方法的名字一般就是类的名字。

语法：

```
class ClassName {
  ClassName() {
  }
}
```

用户可以在构造方法里安排执行一些操作。例如：

```
class Car {
  String? engine;
  Car() {
    print('一辆崭新的汽车！');
  }
}
```

上述代码中，在 Car 类里使用了构造方法，实例化 Car 类时会自动执行其构造方法，在控制台输出一行文字"一辆崭新的汽车！"。

3.8.5　this 关键字

在类里面，可以使用 this 关键字引用基于该类创建的对象。例如：

```
class Car {
  String? engine;
  Car(String engine) {
    this.engine = engine;
  }
}
```

在上面 Car 类的构造方法里，this.engine 表示对象的 engine 属性。这里设置该属性的值等于构造方法里 engine 参数的值，这样当用户基于 Car 类创建对象时，用户设置的 engine 参数值就会在构造方法里传给 engine 属性。例如：

```
Car c1 = Car('V8');
Car c2 = Car('V12');
```

我们基于 Car 类创建了两个对象 c1 与 c2。因为 Car 类的构造方法支持一个参数，所以创建对象时可以直接设置该参数值，并通过构造方法传给对象的 engine 属性。因此，访问 c1.engine 时，得到的是 V8；访问 c2.engine 时，得到的是 V12。

3.8.6 带名字的构造方法

在类里，可以定义一些带名字的构造方法。例如：

```
class Car {
  String? engine;
  Car(String engine) {
    this.engine = engine;
  }
  Car.make(String carEngine) {
    print('造个车！');
    this.engine = carEngine;
  }
}
```

上面的 Car 类里有个构造方法，名字是 make，创建 Car 类的实例可以使用该构造方法。例如：

```
Car c1 = Car.make('V8');
```

如果引用构造方法只是为了设置属性值，也可以这样写：

```
Car.make(String carEngine) : engine = carEngine;
```

上面的代码会把 make 构造方法收到的 carEngine 参数值赋给 engine 属性。

3.8.7 方法

方法（Method）是类里定义的一些行为，也就是类可以做的事情，其本质就是一些函数。语法：

```
class ClassName {
  methodName() {
  }
```

```
}
```

例如，定义一个 Car 类，在里面添加一个名为 drive()的方法，代码如下：

```
class Car {
  drive() {
    print('呜~呜~~~');
  }
}
```

后续基于 Car 类创建的所有对象，都可以直接使用 drive()方法。例如：

```
const c1 = new Car();
c1.drive();
```

3.8.8　继承

正如儿女可以继承父母的基因一样，类也可以继承其他的类，继承类将会自动拥有被继承类里所有属性和方法。继承使用 extends 关键字。

语法：

```
class Class3 extends Class1 {
}
```

下面定义一个 Car 类，里面有个 drive()方法。

```
class Car {
  drive() {
    print('呜~呜~~~');
  }
}
```

下面再定义一个 PickupTruck（皮卡）类，让它继承 Car 类。

```
class PickupTruck extends Car {}
```

PickupTruck 类继承了 Car 类，所以会自动拥有 Car 类里的 drive()方法，可以直接引用它。

```
var p1 = PickupTruck();
p1.drive();
```

3.8.9　类属性

类属性又称为静态属性，是属于类本身的，不属于基于这个类创建的实例（对象）。在类里面定义类属性，可以用 static 关键字。例如：

```
class Car {
  static const description = '🚗 小心驾驶 ~';
}
```

上面代码中定义的 Car 类里有个类属性，名字是 description。使用这个类属性的方法如下：

```
print(Car.description);
```

通过点操作符"."可以直接使用 Car 类的 description 静态属性。

3.8.10　类方法

类方法也叫静态方法，属于类本身，不属于基于这个类创建的实例（对象）。在类里面定义类方法可以用 static 关键字。例如：

```
class Car {
  static printDescription() {
    print('🚶🚶‍♀ 小心驾驶 ~');
  }
}
```

在上面代码中定义的 Car 类里有个类方法（静态方法），名字是 printDescription。使用这个类方法的方式如下：

```
Car.printDescription();
```

通过点操作符"."可以直接使用 Car 类的 printDescription()静态方法。

3.9　泛　　型

泛型（Generics）是一种通用的类型，这种类型带参数，参数值也是一种类型。泛型的参数通常放在一组尖括号里，参数名字一般是一个大写字母，如 E、T、S、K、V 等。泛型不是一个具体的类型，其表示的类型要根据赋给它的参数类型来确定。

例如，列表 List 就是一个泛型。定义它的时候使用的是 List<E>，这里尖括号中的 E 就是泛型参数的名字，表示 Element，即列表里的元素或项目。使用 List 泛型来设置一个数据时，这个数据首先要确定是一个 List，也就是列表数据，其次要具体设置列表里的数据类型。

如果一个数据的类型是 List<String>，说明这是一个 String 类型的列表，即列表里的数据类型是 String。同理，如果一个数据的类型是 List<int>，说明这是一个 int 类型的列表。

尖括号里的类型就是给 List 这个泛型参数设置的值，这里 String 与 int 就是给 List 这个泛型<E>的参数设置的值。

下面来看一个示例。

```
class Car<T> {
  T engine;
  Car(this.engine);
}
```

上述代码中，定义 Car 类时用了泛型。注意，泛型参数的名字一般都是一个大写字母，这里是 T。在这个类里，engine 属性的类型被设置成 T，这个 T 不是一个具体的类型，而是一个类型参数。

下面定义 V8 这个类，用它表示一种汽车引擎。

```
class V8 {
  int horsepower;
  V8(this.horsepower);
}
```

下面我们创建一个 V8 实例，赋给 engine，则这个 engine 也是 V8 类型。创建 Car 实例时，把之前创建的 engine 赋给它，给实例起名为 defender（汽车名字），这样这个 defender 里的 engine 属性的类型也会是 V8 类型。例如：

```
void main() {
  var engine = V8(518);
  var defender = Car(engine);
  print(defender.engine.horsepower);
}
```

3.10　库

库就是 Libraries，每个库都可以提供一些功能，所有的 Dart 应用都可以看成是一个库。Dart 中提供了一些内置库，除此之外，我们还可以在项目里安装使用第三方提供的库。发行库可以使用 Packages（软件包）的形式。

3.10.1　使用内置库

在 Dart 语言中，内置库使用 dart 前缀。使用内置库里的资源时，需要先使用 import 导入该库。例如：

```
import 'dart:math';
```

上面的代码导入了 Dart 内置的 dart:math 库，在后续项目里，某个 ".dart" 文件里导入库以后，就可以直接使用库里面的资源了。例如：

```
void main() {
  var point = Point(10, 30);
  print('${point.x} : ${point.y}');
}
```

Point 就是 dart:math 库里提供的方法，表示二维空间的某个位置。

3.10.2　指定库前缀

导入库的时候，可以用 as 给导入的库设置一个前缀。例如：

```
import 'dart:math' as math;
void main() {
  var point = math.Point(10, 30);
  print('${point.x} : ${point.y}');
}
```

上面的代码中，在导入 dart:math 库时，用 as 给它设置了一个 math 前缀。这样后续使用库里资源时，也需要加上 math 前缀，如 mat.Point()。

3.10.3　导入部分库

库里通常提供了大量的资源，导入时也可以不导入整个库，只导入个人需要的部分。

导入部分库要用到 show 和 hide 命令。用 show 可以指定要导入的库资源；用 hide 可以指定要隐藏的部分，即隐藏的部分不导入，其他资源全部导入。

例如，下面的代码只允许导入 dart:math 库里的 Point 部分，因此用户无法使用 Random、Rectangle 等 dart:math 库资源。

```
import 'dart:math' show Point;
```

导入 dart:math 库时，如果用 hide 隐藏库里的 Point，则用户可以使用 dart:math 库里除 Point 以外的其他资源，如 Random、Rectangle 等。

```
import 'dart:math' hide Point;
```

3.10.4　导入开发者个人库里的资源

导入开发者个人项目库里的资源，可以使用文件系统路径。例如：

```
（文件：lib/user/user.dart）
class User {
  String? name;
  User(this.name);
}
```

假设项目的 user 目录下有个 user.dart 文件，在这个文件里定义一个叫 User 的类。代码如下：

```
（文件：lib/main.dart）
import 'user/user.dart';
void main() {
  var user = User('王皓');
  print(user.name);
}
```

在项目的 main.dart 文件里要使用 user.dart 文件里的 User 类，可以用 import 导入它，导入时使用文件系统路径，这个 user.dart 文件相对于 main.dart 文件，位置就是 user 目录下面的 user.dart。

3.11　Future

Future 的字面意思是未来、将来，或未来要发生的事情。Future 跟 JavaScript 语言里的 Promise 含义类似。

在包含需要做异步动作的函数里可以返回一个 Future 对象，意思就是不能马上执行结果，等有结果了，再通知你。

3.11.1　定义异步函数

用 async 标记的函数，返回的是一个 Future 对象。例如：

```
Future<String> getVehicle() async {
  return ' □ ';
}
```

为了演示，我们在 getVehicle()函数里返回字符串'□'。定义 getVehicle()函数时，用 async 进行了标记，所以它提供的值是一个 Future 对象。这个 Future 是个泛型，可以具体设置它在未来提供的值的类型。这里 getVehicle()提供的值的类型是 Future<String>，即它返回的值的类型是 Future，这个 Future 在未来提供的值的类型是 String。

3.11.2　使用异步函数提供的值

1. await

要使用 Future 在未来提供的值，需在执行异步函数前用 await 关键字，我们只能在 async 函数里使用 await 关键字。

先来看一段代码：

```
void main() {
  var vehicle = getVehicle();
  print(vehicle);
}
```

执行上述代码，发现输出的 vehicle 是 Instance of 'Future<String>'，即 getVehicle()函数返回的是一个 Future<String>实例。

要想把 Future 在未来提供的值赋给某个变量，就要用到 await 关键字，而且要用 async 标记拟使用 await 关键字的 main()函数。例如：

```
void main() async {
  var vehicle = await getVehicle();
  print(vehicle);
}
```

上面的代码中，用 async 标记了 main()函数，因此函数中可以使用 await 关键字。这里是 await getVehicle()，把结果赋给 vehicle 变量，输出的 vehicle 的值应该是'□'。

2. then()

除了使用 await 关键字，还可以使用 Future 提供的 then()方法处理 Future 在未来提供的值。例如：

```
getVehicle().then((vehicle) {
```

```
  print(vehicle);
});
```

因为 getVehicle()函数返回的是一个 Future 对象，所以可以用 then()方法处理 Future 在未来提供的值。调用 then()方法，给它提供一个函数参数，参数值就是 Future 在未来提供的值，在这个函数参数里，把得到的值输出到控制台。

3.11.3　处理异步函数遇到的错误

可以使用 Future 的 catchError()方法处理异常，也可以使用 try...catch 语句处理异步函数遇到的异常情况。

1. catchError()

调用 Future 对象的 catchError()方法，可以处理遇到的错误。

```
getVehicle().then((vehicle) {
  print(vehicle);
}).catchError((error) {
  print(error);
});
```

上述代码中，在 then()方法里设置正常得到数据后要做的事情，在 catchError()方法里处理遇到问题时要做的事情。

2. try...catch

如果读者喜欢用 await 关键字，可以配合使用 try...catch 语句。在 try 区块里执行异步函数，处理正常得到数据以后要做的事情，在 catch 区块里捕获遇到的问题。

```
try {
  var vehicle = await getVehicle();
  print(vehicle);
} catch (error) {
  print(error);
}
```

第 4 章

包管理

在项目开发中，为了快速实现各种功能，我们可以使用第三方提供的包。大部分包都可以在 pub.dev 网站中下载，使用包管理工具可以解决不同包之间的依赖问题。

4.1　包（Package）

Package 的英文解释是"an object or group of objects wrapped in paper or plastic, or packed in a box"，即用包装纸、箱子等打包成的一组物品。因此，一个 Package 里可以包含一组程序，这组程序用某种特定的形式打包在一起。"包"也可以理解成模块、软件包、工具包等。

在 Dart 里，用户可以把做好的程序用包的形式发布到社区或任何地方，在自己的项目里也可以使用别人做好的包，如一组库或工具包等。在项目里，你可以在一个特殊的文件（pubspec.yaml）里说明项目要使用或依赖的包。

包与包之间可能存在某种依赖关系，即一个包可能会依赖其他包提供的模块、库、工具包等，所以要想在自己的包（项目）里使用某个包，就需要先解决包依赖问题。Dart 提供的包管理工具（pub）会帮助用户管理项目中使用的包，用户只需说明要用的包，它就会协助下载安装该包，还会解决包的依赖问题，也就是同步下载安装该包依赖的其他包。

4.2　pubspec.yaml 文件

Dart 包里通常会有一个 pubspec.yaml 文件，用来对项目进行简单介绍。

在项目的根目录下创建 pubspec.yaml 文件，在文件里添加一些属性，如项目名字（name）、描述（description）、版本（version）、首页（homepage）、项目依赖的包（dependencies）等。这些可以设置的属性是 Dart 规定好的。

```
name: ninghao_dart
description: 小白的开发之路
version: 1.0.0
homepage: https://ninghao.net
environment:
  sdk: ">=2.7.0 <3.0.0"
```

上述代码中，environment 属性下的 sdk 属性说明了项目要求使用的 Dart 版本。

📖 **说明**：YAML 是一种数据格式，使用这种格式的文件扩展名是.yaml。YAML 格式与 JSON 格式可以互换，YAML 格式文件的编写与阅读都比 JSON 格式文件更友好一些。

4.3　安　装　包

在 pub.dev 网站，读者可以搜索并下载需要的包。要想在项目里使用某个包，需要在 pubspec.yaml 文件的 dependencies 下描述该包的名字和版本。当然，也可以使用 Dart 包管理工具为项目添加要使用的包。

在终端项目根目录下执行 dart pub add 命令：

```
dart pub add intl
```

dart pub add 命令可为项目添加需要的包，intl 就是包的名字，它提供了国际化与本地化应用需要的一些工具。用户可以在 pub.dev 网站上找到该包，阅读其相关文档。

4.3.1　解决包依赖问题

执行安装包命令时，有时会返回 Resolving dependencies，提示需要先解决包依赖问题。例如：

```
Resolving dependencies...
+ clock 1.1.0
+ intl 0.17.0
+ path 1.8.0
Changed 3 dependencies!
```

上面列出的 3 个包，intl 包是我们打算安装的包，clock 与 path 两个包是有依赖关系的包。也就是说，要想在项目里使用 intl 包，还需要安装 clock 与 path 包。

不用担心，包管理工具会帮我们解决这个包依赖问题。

4.3.2　dependencies 属性

观察项目根目录下的 pubspec.yaml 文件，会发现多了一个 dependencies 属性，其下列出的就是项目依赖的包。其中，intl 就是我们之前用 dart pub add 命令添加的包。

```
（文件: pubspec.yaml）
name: ninghao_dart
...
dependencies:
  intl: ^0.17.0
```

除了可以用命令给项目添加包外，也可以直接修改 pubspec.yaml 文件，在它的 dependencies 下添加需要的包的名字与版本号。保存文件后，代码编辑器就会自动下载、安装需要的包。

4.3.3 版本号

"^0.17.0"是项目依赖的 intl 包的版本号，这里用"^"限定了以后升级该包时最多能升级到小版本与补丁版本。

数字部分是具体的版本号，中间用点分隔成 3 个部分。从左往右，第一个部分是 Major 版本，即项目的大版本号，如果项目有非常大的变化，可以更新这个数字。第二部分是 Minor 版本，即小版本号，如果在项目里添加了新的功能，这些功能不会破坏老版本，可以向后兼容，就可以更新这个 Minor 版本号。最后一部分是 Patch，即补丁版本，如果项目中修复了一些小 bug，就可以更新这个补丁版本号。

4.3.4 pubspec.lock 文件

用 dart pub add 命令添加包后，在项目根目录下会出现一个 pubspec.lock 文件。这是一个自动生成的文件，其中详细说明了项目中要用的包。

```
packages:
  clock:
    dependency: transitive
    description:
      name: clock
      url: "https://pub.flutter-io.cn"
    source: hosted
    version: "1.1.0"
  intl:
    dependency: "direct main"
    description:
      name: intl
      url: "https://pub.flutter-io.cn"
    source: hosted
    version: "0.17.0"
...
```

上述代码中，packages 下列出的就是项目中要用的包，而且每个包都给出了包名、描述、来源、版本等信息。如 clock 包，它的 dependency 属性值是 transitive，表示该包不是项目直接依赖的包，而是安装 intl 包时解决的依赖包。再看 intl 包，其 dependency 属性值是 direct main，说明这才是项目直接依赖的包。

拿到一个 Dart 项目后，可以在终端执行 dart pub get 命令，把项目依赖的包准备好，这样项目才能正常运行。

4.3.5 package_config.json 文件

在.dart_tool 目录下有个 package_config.json 文件，其中给出了项目依赖的包的具体存放位置。

```
"packages": [
  {
    "name": "clock",
    "rootUri": "file:///Users/wanghao/.pub-cache/hosted/pub.flutter-io.cn/
clock-1.1.0",
    "packageUri": "lib/",
    "languageVersion": "2.12"
  },
  {
    "name": "intl",
    "rootUri": "file:///Users/wanghao/.pub-cache/hosted/pub.flutter-io.cn/
intl-0.17.0",
    "packageUri": "lib/",
    "languageVersion": "2.12"
  }
  ...
]
```

上述代码中，file://是一种位置协议，指的是文件系统，其后是本地计算机上的某个路径，如/Users/wanghao/.pub-cache/...。

4.4 使 用 包

为项目添加包以后，如果需要使用该包，可以用 import 导入。例如：

```
import 'package:intl/intl.dart';
void main() {
  String greet() => Intl.message('您好', name: 'greet');
  print(greet());
}
```

上述代码用 import 导入了 intl 包的 intl.dart，Intl 就是库里提供的包。

注意，导入库中的包时，使用"package:+包的名字"表述，如 package:intl。导入 Dart 中的资源时，使用"dart:+资源"表述，如 dart:async。

导入个人项目里的库，可以使用文件系统路径，也可以用"package:"形式。例如：

```
import 'package:ninghao_dart/user/user.dart';
void main() {
  print(User());
}
```

上述代码中，ninghao_dart 是项目 pubspec.yaml 文件里用 name 设置的包名，所以导入该包可以用 package:ninghao_dart 来实现，后面的/user/user.dart 是具体要导入使用的文件，该文件在项目里的位置应该是 lib/user/user.dart。

4.5 升 级 包

有时需要升级项目里的包。对项目的直接依赖包，可以修改 pubspec.yaml 文件中包的版本号，设置成新版本的包，保存文件后，编辑器会用 Dart 提供的包管理工具完成自动升级。

也可以直接在终端用包管理工具完成升级。例如，使用 dart pub upgrade 命令可以升级项目里所有的包。

```
dart pub upgrade
```

如果只想升级某个具体的包，可以在 dart pub upgrade 命令后加上包的名字。例如：

```
dart pub upgrade intl
```

包升级完成以后，可以在 pubspec.lock 文件里观察项目当前使用的包的具体版本情况。

第二部分

Flutter 基础

🖘 熟悉与理解 Flutter 框架。

🖘 学会使用小部件构建应用界面，了解它们的工作方式。

🖘 掌握基于 Flutter 开发应用的基本方法。

第 5 章

基本部件

小部件（Widget）是 Flutter 应用的基本组成部分，它可以是个简单的按钮，也可以是个完整的页面。到底什么是小部件呢？快来一起体验下吧。

5.1　准　备

本章要继续使用我们在第 2 章里准备的 xb2_flutter 项目。

首先基于 master 分支创建一个新的分支，后续每次完成任务后，如果在任务里修改了项目文件，就要做一次提交，提交日志可以设置成任务的标题。所有任务结束后，把项目切换到 master 分支，合并本章中创建的新分支，再把 master 分支与新创建的分支全部推送到项目的 origin 远程仓库。

5.1.1　任务：准备项目（widget）

在终端，在项目所在目录下（~/desktop/xb2_flutter）执行 git branch 命令，确定当前位于 master 分支。基于 master 分支创建一个新的分支 widget，并切换到 widget 分支上。代码如下：

```
git checkout -b widget
```

下面每完成一个任务，就在 widget 分支上做一次提交。本章最后会把 widget 分支合并到 master 分支上。

5.1.2　任务：准备应用入口

Flutter 应用的入口文件是 lib/main.dart，运行调试程序时会执行 main.dart 文件里的 main() 函数。在其中执行 Flutter 提供的 runApp() 函数，给这个函数提供一个小部件，该部件就是应用的根部件（root widget），应用的其他小部件都是该根部件的后代。

1. 导入 material.dart

打开 lib/main.dart 文件，在文件顶部导入 material.dart。

```
（文件：lib/main.dart）
import 'package:flutter/material.dart';
```

material.dart 中提供了很多工具，如 runApp() 函数。

2．准备应用入口函数

在 main.dart 里定义一个 main()函数。它是应用的入口，一切都从这里开始。

```
（文件：lib/main.dart）
void main() {
}
```

3．在入口函数里执行 runApp()

程序运行调试时，会执行 lib/main.dart 里的 main()函数，这里使用 Flutter 提供的 runApp()
函数显示一个小部件。

```
（文件：lib/main.dart）
void main() {
  runApp(
    Center(
      child: Text(
        '宁皓网',
        textDirection: TextDirection.ltr,
      ),
    ),
  );
}
```

上述代码中，先用了一个 Center 小部件，作用是其子部件能居中显示。子部件是一个
Text 小部件，作用是显示"宁皓网"3 个字，并通过 textDirection 参数设置文字的阅读方向
为从左到右。

4．运行调试并观察应用界面

下面选择调试设备，如选择在模拟器上运行调试应用，运行成功后应用界面上会显示
一行文字"宁皓网"。

5.2 小部件（Widget）

Flutter 应用程序里几乎所有元素都可以叫作小部件（Widget），其应用界面就是由不同
的小部件组合而成的。

1．内置的小部件

Flutter 框架提供了大量现成的小部件，使用这些小部件可以快速构建应用界面。例如，
要显示文字，就使用 Text 小部件；要显示图像，就使用 Image 小部件；要设置按钮，就使
用 ElevatedButton 小部件。总之，你能想到的所有需要，几乎都可以在 Flutter 小部件库中
找到。即使找不到，也可以根据现有的小部件快速定制出来。

2．小部件的参数

每个小部件都有自己的样式与行为，通过参数可以对这些样式和行为进行配置。

本质上，小部件就是一些类（Class），在应用里使用一个小部件就相当于是创建了一个小部件类的实例，小部件支持的配置参数就是小部件类里构造方法的参数。

把鼠标指针悬停在使用的小部件上，编辑器会提示小部件支持的一些参数。读者可以查阅 Flutter 的官方文档，那里有所有小部件的详细使用说明。读者也可以在 VSCode 编辑器里，按住 Alt 键的同时单击小部件名字，打开小部件定义页面，阅读小部件的源代码，通过注释信息去学习如何使用它。

3．小部件树

Flutter 中的小部件一般会有一个 child 参数，表示该小部件的子部件。有些小部件还支持 children 参数，参数值是一组小部件，也就是说这种小部件可以有多个子部件。

应用界面是由小部件组合构成的，这些小部件会形成一个树形结构。描述小部件的关系可以用父子、先辈或后代。如果 B 是 A 的子部件，可以说 A 是 B 的父部件；如果 C 是 B 的子部件，B 就是 C 的父部件，C 是 A 的后代，A 是 C 的先辈。

5.3　自定义一个无状态的小部件

基于 Flutter 开发应用时，有时需要自定义一些小部件，设计小部件的样式和功能，然后将它们应用在小部件树的某个位置上。

Flutter 里有两种常用的小部件：StatelessWidget 和 StatefulWidget。这里，State 表示小部件的状态（数据），StatelessWidget 表示无状态的小部件，StatefulWidget 表示有状态的小部件。

1．创建一个小部件

（1）新建一个.dart 文件，在其中定义一个无状态的小部件。代码如下：

```
（文件：lib/app/app.dart）
import 'package:flutter/material.dart';
class App extends StatelessWidget {
 @override
 Widget build(BuildContext context) {
   return Center(
     child: Text(
       '宁皓网',
       textDirection: TextDirection.ltr,
     ),
   );
 }
}
```

代码解析：

```
import 'package:flutter/material.dart';
```

在文件顶部，需要先导入 Flutter 的 material.dart，因为自定义的小部件需要用到该库。

```
class App extends StatelessWidget {
  @override
  Widget build(BuildContext context) {
    return Center(
      child: Text(
        '宁皓网',
        textDirection: TextDirection.ltr,
      ),
    );
  }
}
```

这里定义了一个类，名字是 App，表示创建了一个 App 小部件。小部件在本质上就是一个类，可根据创建的类型继承 StatelessWidget 或 StatefulWidget。这里要创建一个无状态的小部件，因此让 App 类继承 StatelessWidget。

（2）覆盖 build 方法。

```
class App extends StatelessWidget {
  @override
  Widget build(BuildContext context) {
  }
}
```

代码解析：

小部件里需要添加一个 build() 方法，用于返回小部件的界面。该方法可以使用 @override 注释一下，说明 build() 方法的名字来自其父类（superclass），即 StatelessWidget 类。该 build() 方法接收一个 context 参数，参数类型是 BuildContext，Flutter 使用它判断当前这个小部件在小部件树里的位置。

（3）返回小部件界面。

```
class App extends StatelessWidget {
  @override
  Widget build(BuildContext context) {
    return Center(
      child: Text(
        '宁皓网',
        textDirection: TextDirection.ltr,
      ),
    );
  }
}
```

代码解析：

在 App 小部件的 build() 方法里，会返回一个 Center 小部件，其 child 是一个 Text 小部件。

2．导入自定义小部件

打开 main.dart 文件，在文件顶部导入自定义的 app 小部件。

```
（文件：lib/main.dart）
import 'package:xb2_flutter/app/app.dart';
```

导入 app.dart 时，使用了 package:xb2_flutter 前缀，这里的 xb2_flutter 是最初创建项目时起的名字。

3. 使用自定义小部件

在 main.dart 里把 App 小部件交给 runApp() 函数。

```
（文件：lib/main.dart）
void main() {
  runApp(App());
}
```

然后在 VSCode 编辑器的调试（Run and Debug）页面单击 Restart（重新启动）按钮，或者按 Shift+Command 或 Ctrl+F5 快捷键，再次启动应用调试。

4. 观察结果

在模拟器上观察，应用界面中间位置会显示一行文字"宁皓网"，这行文字就来自我们自定义的 App 小部件。

5.4　Text（文本）

使用 Flutter 提供的 Text 小部件，可以在界面上显示文本。

1. 使用 Text 小部件

之前我们已经用过 Text 小部件，现在让它作为 Center 小部件的子部件。

```
（文件：lib/app/app.dart）
class App extends StatelessWidget {
  @override
  Widget build(BuildContext context) {
    return Center(
      child: Text(
      ),
    );
  }
}
```

2. 添加要显示的文本

使用 Text 小部件时，可以直接给出要显示的文字，作为第一个参数值。

```
（文件：lib/app/app.dart）
class App extends StatelessWidget {
  @override
  Widget build(BuildContext context) {
    return Center(
      child: Text(
        '犬吠水声中，桃花带露浓。树深时见鹿，溪午不闻钟。',
      ),
    );
```

```
  }
}
```

3. 配置 Text 小部件

小部件往往包含一些属性参数，通过设置这些参数可以配置该小部件。

```
（文件：lib/app/app.dart）
class App extends StatelessWidget {
 @override
 Widget build(BuildContext context) {
   return Center(
     child: Text(
       '犬吠水声中，桃花带露浓。树深时见鹿，溪午不闻钟。',
       textDirection: TextDirection.ltr,
       style: TextStyle(
         fontSize: 22.0,
       ),
       textAlign: TextAlign.center,
       maxLines: 1,
       overflow: TextOverflow.ellipsis,
     ),
   );
 }
}
```

代码解析：

（1）设置 Text 小部件时，第一个参数表示要显示的文本。

（2）除此以外，还可以跟一些带名字的参数。参数 textDirection 用于设置文本的阅读方向。

（3）参数 style 用于设置文本的样式，取值是 TextStyle。TextStyle 又支持一些参数，其中 fontSize 用于设置文本大小，类型是 double，这里设置的值是 22.0，也可以是 22。

```
style: TextStyle(
  fontSize: 22.0,
),
```

（4）参数 textAlign 用于设置文本对齐方式，取值是 TextAlign，这是一个 enum 类型的值，设置成 TextAlign.center 可以让文本居中对齐显示。

```
textAlign: TextAlign.center,
```

（5）参数 maxLines 用于设置最大显示的行数。

```
maxLines: 1,
```

（6）参数 overflow 用于设置溢出的部分，TextOverflow.ellipsis 表示溢出的地方显示一个省略号（...）。

```
overflow: TextOverflow.ellipsis,
```

小部件的可用属性有很多，但不用刻意去记忆。在开发过程中，把鼠标指针悬停在小部件上，编辑器就会提示该小部件支持的属性。按住 Alt 键，单击小部件的名字，可以打开定义该小部件类的文件，通过阅读源代码与注释，可以更详细地了解该小部件。当然，也可以在 Flutter 的官方网站上搜索要了解的小部件，查看其用法及介绍。

4．观察应用界面

在模拟器中观察应用界面，上面会显示一行文字，结尾会显示一个省略号（见图 5.1）。这是因为使用 Text 小部件时，用 maxLines 参数限制只显示一行文字，而且在 overflow

犬吠水声中，桃花带露浓。树深时见鹿，...

图 5.1　用 Text 小部件展示的文字

参数中将溢出部分设置为了省略号（TextOverflow.ellipsis）。

5.5　RichText（富文本）

如果待显示文字需要使用不同的样式，可以用 RichText 小部件来实现。下面在界面上显示一行文字"犬吠水声中，桃花带露浓。"，且"桃花"两个字使用粉色和加粗显示。

1．使用 RichText 小部件

在 App 小部件里，用 RichText 小部件作为 Center 小部件的 child。

```
（文件：lib/app/app.dart）
class App extends StatelessWidget {
  @override
  Widget build(BuildContext context) {
    return Center(
      child: RichText(
      ),
    );
  }
}
```

2．配置 RichText 小部件

RichText 小部件的必填参数是 text，取值是 TextSpan。在 TextSpan 里，用 text 设置要显示的文字，然后用 style 设置文字的样式。

```
（文件：lib/app/app.dart）
class App extends StatelessWidget {
  @override
  Widget build(BuildContext context) {
    return Center(
      child: RichText(
        textDirection: TextDirection.ltr,
        text: TextSpan(
          text: '犬吠水声中，',
          style: TextStyle(
            fontSize: 22.0,
          ),
        ),
      ),
```

```
    );
  }
}
```

3. 添加 TextSpan 的子部件

每个 TextSpan 都可以有一组 children。在这组 children 里面，首先把"桃花"两个字放在一个 TextSpan 里，新建一个 TextStyle，单独设置文字颜色（color）和文字粗细程度（fontWeight）。然后把"带露浓。"也单独放在一个 TextSpan 里。

```
（文件：lib/app/app.dart）
class App extends StatelessWidget {
  @override
  Widget build(BuildContext context) {
    return Center(
      child: RichText(
        textDirection: TextDirection.ltr,
        text: TextSpan(
          text: '犬吠水声中，',
          style: TextStyle(
            fontSize: 22.0,
          ),
          children: [
            TextSpan(
              text: '桃花',
              style: TextStyle(
                color: Colors.pinkAccent,
                fontWeight: FontWeight.bold,
              ),
            ),
            TextSpan(
              text: '带露浓。',
            )
          ],
        ),
      ),
    );
  }
}
```

4. 观察应用界面

在模拟器中观察应用界面，可以发现"桃花"两个字的颜色已变为粉色并加粗显示，如图 5.2 所示。

犬吠水声中，桃花带露浓。

图 5.2 用 RichText 小部件展示的文字

5.6 Image（图像）

在应用界面显示图像，需要使用 Image 小部件。

5.6.1　任务：显示资源包里的图像

这里说的资源包，指的是 AssetBundle，即应用里使用的一些资源，如字体、图像等。

1．准备图像资源

在准备图像资源时，最好同时准备该图像在不同像素比设备上的版本，如正常图像，以及 2 倍、3 倍大小的图像。应用会根据设备像素比，自动选择对应版本的图像。这里使用的 logo.png 图像如图 5.3 所示。

在项目里新建 assets 目录和 images 子目录，把 logo.png 放在 images 目录下。在 2.0x 目录里存放 2 倍尺寸的图像，在 3.0x 目录里存放 3 倍尺寸的图像。

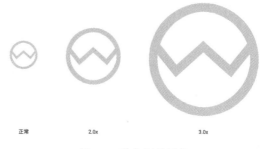

图 5.3　准备好的图像

```
assets
└── images
    ├── 2.0x
    │   └── logo.png
    ├── 3.0x
    │   └── logo.png
    └── logo.png
```

2．向资源包里添加资源

要使用资源包里的图像，需要把图像资源先添加到应用的资源包里。代码如下：

```
（文件：pubspec.yaml）
flutter:
  ...
  assets:
    - assets/images/
```

打开项目根目录下的 pubspec.yaml 文件，在 flutter 属性下添加 assets 属性。注意，assets 属性隶属于 flutter 属性，所以要比 flutter 向右缩进两个空格，这是 YAML 数据格式的要求写法。

在 assets 下列出想要添加到应用资源包里的资源，这里添加 assets/images/目录下的所有资源。要特别注意书写格式，assets 下是一个列表，每个列表项目要向右缩进两个空格，然后是一个小横线（-）+空格。接着是列表项目，这里就是 assets/images/。如果还要添加其他资源，可以另起一行，然后用同样的格式写法添加。

3．显示资源包里的图像

使用 Image 小部件，设置其 image 参数，参数值类型是 ImageProvider。

```
（文件：lib/app/app.dart）
class App extends StatelessWidget {
```

```
  @override
  Widget build(BuildContext context) {
    return Center(
      child: Image(
        image: AssetImage('assets/images/logo.png'),
        width: 128,
      ),
    );
  }
}
```

这里要显示的是来自应用资源包里的图像（assets/images/logo.png），所以参数值为AssetImage，同时用 width 参数设置了图像的显示宽度。

4．观察应用界面

在模拟器中观察应用界面，页面中间会显示资源包里的 logo.png 图像，如图 5.4 所示。

图 5.4　在应用界面上显示资源图像

5．使用 Image.asset()显示图像

显示资源包里的图像也可以使用 Image.asset()构造方法，直接把图像资源交给该构造方法即可。例如：

```
（文件：lib/app/app.dart）
class App extends StatelessWidget {
  @override
  Widget build(BuildContext context) {
    return Center(
      child: Image.asset(
        'assets/images/logo.png',
        width: 128,
      ),
    );
  }
}
```

5.6.2　任务：显示来自网络的图像

在应用里经常需要显示来自网络的图像，显示这种图像也可以使用 Image 小部件来实现。

1．显示来自网络的图像

使用 Image 小部件，设置 image 参数为 NetworkImage，值为网络图像的地址。

```
（文件：lib/app/app.dart）
class App extends StatelessWidget {
  @override
  Widget build(BuildContext context) {
    return Center(
      child: Image(
        image: NetworkImage(
          'https://resources.ninghao.net/images/IMG_2490.JPG',
```

```
      ),
    ),
  );
  }
}
```

效果如图 5.5 所示。

图 5.5　显示网络图像

2．使用 Image.network()显示网络图像

使用 Image.network()构造方法显示网络图像时，只需把网络图像的地址赋给它即可。

```
（文件：lib/app/app.dart）
class App extends StatelessWidget {
  @override
  Widget build(BuildContext context) {
    return Center(
      child: Image.network(
        'https://resources.ninghao.net/images/IMG_2490.JPG',
      ),
    );
  }
}
```

5.6.3　任务：调整图像的显示

在 Image 小部件中，通过设置宽度（width）、高度（height）、适应空间（fit）、对齐方式（alignment）、混合模式（colorBlendMode）等属性参数，可以调整图像的显示效果。

1．设置图像尺寸

在 Image()构造方法里，可以使用 width 和 height 属性设置图像的宽度与高度，相当于是给图像申请了一块空间。

```
（文件：lib/app/app.dart）
class App extends StatelessWidget {
  @override
  Widget build(BuildContext context) {
    return Center(
```

```
    child: Image(
      image: NetworkImage(
        'https://resources.ninghao.net/images/IMG_2490.JPG',
      ),
      width: 350,
      height: 350,
    ),
  );
}
```

2．适应空间

fit 属性用于把图像装进申请的空间里，即让图像适应这块空间。例如：

```
Image(
  ...
  fit: BoxFit.cover,
),
```

上述代码中，fit 属性为 Boxfit.cover，表示在保持原有图像比例情况下覆盖整个空间，效果如图 5.6 所示。

3．对齐方式

alignment 属性用于设置图像在申请的显示空间里的对齐方式。这里设置为 Alignment.bottomRight，即右下角对齐。

图 5.6　设置 fit 属性后的效果

```
Image(
  ...
  alignment: Alignment.bottomRight,
),
```

4．颜色混合模式

color 属性用于设置颜色，colorBlendMode 属性用于设置颜色的混合模式。这里先用 color 选择棕褐色，然后再用 BlendMode.softLight 设置柔光混合模式。

```
Image(
  ...
  color: Colors.brown,
  colorBlendMode: BlendMode.softLight,
),
```

5.7　Container（容器）

Container 也是常用的小部件之一。把一个小部件装进容器后，可以设置容器的尺寸（width、height）、背景颜色（color）、边距（padding、margin）、对齐方式（alignment）、变形（transform）等属性。

5.7.1 任务：使用 Container 小部件

1．使用 Container 小部件

为 Container 小部件设置 child，对应的值就是要在容器里显示的小部件。例如，用 Image 小部件显示一张来自资源包里的图像，代码如下：

```
（文件：lib/app/app.dart）
class App extends StatelessWidget {
  @override
  Widget build(BuildContext context) {
    return Center(
      child: Container(
        child: Image.asset(
          'assets/images/logo.png',
          width:96,
          color:Colors.white,
        ),
      ),
    );
  }
}
```

2．设置容器的颜色

在 Container 小部件里添加 color 参数，用于设置容器的背景颜色。例如：

```
Container(
  ...
  color: Colors.deepPurpleAccent,
),
```

3．设置容器的边距

在 Container 小部件里，可以使用 padding 或 margin 属性设置容器的内外边距。例如，为容器添加 60 的内边距，可通过设置 padding 参数实现，代码如下：

```
Container(
  ...
  padding: EdgeInsets.all(60),
),
```

EdgeInsets.all()用于在容器四周添加统一大小的边距，参考效果如图 5.7 所示。

如果各边的边距不相同，需要使用 EdgeInsets.only()，然后分别设置 top（上边）、right（右边）、bottom（底边）、left（左边）对应的边距。

4．设置容器子元素的对齐方式

使用 alignment 属性可以设置元素在容器里的对齐方式。例如：

图 5.7　设置内边距

```
Container(
  ...
  alignment: Alignment.topCenter,
),
```

参考效果如图 5.8 所示。设置了对齐方式以后，容器的尺寸会变成父部件的最大尺寸，

5. 设置容器尺寸

使用 width 和 height 属性，可以设置容器的宽与高，即容器大小。例如：

```
Container(
  ...
  width: 350,
  height: 350,
),
```

6. 设置容器变形

使用 transform 属性可以设置容器的变形。配合使用 transformAlignment 属性，可以设置变形的对齐方式。下面代码的参考效果如图 5.9 所示。

```
Container(
  ...
  transform: Matrix4.rotationZ(0.5),
  transformAlignment: Alignment.topRight,
),
```

图 5.8　设置对齐属性

图 5.9　设置变形参数

7. 理解 Container 小部件

查看 Container 小部件的定义，会发现它组合使用了 Flutter 提供的许多小组件，如 ColoredBox、Padding、DecoratedBox、ConstrainedBox 等。也就是说，如果你只想给小部件设置一个背景颜色，不用 Container 小部件，只用 ColoredBox 小部件也可以实现。

例如，在 ColoredBox 小部件里用 color 参数设置小部件的颜色背景。

```
ColoredBox(
  color: Colors.purple.shade900,
  child: Image.asset('assets/images/logo.png'),
),
```

如果还想添加内边距，可以再套一个 Padding 小部件，并在其中使用 padding 参数。代码如下：

```
ColoredBox(
  color: Colors.purple.shade900,
```

```
child: Padding(
  padding: const EdgeInsets.all(60.0),
  child: Image.asset('assets/images/logo.png'),
),
)
```

5.7.2　任务：装饰容器

在 Container 小部件里，通过 decoration 属性可以设置容器的装饰效果，如背景、渐变、圆角、边框、阴影等。

1．准备一个容器

使用 Container 小部件，它的子部件是一个资源图像。代码如下：

```
（文件：lib/app/app.dart）
class App extends StatelessWidget {
 @override
 Widget build(BuildContext context) {
   return Center(
     child: Container(
       child: Image.asset('assets/images/logo.png'),
       width: 96,
       color: Colors.white,
       padding: EdgeInsets.all(60),
       alignment: Alignment.topCenter,
       width: 350,
       height: 350,
     ),
   );
 }
}
```

2．设置容器装饰

为容器添加 decoration 参数，其值是 BoxDecoration，用以描述如何渲染当前容器。

```
Container(
  ...
  decoration: BoxDecoration(
  ),
),
```

3．设置背景颜色

在 BoxDecoration 里，用 color 参数设置容器的背景颜色。

```
BoxDecoration(
  color: Colors.deepPurpleAccent,
),
```

注意，设置 decoration 参数后，不能再在 Container 里使用 color 参数设置容器的背景颜色，不然会报错，所以要先把 Container 里添加的 color 参数删除掉。

4．使用渐变装饰

在 BoxDecoration 里，用 gradient 参数添加渐变效果。例如：

```
BoxDecoration(
  gradient: LinearGradient(
    begin: Alignment.topLeft,
    end: Alignment.bottomRight,
    colors: [
      Colors.yellow,
      Colors.pink,
      Colors.blue,
      Colors.cyan,
    ],
  ),
),
```

上述代码使用了 LinearGradient（线性渐变）属性，在其中用 begin、end 参数设置渐变的起点和终点，用 colors 设置一组渐变颜色，参考效果如图 5.10 所示。

5．使用图像装饰

在 BoxDecoration 里，用 image 参数可添加装饰图像，值为 DecorationImage。代码如下：

```
BoxDecoration(
  image: DecorationImage(
    image: NetworkImage(
      'https://resources.ninghao.net/images/IMG_2626.JPG',
    ),
    fit: BoxFit.cover,
    colorFilter: ColorFilter.mode(
      Colors.deepOrange,
      BlendMode.softLight,
    ),
  ),
),
```

在 DecorationImage 里，image 参数的值是 NetworkImage，表示来自网络的图像；fit 用于设置图像的适应性；colorFilter 表示使用一种颜色滤镜。参考效果如图 5.11 所示。

图 5.10　添加渐变装饰　　　　图 5.11　设置背景图像与颜色滤镜

6. 设置圆角

在 BoxDecoration 里，通过 borderRadius 参数可以给容器添加圆角装饰。例如：

```
BoxDecoration(
  ...
  borderRadius: BorderRadius.all(
    Radius.circular(25),
  ),
),
```

这里的 BorderRadius.all()表示在容器四周统一添加圆角效果，其值为 Radius.circular(25)，参考效果如图 5.12 所示。

如果只想设置部分角为圆角，可以使用 BorderRadius.only()。

```
BorderRadius.only(
  topLeft: Radius.circular(20),
),
```

7. 设置边框

在 BoxDecoration 里，通过 border 参数可以给容器添加边框。例如：

```
BoxDecoration(
  ...
  border: Border.all(
    color: Colors.deepOrangeAccent,
    width: 5,
    style: BorderStyle.solid,
  ),
),
```

这里的 Border.all()表示在容器四周添加统一的边框，其中设置了边框颜色（color）、宽度（width）和样式（style），参考效果如图 5.13 所示。

图 5.12　增加圆角装饰　　　　　　　图 5.13　增加边框装饰

8. 设置阴影效果

在 BoxDecoration 里，用 boxShadow 参数可以给容器添加阴影效果。例如：

```
BoxDecoration(
  ...
```

```
boxShadow: [
  BoxShadow(
    color: Colors.deepOrangeAccent,
    offset: Offset(5, 20),
    blurRadius: 30,
  ),
],
),
```

这里可以是一组 BoxShadow，每个 BoxShadow 里需要单独设置阴影的颜色（color）、偏移（offset）和模糊程度（blurRadius），参考效果如图 5.14 所示。

图 5.14　增加阴影装饰

5.8　整 理 项 目

打开终端，在项目所在目录下，首先把当前分支切换到 master，然后合并 widget 支，再把 master 与 widget 两个本地分支推送到 origin 远程仓库里。

```
git checkout master
git merge widget
git push origin master widget
```

第 6 章

页面结构

本章我们首先来创建一个 Material 风格的应用，然后搭建一个常见的应用页面结构。

6.1　准备项目（page-structure）

打开终端，在项目所在目录下执行 git branch 命令，确定当前位于 master 分支。基于 master 分支创建一个新的分支 page-structure，并切换到新分支上。

```
git checkout -b page-structure
```

下面每完成一个任务，都需要在 page-structure 分支上做一次提交。本章最后要把 page-structure 分支合并到 master 分支上。

6.2　MaterialApp

Material 是 Google 公司推出的一套设计语言，或者叫设计系统、设计风格、设计规范。读者可以参考这套规范来设计应用，或者直接使用它提供的现成组件。例如，它提供了适用于 Angular 前端框架的组件库。

在 Flutter 框架里也提供了大量 Material 风格的小部件，要使用它们，需要先在应用里使用 MaterialApp 小部件，其中包含了创建 Material 风格应用必须的一些小部件，另外它还可以帮忙做一些配置。

6.2.1　任务：创建 Material 应用

下面使用 MaterialApp 小部件创建一个 Material 风格的 Flutter 应用。

1. 使用 MaterialApp 小部件

在应用里使用 MaterialApp 小部件，一般需要把它放在靠近小部件树根的地方。

```
（文件：lib/app/app.dart）
class App extends StatelessWidget {
  @override
  Widget build(BuildContext context) {
    return MaterialApp(
```

```
  );
 }
}
```

2．设置应用首页

设置 MaterialApp 小部件的 home 参数，其值就是应用一开始要显示的小部件，这里是 Center 小部件，它的 child 是一个 Text 小部件。

```
MaterialApp(
  home: Center(
    child: Text('NINGHAO'),
  ),
);
```

注意，这里在使用 Text 小部件时不用设置文字的阅读方向，因为 MaterialApp 小部件已经帮忙处理好了。显示效果参考图 6.1。

3．去掉 DEBUG 条幅

使用了 MaterialApp 小部件后，屏幕右上角默认会显示一个 DEBUG 条幅，如图 6.2 所示。

图 6.1　在应用界面中心显示一行文字　　　　图 6.2　默认在应用右上角显示一个 DEBUG 条幅

要去掉这个 DEBUG 条幅，需要把 debugShowCheckedModeBanner 参数的值设置成 false。代码如下：

```
MaterialApp(
  debugShowCheckedModeBanner: false,
  ...
);
```

6.2.2　任务：使用图标（Icon）

在 Material 应用里可以使用 Material 小图标，如图 6.3 所示。搜索 Material Icons，可以获知具体都有哪些小图标，以及它们的样式。

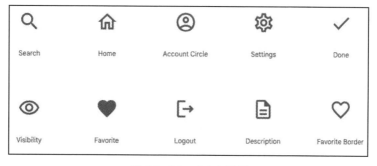

图 6.3　Material 小图标

71

1．使用 Icon 小部件

首先使用 Icon 小部件，然后在其中配置要使用的小图标，以及小图标的颜色（color）和尺寸（size）。

```
（文件：lib/app/app.dart）
MaterialApp(
 debugShowCheckedModeBanner: false,
 home: Center(
   child: Icon(
     Icons.landscape,
     color: Colors.amber,
     size: 128,
   ),
 ),
);
```

Material 提供的小图标有好几种风格，除了默认风格外，还有描边风格（outlined）、圆角风格（rounded）等。也就是说，同一个小图标可能有几种不同的样式。例如，上述代码中的 Icons.landscape 小图标，除了图 6.4 所示的样式外，还有 Icons.landscape_outlined、Icons.landscape_rounded 等样式。

图 6.4　在应用中使用 Material 小图标

2．观察应用界面

在模拟器中观察应用界面，在页面中间会发现一个黄色的小图标（见图 6.4）。

读者可以试着将其改为其他风格的小图标，如试一下 Icons.landscape_outlined 和 Icons.landscape_rounded，比较观察三者之间的细微差别。

6.2.3　任务：使用按钮（ElevatedButton）

Flutter 提供了多种按钮小部件，如 TextButton、IconButton、Outlined Button 和 ElevatedButton。这些按钮小部件的用法差不多，下面先来熟悉一下带阴影的按钮小部件 ElevatedButton。

1．使用 ElevatedButton 小部件

在 App 小部件里使用 ElevatedButton 小部件，其 child 参数值就是要在按钮上显示的东西，这里使用 Text 小部件显示一行文字。

```
（文件：lib/app/app.dart）
Center(
 child: ElevatedButton(
   child: Text('NINGHAO'),
   onPressed: () {
     print('NINGHAO');
   },
 ),
)
```

上述代码中，在按钮小部件里设置了 onPressed（单击回调），其值就是单击按钮时要执行的函数（或 null）。这里给它提供一个函数，在函数里用 print 在控制台输出一行文字。如果将按钮的 onPressed 参数值设置成 null，该按钮就会变成禁用状态。

2．观察与测试

在模拟器中观察 ElevatedButton 小部件的样式，可以发现默认按钮的背景颜色就是应用主题的主要颜色，如图 6.5 所示。单击按钮，观察编辑器的调试控制台，在里面会显示 NINGHAO。

图 6.5 ElevatedButton 小部件

6.2.4 任务：定制应用的主题样式

1．定制应用主题

新建一个文件，定义一个类，名字是 AppTheme，为其添加 light 静态属性，返回值为应用的主题数据 ThemeData。在 ThemeData 中设置应用的 primaryColor（主要颜色）和 colorScheme（配色方案）。

```
（文件：lib/app/themes/app_theme.dart）
import 'package:flutter/material.dart';
class AppTheme {
  static ThemeData light = ThemeData(
    primaryColor: Colors.deepPurpleAccent,
    colorScheme: ColorScheme.light(
      primary: Colors.deepPurpleAccent,
      secondary: Colors.amber,
    ),
  );
}
```

上述代码中，colorScheme 使用 ColorScheme.light()构造方法创建了一组亮色主题的配色方案，但仅设置了主要颜色（primary）和次要颜色（secondary），读者可以根据需要定制其他的配色。

2．定制暗色主题

在 AppTheme 类里，为其添加 dark 静态属性，返回值是应用的暗色主题，在其中可以设置一组和亮色主题不一样的样式。

```
（文件：lib/app/themes/app_theme.dart）
import 'package:flutter/material.dart';
class AppTheme {
  ...
  static ThemeData dark = ThemeData(
    primaryColor: Colors.deepPurpleAccent,
    colorScheme: ColorScheme.dark(
      primary: Colors.deepPurpleAccent,
```

```
    secondary: Colors.amber,
  ),
);
}
```

上述配色方案中，colorScheme 使用 ColorScheme.dark()构建了一套暗色主题的配色。同样，这里只设置了主要颜色和次要颜色，读者可根据需要定制其他的配色。

3．设置使用主题

打开 app.dart 文件，在文件顶部先导入 app_theme.dart，然后在 MaterialApp 小部件里配置应用主题，设置其 theme（默认主题）与 darkTheme（暗色主题）。

```
（文件：lib/app/app.dart）
...
import 'package:xb2_flutter/app/themes/app_theme.dart';

class App extends StatelessWidget {
  @override
  Widget build(BuildContext context) {
    return MaterialApp(
      ...
      theme: AppTheme.light,
      darkTheme: AppTheme.dark,
      ...
    );
  }
}
```

设置好以后，应用界面上 ElevatedButton 小部件的背景颜色发生了变化，如图 6.6 所示。

图 6.6　修改主要颜色后的 ElevatedButton 小部件

4．切换使用暗色主题

为了跟亮色主题区分开，可以暂时把暗色主题配色方案里的主要颜色设置成 Colors.cyan，测试后再把它改回原来的 Colors.deepPurpleAccent。

```
（文件：lib/app/themes/app_theme.dart）
class AppTheme {
  ...
  static ThemeData dark = ThemeData(
    ...
    colorScheme: ColorScheme.dark(
      primary: Colors.cyan,
      ...
    ),
  );
}
```

在 iOS 模拟器中打开 Settings→Developer，选中 Dark Appearance 启用暗色模式（见图 6.7）；也可以在 iOS 模拟器中，使用快捷键 Shift+Command+A 切换外观模式。

切换回我们的应用，观察应用界面的变化，会发现按钮背景和文字颜色发生了一些变化，如图 6.8 所示。如果看不到颜色变化，可以按 Shift+Ctrl/Command+F5 快捷键重启应用调试。

图 6.7　在 iOS 设备模拟器中启用暗色模式

图 6.8　暗色模式下的 ElevatedButton 小部件

6.3　Scaffold（页面结构）

使用 Scaffold 小部件可以得到一个 Material 风格的页面结构，在其中可以设置页面头部的工具栏、页面主体、页面底部的导航栏、侧边栏抽屉、底部侧板、浮动按钮等。

1. 使用 Scaffold 小部件

给 MaterialApp 的 home 参数提供一个 Scaffold 小部件。

```
（文件：lib/app/app.dart）
class App extends StatelessWidget {
  @override
  Widget build(BuildContext context) {
    return MaterialApp(
      ...
      home: Scaffold(

      ),
    );
  }
}
```

2. 设置页面主体

页面主体由 Scaffold 小部件的 body 参数设置，这里在页面中间显示一行文字。

```
Scaffold(
  body: Center(
    child: Text('NINGHAO.CO'),
  ),
)
```

在模拟器中观察应用界面，会发现页面有了背景颜色，中间显示的文字也有了默认样式，如图 6.9 所示。

3. 设置页面背景颜色

在 Scaffold 里添加 backgroundColor 参数，其值就是页面的背景颜色，效果如图 6.10 所示。

```
Scaffold(
  backgroundColor: Colors.amber,
  ...
),
```

图 6.9　body 参数里展示的文字 　　　　图 6.10　设置背景颜色后的 Scaffold 小部件

6.4　AppBar（应用栏）

用 Scaffold 小部件构建的应用页面，顶部就是 AppBar 小部件，该小部件又分为几个部分，如 leading、title、actions、bottom 等（见图 6.11），读者可以在这些地方安排显示其他小部件。

下面我们就使用 AppBar 小部件实现一个应用栏。

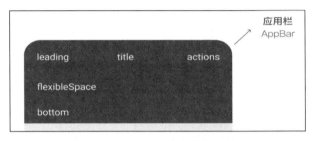

图 6.11　AppBar 小部件的结构展示

1. 设置 Scaffold 小部件的 appBar 参数

在 Scaffold 小部件里设置 appBar 参数，其值是一个 AppBar 小部件。

```
（文件：lib/app/app.dart）
class App extends StatelessWidget {
  @override
  Widget build(BuildContext context) {
    return MaterialApp(
      ...
      home: Scaffold(
        ...
        appBar: AppBar(

        ),
      ),
    );
  }
}
```

2. 设置应用栏的 title

在 AppBar 小部件里添加 title 参数，其值就是要在 title 位置上显示的小部件。

```
Scaffold(
  ...
  appBar: AppBar(
    title: Image.asset(
      'assets/images/logo.png',
      width: 32,
      color: Colors.white,
    ),
  ),
),
```

这里显示的是一个资源图像，效果如
图 6.12 所示。

图 6.12　title 位置显示的资源图像

3. 设置应用栏的 leading

在 AppBar 小部件里添加 leading 参数，其值就是要在 leading 位置上显示的小部件，这里是一个 IconButton（带图像的按钮）小部件。

```
AppBar(
  ...
  leading: IconButton(
    onPressed: () {},
    icon: Icon(Icons.menu),
  ),
),
```

onPressed 参数配置的是单击按钮时要执行的函数，这里暂时提供一个空函数。AppBar 小部件的 icon 参数配置的是要在按钮上显示的小图标。显示效果如图 6.13 所示。

4. 设置应用栏的 actions

在 AppBar 里添加 actions 参数，其值就是要在 actions 位置上显示的小部件，这里同样是一个 IconButton 小部件。显示效果如图 6.14 所示。

```
AppBar(
  ...
  actions: [
    IconButton(
      onPressed: () {},
      icon: Icon(Icons.more_horiz),
    ),
  ],
),
```

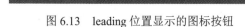

图 6.13　leading 位置显示的图标按钮

图 6.14　actions 位置显示的图标按钮

6.5　TabBar（标签栏）

TabBar（标签栏）是一种 Material 风格的小部件，它可以水平显示一组标签，单击标签项可以显示对应的标签视图（TabBarView）。

控制标签视图的显示需要使用 TabController，读者可以自行创建 TabController，也可以使用 Flutter 提供的 DefaultTabController（默认标签控制器）。

下面我们就来创建标签栏（TabBar）和标签视图（TabBarView）小部件。

1. 提供一个标签控制器

单击标签即可显示对应的标签视图，该行为是由 TabController 控制的。

首先使用一个 DefaultTabController 小部件，它可以给后代提供一个可用的 TabController。这里我们改造一下 App 小部件，让 Scaffold 小部件作为 DefaultTabController 小部件的子部件，然后用 length 参数设置标签项数量。

```
（文件: lib/app/app.dart）
MaterialApp(
  ...
  home: DefaultTabController(
    length: 2,
    child: Scaffold(

    ),
  ),
);
```

2. 准备标签项

在 AppBar 小部件里添加 bottom 参数，其值是一个 TabBar 小部件。在 TabBar 小部件中设置标签栏的 tabs 参数，对应值是一组标签小部件（Tab）。每个标签项都可以单独设置图标（icon）和文字（text）。

```
AppBar(
  ...
  bottom: TabBar(
    tabs: [
      Tab(text: '最近'),
      Tab(text: '热门'),
    ],
  ),
),
```

显示效果如图 6.15 所示。

3. 准备标签栏视图（TabBarView）

在 Scaffold 小部件中，设置 body 参数的值为 TabBarView，即让它作为页面主体。在

图 6.15 bottom 位置显示标签栏（TabBar）

TabBarView 的 children 参数里提供一组标签视图小部件，其位置与数量要和标签栏项目相对应。这里提供了两个 Icon 小部件，打开第一个标签时显示的是第一个小图标，打开第二个标签时显示的是第二个小图标。

```
Scaffold(
  ...
```

```
body: TabBarView(
  children: [
    Icon(
      Icons.explore_outlined,
      size: 128,
      color: Colors.black12,
    ),
    Icon(
      Icons.local_fire_department_outlined,
      size: 128,
      color: Colors.black12,
    ),
  ],
),
),
```

4．测试

在模拟器中，单击标签栏上的标签项，观察页面主体中小部件的变化。

6.6 BottomNavigationBar（底部导航栏）

在页面底部，通常需要用 BottomNavigationBar 小部件显示一个导航栏，单击导航栏项目，可以切换显示不同的页面（这些页面也是小部件）。

6.6.1 任务：设置底部导航栏

1．使用 BottomNavigationBar 小部件

在 Scaffold 小部件里添加 bottomNavigationBar 参数，其值是 Bottom NavigationBar 小部件。

```
（文件：lib/app/app.dart）
Scaffold(
  ...
  bottomNavigationBar: BottomNavigationBar(

  ),
),
```

2．设置底部导航栏项目

设置 BottomNavigationBar 小部件的 items 参数，其值是一组底部导航栏项目小部件（BottomNavigationBarItem）。每个项目都可以设置图标（icon）和标签文字（label）等。

```
Scaffold(
  ...
  bottomNavigationBar: BottomNavigationBar(
    items: [
```

```
    BottomNavigationBarItem(
      icon: Icon(Icons.explore_outlined),
      label: '发现',
    ),
    BottomNavigationBarItem(
      icon: Icon(Icons.add_a_photo_outlined),
      label: '添加',
    ),
    BottomNavigationBarItem(
      icon: Icon(Icons.account_circle_outlined),
      label: '用户',
    ),
  ],
),
),
```

3．观察应用界面

在模拟器中观察应用界面（见图 6.16），现在页面底部会显示一个导航栏，上面有 3 个导航栏项目，当前激活状态下的项目会使用不同的颜色显示。

图 6.16　使用 BottomNavigationBar 小部件

6.6.2　任务：把 App 转换成有状态小部件（StatefulWidget）

要想单击底部导航栏项目时切换项目的活动状态，或切换界面上显示的小部件，就需要改变小部件的状态。状态发生变化后，Flutter 需重建小部件，才能显示变化后的样子。这里就需要用到有状态的小部件 StatefulWidget。

之前在创建 App 小部件时，继承的是 StatelessWidget，因此是无状态的小部件。要把它转换成有状态的小部件，就需要让它继承 StatefulWidget。

如果读者使用的是 VSCode 编辑器，可以把鼠标指针悬停在 App 小部件名字上，按 Ctrl/Command+.快捷键，再执行 Convert to StatefulWidget 命令，即可转换成有状态小部件。

转换后的 App 小部件如下所示。

```
（文件：lib/app/app.dart）
class App extends StatefulWidget {
  @override
  _AppState createState() => _AppState();
}
class _AppState extends State<App> {
  @override
```

```
Widget build(BuildContext context) {
    ...
  }
}
```

有状态的小部件会附带一个状态类_AppState，创建小部件时会执行 createState()方法，返回一个状态类实例。在该类里可以添加小部件的状态数据，改变数据需要在 setState()里完成，这样它就会通知 Flutter 重建用户界面，重建后就会显示小部件变化后的样子。

6.6.3 任务：单击底部导航栏项目，切换当前活动项目

在底部导航栏里，处于当前活动状态的项目由 BottomNavigationBar 的 currentIndex 参数控制，其值就是当前激活状态的项目索引号。也就是说，其值为 0，表示第一个项目处于活动状态；其值为 1，表示第二个项目处于活动状态。

用户单击项目时，会执行 BottomNavigationBar 里 onTap 参数指定的函数，函数中有个 int 类型的参数，其值就是当前被单击的项目索引号。

1. 添加表示当前活动状态的底部导航栏项目索引值的属性

在 App 小部件对应的状态类里添加属性 currentAppBottomNavigationBarItem，默认值是 0，用来表示当前活动状态的底部导航栏项目的索引值。

```
（文件：lib/app/app.dart）
class _AppState extends State<App> {
  // 底部导航栏当前项目
  int currentAppBottomNavigationBarItem = 0;
  ...
}
```

2. 定义单击导航栏项目时要执行的函数

再定义一个函数 onTapAppBottomNavigationBarItem()，作为单击导航栏项目时要执行的函数。该函数接收 int 类型的参数 index，参数值就是当前被单击的项目索引值。在函数里执行 setState()函数，参数中设置 currentAppBottomNavigationBarItem 的值等于 index 的值。这样，当小部件状态发生变化时，Flutter 就会重建用户界面，显示小部件变化之后的样子。

```
class _AppState extends State<App> {
  ...
  // 单击底部导航栏事件处理
  void onTapAppBottomNavigationBarItem(int index) {
    setState(() {
      currentAppBottomNavigationBarItem = index;
    });
  }
  ...
}
```

3. 配置 BottomNavigationBar

找到 BottomNavigationBar 小部件，设置 currentIndex 参数为当前活动状态下底部导航

栏项目的索引号，即 currentAppBottomNavigationBarItem 属性的值。再设置 onTap 参数，单击底部导航栏项目时会执行该参数指定的函数，这里把它设置成之前定义的 onTapAppBottomNavigationBarItem。

```
Scaffold(
  ...
  bottomNavigationBar: BottomNavigationBar(
    ...
    currentIndex: currentAppBottomNavigationBarItem,
    onTap: onTapAppBottomNavigationBarItem,
  ),
),
```

4．测试

在模拟器单击底部导航栏项目，当前被单击的项目会变成活动状态，显示效果如图 6.17 所示。

图 6.17　单击底部导航栏项目后会变成活动状态

6.6.4　任务：单击底部导航栏项目，切换显示小部件

单击底部导航栏项目时，可以切换显示不同的小部件。下面来定义一组小部件，然后根据当前底部导航栏项目的索引值，判断页面主体中会显示哪个小部件。

1．准备一组小部件

我们来添加一组要在页面主体上显示的小部件。

声明一个 pageMain，其值是一组小部件，这里要添加 3 个小部件，分别对应底部导航栏上的 3 个项目。

```
（文件：lib/app/app.dart）
class _AppState extends State<App> {
  ...

  // 一组页面主体小部件
  final pageMain = [
    // 发现
    TabBarView(
      children: [
        Icon(
          Icons.explore_outlined,
          size: 128,
```

```
      color: Colors.black12,
    ),
    Icon(
      Icons.local_fire_department_outlined,
      size: 128,
      color: Colors.black12,
    ),
  ],
),
// 添加
Center(
  child: Icon(
    Icons.add_a_photo_outlined,
    size: 128,
    color: Colors.black12,
  ),
),
// 用户
Center(
  child: Icon(
    Icons.account_circle_outlined,
    size: 128,
    color: Colors.black12,
  ),
),
];

...
}
```

2．设置页面主体

先找到 Scaffold 小部件的 body 参数，将 TabBarView 小部件替换成 pageMain。然后使用列表数据上面的 elementAt()方法，把表示当前底部导航栏项目的索引值赋给它。

```
（文件：lib/app/app.dart）
Scaffold(
  ...
  body: pageMain.elementAt(currentAppBottomNavigationBarItem),
  ...
),
```

这样我们就可以根据底部导航栏项目的索引号，得到要对应显示的页面主体小部件。也就是说，如果当前底部导航栏项目的索引号是 1，就会在页面主体显示 pageMain 组小部件里的第二个项目。

3．测试

在模拟器中单击底部导航栏里的项目，页面主体会切换显示不同的小部件。

6.6.5 任务：单击底部导航栏项目，动态显示或隐藏 AppBar

在单击底部导航栏项目时，还可以动态切换显示页面上的 AppBar。例如，单击"发现"

时显示 AppBar，单击"添加"与"用户"时隐藏 AppBar。

1. 准备显示/隐藏 AppBar 的属性

在 App 小部件的状态类里添加属性 showAppBar，用于说明是否显示 AppBar 小部件，默认值是 true。在单击底部导航栏项目要执行的函数里执行 setState 时，可以设置 showAppBar 属性的值，判断 index 是否为 0，如果为 0，showAppBar 为 true；如果不为 0，showAppBar 为 false。也就是说，只有在底部导航栏当前索引值是 0 的情况下，showAppBar 的值才会是 true。

```
class _AppState extends State<App> {
  // 是否显示应用栏
  bool showAppBar = true;

  // 单击底部导航栏事件处理
  void onTapAppBottomNavigationBarItem(int index) {
    setState(() {
      ...
      showAppBar = index == 0;
    });
  }
  ...
}
```

2. 重新设置 Scaffold 的 appBar 参数

找到 Scaffold 小部件的 appBar 参数，重新设置其值。这里通过 showAppBar 进行判断，如果其值为 true，就使用 AppBar 小部件；如果其值为 false，就让 appBar 参数值为 null。

```
Scaffold(
  ...
  appBar: showAppBar
      ? AppBar(
        ...
      )
      : null,
  ...
),
```

3. 测试

在模拟器中单击底部导航栏上的项目，观察页面顶部的显示。只有在底部导航栏当前激活状态是"发现"项目时才会显示 AppBar，单击其他项目都会隐藏 AppBar。

6.7 FloatingActionButton（漂浮动作按钮）

在 Scaffold 小部件里，使用 floatingActionButton 参数可在页面上显示一个漂浮动作按钮，默认会固定显示在页面右下角，通过 floatingActionButtonLocation 参数可以改变其位置。

1. 设置漂浮动作按钮

在 Scaffold 小部件里添加 floatingActionButton 参数，其 child 参数用于设置按钮上显示的小部件，onPressed 参数用于设置单击按钮时要做的事情，backgroundColor 与 foregroundColor 用于设置背景色与前景色。

```
（文件：lib/app/app.dart）
Scaffold(
  ...
  floatingActionButton: FloatingActionButton(
    child: Icon(Icons.share_outlined),
    onPressed: () {
      print('floating action button.')
    },
    backgroundColor: Colors.black87,
    foregroundColor: Colors.white70,
  ),
),
```

2. 测试

在模拟器中观察应用界面，在页面右下角会显示一个漂浮动作按钮（见图 6.18）。单击该按钮，会在控制台输出"floating action button."。

图 6.18　显示一个漂浮动作按钮

6.8　整理项目

在终端，在项目所在目录下，首先把当前分支切换为 master，然后合并 page-structure 分支，再把 master 与 page-structure 这两个本地分支推送到项目的 origin 远程仓库里。

```
git checkout master
git merge page-structure
git push origin master page-structure
```

第 7 章

定义部件

本章我们来学习如何将页面的各个部分拆开，再分别定义成独立的小部件（见图 7.1）。

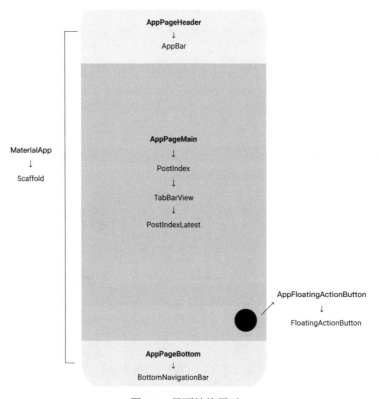

图 7.1　界面结构展示

7.1　准　　备

在开始定义独立的小部件之前，需要做一些准备工作，包括准备项目，以及配置 VSCode 编辑器代码片断。

7.1.1　任务：准备项目（define-widget）

在终端，在项目所在目录下执行 git branch 命令，确定当前位于 master 分支。基于 master

分支创建一个新的分支 define-widget，并切换到该分支上。

```
git checkout -b define-widget
```

下面每完成一个任务，就需要在 define-widget 分支上做一次提交。本章最后会把 define-widget 分支合并到 master 分支上。

7.1.2 任务：配置 VSCode 编辑器代码片断

定义部件时经常需要输入同样的代码，我们可以把这些代码定义成代码片断，这样就可以用简写形式快速输入这些代码了。

1. 准备代码片断

访问网址 https://github.com/ninghao/xb2_flutter_assets/blob/master/.vscode/xb2_flutter.code-snippets 或者 https://ninghao.coding.net/public/xb2/xb2_flutter/git/files/master/.vscode/xb2_flutter.code-snippets，复制文件里的内容。

示例：

```
{
  "StatelessWidget": {
    "prefix": "slw",
    "body": [
      "import 'package:flutter/material.dart';",
      "",
      "class ${1:WidgetName} extends StatelessWidget {",
      "\t@override",
      "\tWidget build(BuildContext context) {",
      "\t\treturn ${2:Container}();",
      "\t}",
      "}"
    ],
    "description": "StatelessWidget"
  },
  ...
}
```

上面的代码片断就是一个 StatelessWidget 小部件的定义。其中，prefix 表示得到该代码片断时要输入的内容，这里是 slw；body 表示代码片断的主体。

2. 定义项目代码片断

VSCode 编辑器的代码片断可以在全局定义，也可以只在某个项目里定义。在项目根目录下新建目录.vscode，然后在该目录下新建文件 xb2_flutter.code-snippets，把之前复制的内容粘贴到这个文件里。

3. 测试

下面测试在项目里定义的代码片断。新建一个文件，输入 slw，然后按 Tab 键或者 Enter 键，即可快速得到一个 StatelessWidget 小部件。

7.2　AppPageHeader（页面头部）

定义一个小部件作为页面头部，其中一个是AppBar小部件，作为Scaffold小部件appBar参数的值。

之前我们给 Scaffold 小部件的 appBar 参数提供了一个 AppBar 小部件，下面把这个小部件单独放在一个文件里，并剪切该 AppBar 小部件。

1. 定义 AppPageHeader 小部件

新建一个文件（lib/app/components/app_page_header.dart），在其中定义一个小部件，名字是 AppPageHeader，继承自 StatelessWidget。

```
（文件：lib/app/components/app_page_header.dart）
import 'package:flutter/material.dart';
class AppPageHeader extends StatelessWidget implements PreferredSizeWidget {
  @override
  final Size preferredSize = Size.fromHeight(100);
  @override
  Widget build(BuildContext context) {
    return AppBar(
      ...
    );
  }
}
```

因为 Scaffold 小部件的 appBar 参数值要求是 PreferredSizeWidget 类型的小部件，即带建议尺寸的小部件，所以在定义 AppPageHeader 小部件时，需要让它实现（implements）PreferredSizeWidget 抽象类。实现后，在小部件类里添加 preferredSize 属性，给它一个默认值，这里是 Size.fromHeight(100)。

在小部件的 build()方法里，返回的是之前使用的 AppBar 小部件。

2. 使用 AppPageHeader 小部件

打开 app.dart 文件，在文件顶部导入 app_page_header.dart。

```
（文件：lib/app/app.dart）
import 'package:xb2_flutter/app/components/app_page_header.dart';
```

在 App 小部件里找到 Scaffold，重新设置 appBar 参数的值，这里使用刚才定义的 AppPageHeader 小部件。

```
Scaffold(
  ...
  appBar: showAppBar ? AppPageHeader() : null,
  ...
),
```

7.3 AppLogo（应用标志）

定义一个应用标志小部件，使用时可以设置标志的大小和颜色。

1. 创建 AppLogo 小部件

新建一个文件（lib/app/components/app_logo.dart），定义一个无状态的小部件，名字是 AppLogo。

```
（文件：lib/app/components/app_logo.dart）
import 'package:flutter/material.dart';
class AppLogo extends StatelessWidget {
}
```

2. 定义 AppLogo 小部件

下面的代码具体定义了 AppLogo 小部件。

```
class AppLogo extends StatelessWidget {
  final double size;
  final Color color;
  AppLogo({this.size = 32, this.color = Colors.white});
  @override
  Widget build(BuildContext context) {
    return Image.asset(
      'assets/images/logo.png',
      width: size,
      color: color,
    );
  }
}
```

代码解析：

（1）小部件允许配置尺寸、颜色，所以在小部件里声明了两个属性，size 表示小部件的尺寸，color 表示图标的颜色。

```
final double size;
final Color color;
```

（2）添加一个构造方法，支持参数 size 和 color。一般在创建小部件时，设置的 size 值会传给小部件的 size 属性，color 值会传给小部件的 color 属性。这里给 size 和 color 设置一个默认值，即如果创建小部件时未设置参数值，则使用默认值。

```
AppLogo({this.size = 32, this.color = Colors.white});
```

（3）构建小部件。在小部件类里，用 build() 方法构建界面，这里用到了 color 和 size 两个属性值。小部件的 color 属性值会作为 Image.asset() 中 color 参数的值，size 属性值会作为 Image.asset() 中 width 参数的值。

```
@override
Widget build(BuildContext context) {
```

```
return Image.asset(
  'assets/images/logo.png',
  width: size,
  color: color,
);
}
```

3. 使用 AppLogo 小部件

在 app_page_header.dart 文件顶部导入 app_logo.dart。

```
（文件：lib/app/components/app_page_header.dart）
import 'package:xb2_flutter/app/components/app_logo.dart';
```

新建一个 AppLogo，把它赋给 AppBar 小部件的 title 参数。

```
AppBar(
  title: AppLogo(),
  ...
);
```

4. 测试

在模拟器中观察应用界面，会发现在页面头部显示应用标志图像，该图像来自 AppLogo 小部件。

7.4　AppPageMain（页面主体）

页面主体上显示的内容可以放在一个小部件里，该小部件可根据当前的底部导航栏项目，返回对应的要在页面主体显示的小部件。

新建两个要在页面主体显示的小部件 PostCreate 与 UserProfile，当前项目为"添加"时，显示 PostCreate 小部件；当前项目为"用户"时，显示 UserProfile 小部件。

页面主体中显示的小部件由底部导航栏当前项目决定，可以单独放在一个小部件里面。首先打开 lib/app/app.dart 文件，复制小部件里定义的 pageMain。

1. 定义应用页面主体小部件

新建一个文件（lib/app/components/app_page_main.dart），在文件中定义小部件 AppPageMain，把之前复制的 pageMain 放到该小部件里。

```
（文件：lib/app/components/app_page_main.dart）
import 'package:flutter/material.dart';

class AppPageMain extends StatelessWidget {
  final int currentIndex;
  AppPageMain({this.currentIndex = 0});
  // 一组页面主体小部件
  final pageMain = [
    // 发现
    TabBarView(
```

```
    ...
  ),
  ...
];
@override
Widget build(BuildContext context) {
  return pageMain.elementAt(currentIndex);
}
}
```

在小部件里添加 currentIndex 属性，其参数值是当前要显示的主体小部件的索引号。

```
final int currentIndex;
AppPageMain({this.currentIndex = 0});
```

在小部件的 build()方法里返回 pageMain.elementAt(currentIndex)，即根据 currentIndex 属性的参数值返回对应 pageMain 里的小部件。

```
@override
Widget build(BuildContext context) {
  return pageMain.elementAt(currentIndex);
}
```

2. 使用应用页面主体小部件

在 app.dart 文件顶部导入 app_page_main.dart。

```
（文件：lib/app/app.dart）
import 'package:xb2_flutter/app/components/app_page_main.dart';
```

在 Scaffold 里重新设置 body 参数，取值为 AppPageMain。在使用该小部件时会提供一个 currentIndex 参数，对应值是 currentAppBottomNavigationBarItem，即当前活动状态下的底部导航栏项目的索引号。

```
Scaffold(
...
 body: AppPageMain(
   currentIndex: currentAppBottomNavigationBarItem,
 ),
 ...
)
```

3. 测试

在模拟器中测试，当用户单击底部导航栏项目时，观察是否可以切换显示不同的小部件。

4. 创建 PostCreate 小部件

新建一个文件（lib/post/create/post_create.dart），定义一个无状态的小部件，名字是 PostCreate。

```
（文件：lib/post/create/post_create.dart）
import 'package:flutter/material.dart';
class PostCreate extends StatelessWidget {
  @override
```

```
Widget build(BuildContext context) {
  return Center(
    child: Icon(
      Icons.add_a_photo_outlined,
      size: 128,
      color: Colors.black12,
    ),
  );
}
}
```

5. 创建 UserProfile 小部件

新建一个文件（lib/user/profile/user_profile.dart），定义一个无状态的小部件，名字是 UserProfile。

```
（文件：lib/user/profile/user_profile.dart）
import 'package:flutter/material.dart';
class UserProfile extends StatelessWidget {
  @override
  Widget build(BuildContext context) {
    return Center(
      child: Icon(
        Icons.account_circle_outlined,
        size: 128,
        color: Colors.black12,
      ),
    );
  }
}
```

6. 使用 PostCreate 与 UserProfile

打开 app_page_main 文件，在文件顶部先导入 post_create 与 user_profile。然后将 pageMain 里的最后两个小部件替换成 PostCreate 与 UserProfile。

```
（文件：lib/app/components/app_page_main.dart）
...
import 'package:xb2_flutter/post/create/post_create.dart';
import 'package:xb2_flutter/user/profile/user_profile.dart';
class AppPageMain extends StatelessWidget {
  ...
  // 一组页面主体小部件
  final pageMain = [
    // 发现
    ...
    // 添加
    PostCreate(),
    // 用户
    UserProfile(),
  ];
  ...
}
```

7.5 PostIndex（内容索引）

定义一个 PostIndex 小部件，作为"发现"页面的主体显示小部件。在该小部件里使用 TabBarView 小部件创建 PostIndexLatest 和 PostIndexPopular 两个小部件，作为标签视图的子部件。

1. 自定义标签视图子部件（PostIndexLatest）

新建一个文件（lib/post/index/components/post_index_latest.dart），定义一个小部件，名字是 PostIndexLatest。当前标签是"最近"时，将显示该小部件。

```
（文件：lib/post/index/components/post_index_latest.dart）
import 'package:flutter/material.dart';
class PostIndexLatest extends StatelessWidget {
  @override
  Widget build(BuildContext context) {
    return Icon(
      Icons.explore_outlined,
      size: 128,
      color: Colors.black12,
    );
  }
}
```

在后面的章节中，我们会在该小部件里配置显示最近发布的内容列表。

2. 自定义标签视图子部件（PostIndexPopular）

新建一个文件（lib/post/index/components/post_index_popular.dart），定义一个小部件，名字是 PostIndexPopular。当前标签是"热门"时，将显示该小部件。

```
（文件：lib/post/index/components/post_index_popular.dart））
import 'package:flutter/material.dart';

class PostIndexPopular extends StatelessWidget {
  @override
  Widget build(BuildContext context) {
    return Icon(
      Icons.local_fire_department_outlined,
      size: 128,
      color: Colors.black12,
    );
  }
}
```

在后面的章节中，我们会在该小部件里配置显示一个按评论数排序的内容列表。

3. 定义内容索引小部件（PostIndex）

新建一个文件（lib/post/index/post_index.dart），在文件顶部导入 post_index_latest 与

93

post_index_popular。在文件里定义一个小部件，名字是 PostIndex，小部件界面中先用一个 TabBarView，其 children 里的第一个小部件是 PostIndexLatest，第二个小部件是 PostIndexPopular。

```
（文件：lib/post/index/post_index.dart）
...
import 'package:xb2_flutter/post/index/components/post_index_latest.dart';
import 'package:xb2_flutter/post/index/components/post_index_popular.dart';

class PostIndex extends StatelessWidget {
  @override
  Widget build(BuildContext context) {
    return TabBarView(
      children: [
        PostIndexLatest(),
        PostIndexPopular(),
      ],
    );
  }
}
```

4．使用自定义视图小部件

打开 app_page_main 文件，在文件顶部导入 post_index。在 pageMain 里用 PostIndex() 作为列表的第一个项目，这样当底部导航栏项目是"发现"时，页面主体会显示 PostIndex 小部件。其中使用了 TabBarView，若标签栏里的当前标签如果是"最近"，则会显示 PostIndexLatest 小部件；如果是"热门"，则会显示 PostIndexPopular 小部件。

```
（文件：lib/app/components/app_page_main.dart）
...
import 'package:xb2_flutter/post/index/post_index.dart';

class AppPageMain extends StatelessWidget {
  ...

  // 一组页面主体小部件
  final pageMain = [
    // 发现
    PostIndex(),
    ...
  ];
  ...
}
```

7.6 AppPageBottom（页面底部）

应用页面的底部是一个 BottomNavigationBar，被单独放在一个小部件里。

下面我们来定义这个小部件。打开 App 小部件，复制 Scaffold 小部件中

bottomNavigationBar 参数的值，该值是一个 BottomNavigationBar 小部件，这个小部件可以单独放在一个文件里。

1. 定义页面底部小部件

新建一个文件（lib/app/components/app_page_bottom.dart），定义一个小部件，名字是 AppPageBottom。把刚才复制的内容作为小部件 build()方法中要返回的内容。

```
（文件: lib/app/components/app_page_bottom.dart）
import 'package:flutter/material.dart';

class AppPageBottom extends StatelessWidget {
  final int currentIndex;
  final ValueChanged<int>? onTap;

  AppPageBottom({
    this.onTap,
    this.currentIndex = 0,
  });

  @override
  Widget build(BuildContext context) {
    return BottomNavigationBar(
      currentIndex: currentIndex,
      onTap: onTap,
      items: [
        ...
      ],
    );
  }
}
```

上述代码中，BottomNavigationBar 小部件里添加了两个属性：currentIndex 与 onTap。修改 currentIndex 参数的值，将其设置成 AppPageBottom 小部件里 currentIndex 属性的值，再把 onTap 参数的值设置成 AppPageBottom 小部件里的 onTap 属性的值。

2. 使用页面底部小部件

打开 app.dart 文件，在文件顶部导入 app_page_bottom。

```
（文件: lib/app/app.dart）
import 'package:xb2_flutter/app/components/app_page_bottom.dart';
```

修改 Scaffold 小部件中 bottomNavigationBar 参数的值为 AppPageBottom，再把其中 currentIndex 参数的值设置成 currentAppBottomNavigationBarItem，onTap 参数的值设置成 onTapBottomNavigationBarItem。

```
Scaffold(
  ...
  bottomNavigationBar: AppPageBottom(
    currentIndex: currentAppBottomNavigationBarItem,
    onTap: onTapAppBottomNavigationBarItem,
  ),
```

```
    ...
),
```

3．测试

在模拟器中测试，单击底部导航栏项目，观察页面主体是否可以正常切换显示不同的小部件。

读者单击底部导航栏项目时，实际上执行的是 App 小部件状态类里定义的 onTapApp BottomNavigationBarItem 方法，该方法会作为 AppPageBottom 中 onTap 属性的值，在 AppPageBottom 里用的 BottomNavigationBar 小部件 onTap 参数值，就是 AppPageBottom 小部件的 onTap。

7.7 AppFloatingActionButton（漂浮动作按钮）

Scaffold 小部件中 floatingActionButton 参数的值是 FloatingAction Button。下面我们就来定义这个应用漂浮动作按钮的小部件。

1．定义 AppFloatingActionButton

新建一个文件（lib/app/components/app_floating_action_button.dart），定义一个有状态的小部件，名字是 AppFloatingActionButton，小部件的界面是一个 FloatingActionButton 小部件。

```
（文件：lib/app/components/app_floating_action_button.dart）
import 'package:flutter/material.dart';

class AppFloatingActionButton extends StatelessWidget {
  @override
  Widget build(BuildContext context) {
    return FloatingActionButton(
      child: Icon(Icons.share_outlined),
      onPressed: () {
        print('floating action button');
      },
      backgroundColor: Colors.black87,
      foregroundColor: Colors.white70,
    );
  }
}
```

2．使用自定义的漂浮动作按钮小部件

打开 app.dart 文件，在文件顶部导入 app_floating_action_button。

```
（文件：lib/app/app.dart）
import 'package:xb2_flutter/app/components/app_floating_action_button.dart';
```

新建一个 AppFloatingActionButton 小部件，让它作为 Scaffold 小部件中 floatingActionButton 参数的值。

```
Scaffold(
  ...
  floatingActionButton: AppFloatingActionButton(),
),
```

7.8 目录结构

应用里一些共用的文件可以放在 app 目录里。各类资源一般放在各自的目录下，如 post、user、comment 等。在这些资源目录下可以继续细分子目录，如 post/create 存放创建内容需要的文件，post/index 存放内容列表相关的文件等。

```
lib
├── app
│   ├── app.dart
│   ├── components
│   │   ├── app_floating_action_button.dart
│   │   ├── app_logo.dart
│   │   ├── app_page_bottom.dart
│   │   ├── app_page_header.dart
│   │   └── app_page_main.dart
│   └── themes
│       └── app_theme.dart
├── main.dart
├── post
│   ├── create
│   │   └── post_create.dart
│   └── index
│       ├── components
│       │   ├── post_index_latest.dart
│       │   └── post_index_popular.dart
│       └── post_index.dart
└── user
    └── profile
        └── user_profile.dart
```

7.9 小部件树

使用 Dart 开发者工具可以检查应用里的小部件。打开编辑器的命令面板，搜索并执行 Dart: Open DevTools 命令，打开开发者工具，在应用的"发现"页面观察小部件树的结构（见图 7.2）。

应用的根是一个 App 小部件，其中用 MaterialApp 小部件创建了一个 Material 风格的应用。下面是 DefaultTabController，它可以给后代提供一个 TabController，标签栏需要使用该控制器控制标签视图的显示效果。

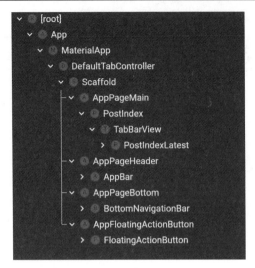

图 7.2　在 Dart 开发者工具中展示的小部件树

接着是 Scaffold 小部件，它构建了一个页面结构，并把页面的不同部分都单独定义成了小部件。其中，AppPageMain 是页面主体，AppPageHeader 是页面头部，AppPageBottom 是页面底部，AppFloatingActionButton 是漂浮在页面上的动作按钮。

这里，AppPageMain 小部件的子部件是 PostIndex，因为底部导航栏当前项目是"发现"，所以页面主体会显示 PostIndex 小部件。PostIndex 里用了一个 TabBarView（标签栏视图），它会根据当前标签栏项目显示对应的视图小部件，现在显示的是 PostIndexLatest，说明当前打开的标签项目是"最近"。

7.10　整理项目

在终端，在项目所在目录下，首先把当前分支切换到 master，然后合并 define-widget 分支，再把 master 与 define-widget 两个本地分支推送到项目的 origin 远程仓库里。

```
git checkout master
git merge define-widget
git push origin master define-widget
```

第 8 章

弹窗对话

本章我们来学习如何在特定条件下，在当前页面上显示面板、对话框、菜单等。

8.1 准备项目（modal-dialog）

打开终端，在项目所在目录下执行 git branch 命令，确定当前位于 master 分支。基于 master 分支创建一个新的分支 modal-dialog，并切换到该分支上。

```
git checkout -b modal-dialog
```

下面每完成一个任务，就在 modal-dialog 分支上做一次提交。本章最后会把 modal-dialog 分支合并到 master 分支上。

8.2 BottomSheet（底部面板）

从页面底部弹出一个面板，默认会覆盖在当前页面之上，读者可以定义面板上要显示的内容。

8.2.1 任务：显示页面底部面板

1. 准备要在底部面板显示的小部件

新建一个文件（ lib/app/components/app_bottom_sheet.dart ），定义一个小部件 AppBottomSheet，该小部件将作为底部面板上待显示的内容。

```
（文件: lib/app/components/app_bottom_sheet.dart）
import 'package:flutter/material.dart';

class AppBottomSheet extends StatelessWidget {
  @override
  Widget build(BuildContext context) {
    return Container(
      height: 350,
      decoration: BoxDecoration(
        color: Theme.of(context).colorScheme.background,
        boxShadow: [
```

```
      BoxShadow(
        color: Colors.black12,
        offset: Offset(0, -20),
        blurRadius: 30,
      ),
    ],
  ),
  child: Center(
    child: Text('AppBottomSheet'),
  ),
);
}
}
```

2. 显示底部面板

打开 app_floating_action_button 文件，在文件顶部导入 app_bottom_sheet。

```
（文件：lib/app/components/app_floating_action_button.dart）
import 'package:xb2_flutter/app/components/app_bottom_sheet.dart';
```

修改 AppFloatingActionButton 小部件的状态类，在 FloatingActionButton 小部件 onPressed 参数的函数里执行 showBottomSheet()。它可以显示页面底部面板，使用时要提供 context 参数，其对应值就是小部件的 BuildContext，它会从 context 里面引用最近的 Scaffold。

```
class AppFloatingActionButton extends StatelessWidget {
  @override
  Widget build(BuildContext context) {
    return FloatingActionButton(
      ...
      onPressed: () {
        // 显示底部面板
        final bottomSheetController = showBottomSheet(
          context: context,
          builder: (context) => AppBottomSheet(),
        );
      },
      ...
    );
  }
}
```

用 builder 制造并返回要在底部面板上显示的小部件，这里可以让构建器返回之前创建的 AppBottomSheet 小部件。

showBottomSheet()返回的是 PersistentBottomSheetController，它是控制底部面板用的控制器，这里给它起个名字叫 bottomSheetController，后面会用到它。

3. 测试

在模拟器中单击页面上的漂浮动作按钮，会显示一个底部面板（见图 8.1），向下拖动这个面板可以关闭它。

图 8.1　在页面底部显示的 BottomSheet

8.2.2　任务：用漂浮动作按钮显示与关闭底部面板

单击漂浮动作按钮，会显示底部面板，此时按钮的小图标变成关闭小图标。再次单击它，可以关闭底部面板。

1．把 AppFloatingActionButton 转换成有状态的小部件

打开 app_floating_action_button.dart 文件，先将鼠标指针悬停在 AppFloatingActionButton 上，然后按 Ctrl/Command+.快捷键，执行 Convert to StatefulWidget 命令，把该小部件转换成一个有状态的小部件。

2．添加表示是否正在显示底部面板的属性

在小部件的状态类里添加属性 isBottomSheetShown，表示当前是否正在显示底部面板，默认值是 false。

定义 floatingActionButtonIcon()方法，根据 isBottomSheetShown 的值返回一个图标小部件。如果 isBottomSheetShown 的值是 true，就返回关闭小图标。

```
（文件：lib/app/components/app_floating_action_button.dart）
class _AppFloatingActionButtonState extends State<AppFloatingActionButton> {
  // 是否正在显示底部面板
  bool isBottomSheetShown = false;
  // 漂浮动作按钮小图标
  Icon floatingActionButtonIcon() {
    return isBottomSheetShown ? Icon(Icons.close) : Icon(Icons.support_agent);
  }
  ...
}
```

3．重新设置漂浮动作按钮的 child

把执行 floatingActionButtonIcon()得到的结果赋给 FloatingActionButton 的 child 参数。

```
FloatingActionButton(
  child: floatingActionButtonIcon(),
  ...
);
```

4．关闭底部面板

在 FloatingActionButton 的单击回调里，判断 isBottomSheetShown 的值，如果是 true，就关闭底部面板，执行 Navigator.pop(context)。加上 return，可以防止继续执行函数里的剩余代码。

```
FloatingActionButton(
  ...
  onPressed: () {
    // 关闭底部面板
    if (isBottomSheetShown) {
      return Navigator.pop(context);
    }
    ...
  },
);
```

5．设置显示底部面板

显示底部面板以后，在 setState 里把小部件的 isBottomSheetShown 设置成 true。重建用户界面以后，漂浮动作按钮就会显示关闭小图标。

```
FloatingActionButton(
  ...
  onPressed: () {
    ...
    // 显示底部面板
    final bottomSheetController = showBottomSheet(
      context: context,
      builder: (context) => AppBottomSheet(),
    );
    setState(() {
      isBottomSheetShown = true;
    });
  },
);
```

6．设置关闭底部面板以后要做的事情

执行 showBottomSheet()时会得到一个能控制底部面板的控制器，当初我们为这个控制器起了个名字叫 bottomSheetController，这里可以通过其 closed 返回一个 Future。可以继续调用 Future 的 then()，处理 Future 里的数据，在给它提供的函数参数里面，执行 setState，把 isBottomSheetShown 的值设置成 false。

```
FloatingActionButton(
  ...
  onPressed: () {
    ...
    // 关闭底部面板以后
    bottomSheetController.closed.then((value) {
      setState(() {
        isBottomSheetShown = false;
      });
    });
  },
);
```

这样设置，关闭底部面板后，会把小部件的 isBottomSheetShown 设置成 false，用户界面会被重建，漂浮动作按钮会显示默认的小图标，再次单击该按钮时就又可以打开底部面板了。

7. 测试

在模拟器中，单击漂浮动作按钮可以显示底部面板，这时按钮上的图标是一个关闭图标（见图 8.2），单击该按钮，会执行 Navigator.pop()关闭底部面板，之后按钮图标又会变成分享图标。

图 8.2 在 BottomSheet 右上角显示关闭按钮

8.3 AlertDialog（警告对话框）

在当前页面上显示一个对话框，可以设置对话框的标题、描述和一组动作按钮。下面我们要学习如何显示一个警告对话框。

1. 定义显示对话框的方法

打开 app_bottom_sheet 文件，在 AppBottomSheet 小部件里定义一个显示对话框的方法，名字是 showAppAlertDialog，该方法接收一个 context 参数。要显示对话框可以执行 Flutter 提供的 showDialog()函数，该函数会构建一个对话框小部件，构建时需要用到 BuildContext。

```
（文件: lib/app/components/app_bottom_sheet.dart）
import 'package:flutter/material.dart';

class AppBottomSheet extends StatelessWidget {
  // 显示对话框
  Future<bool?> showAppAlertDialog(context) {
    return showDialog<bool>(

    );
  }
```

```
    ...
}
```

showAppAlertDialog 返回值的类型是 Future<bool?>，也就是一个 Future 类型的值，该 Future 提供的值是 bool 类型的，也就是布尔值。

2. 使用 showDialog 显示对话框

showAppAlertDialog 里返回的是执行 showDialog()后的结果。执行 showDialog()时设置 context 参数值为 context，然后用 builder 构建要显示的对话框小部件，这里构建的是 AlertDialog 小部件。

```
（文件: lib/app/components/app_bottom_sheet.dart）
showDialog<bool>(
  context: context,
  builder: (context) => AlertDialog(
    title: Text('确定提交'),
    content: Text('提交以后无法恢复，确定要提交吗？'),
    actions: [
      TextButton(
        child: Text('取消'),
        onPressed: () => Navigator.pop(context, false),
      ),
      TextButton(
        child: Text('确定'),
        onPressed: () => Navigator.pop(context, true),
      ),
    ],
  ),
)
```

title 用于配置对话框的标题，content 用于配置对话框显示的描述文字，actions 用于配置对话框显示的一组动作，这里是两个 TextButton。用户单击"取消"按钮，会执行 Navigator.pop(context, false)，关闭当前显示的对话框，同时返回一个值（false）。也就是说，执行 showDialog()显示对话框后，如果用户单击的是"取消"按钮，则返回的 Future 里最终提供的值就是 false。

3. 显示对话框

在 AppBottomSheet 小部件里使用 TextButton 小部件，按钮文字是"提交"，单击按钮时，执行之前定义的 showAppAlertDialog()，显示一个警告对话框。

```
（文件: lib/app/components/app_bottom_sheet.dart）
class AppBottomSheet extends StatelessWidget {
  ...
  @override
  Widget build(BuildContext context) {
    return Container(
      ...
      child: Center(
        child: TextButton(
          child: Text('提交'),
```

```
    onPressed: () async {
      // 显示警告对话框
      final result = await showAppAlertDialog(context);
      print('showAppAlertDialog: $result');
    },
  ),
 ),
 );
 }
}
```

因为后面还会用到这里得到的结果，所以给这个结果起名为 result。showAppAlertDialog()
会返回一个 Future 类型的值，在它前面应用 await，把 onPressed 指定的函数用 async 标记
一下。

在控制台可以输出 result 的值，我们可以检查一下。

4．测试

在模拟器中单击漂浮动作按钮将显示底部
面板。单击底部面板上的"提交"按钮，会显示
一个警告对话框，如图 8.3 所示。试着单击警
告框中的按钮或空白处，观察控制台输出的内
容。如果单击"确定"按钮，则控制台会输出
"showAppAlertDialog: true"；如果不单击任何按
钮，则控制台会输出"showAppAlertDialog: null"。

图 8.3 页面上显示的警告对话框

8.4 SnackBar（消息提示栏）

应用处理了某些操作以后，可以用 SnackBar 提醒用户操作的结果，默认它会出现在页
面底部。下面我们要试一下怎么在应用里显示消息提示栏。

1．定义显示消息提示的方法

在 AppBottomSheet 小部件里，定义一个显示 SnackBar 的函数，名字是 showAppSnackBar，
用于接收 context 参数。在该函数里用 ScaffoldMessenger.of(context)执行 showSnackBar()方
法，提供一个 SnackBar 小部件，并设置小部件的 content（内容）、action（动作）、duration
（持续时长）等参数。

```
（文件：lib/app/components/app_bottom_sheet.dart）
class AppBottomSheet extends StatelessWidget {
 ...

 // 显示操作提示
 void showAppSnackBar(context) {
  ScaffoldMessenger.of(context).showSnackBar(
    SnackBar(
```

```
    content: Text('提交成功'),
    action: SnackBarAction(
      label: '关闭',
      onPressed: () {},
    ),
    duration: Duration(seconds: 3),
  ),
  );
 }
}
```

2. 显示消息提示栏

在 AppBottomSheet 小部件中，在 TextButton 的 onPressed 设置的函数里面，先判断 result 是否不等于 null 且为 true，也就是说，如果用户单击的是对话框里的"确定"按钮，就执行 showAppSnackBar()，显示操作提示。

```
class AppBottomSheet extends StatelessWidget {
 ...
 @override
 Widget build(BuildContext context) {
   return Container(
     ...
     child: Center(
       child: TextButton(
         child: Text('提交'),
         onPressed: () async {
           ...
           if (result != null && result) {
             showAppSnackBar(context);
           }
         },
       ),
     ),
   );
 }
}
```

3. 测试

在模拟器中，单击漂浮动作按钮，打开底部面板，然后单击"提交"按钮，再在弹出的对话框中单击"确定"按钮，这时会在页面底部显示一个操作提示，效果如图 8.4 所示。

图 8.4　在页面底部显示消息提示栏

8.5　Drawer（边栏抽屉）

通过动作按钮或拖曳手势，可以从页面某侧滑动显示一个边栏。这里需要用到 Drawer

小部件。

8.5.1 任务：使用边栏抽屉

1. 定义应用页面边栏小部件

新建一个文件（lib/app/components/app_page_aside.dart），定义一个小部件，名字是
AppPageAside，在其中使用 Drawer 小部件。

```
（文件：lib/app/components/app_page_aside.dart）
import 'package:flutter/material.dart';
class AppPageAside extends StatelessWidget {
 @override
 Widget build(BuildContext context) {
   return Drawer(
     child: Center(
       child: Text('AppPageAside'),
     ),
   );
 }
}
```

2. 使用边栏抽屉小部件

在 App 小部件文件的顶部导入之前创建的 AppPageAside。

```
（文件：lib/app/app.dart）
import 'package:xb2_flutter/app/components/app_page_aside.dart';
```

在 Scaffold 小部件里，设置 drawer 参数的值是 AppPageAside。

```
Scaffold(
 ...
 drawer: AppPageAside(),
),
```

3. 用按钮显示边栏抽屉

设置 Scaffold 小部件的 drawer 参数后，如果在页面上使用 AppBar，就会自动在 AppBar
的 leading 位置显示"菜单"按钮，单击该按钮就可以打开边栏抽屉。

```
（文件：lib/app/components/app_page_header.dart）
class AppPageHeader extends StatelessWidget implements PreferredSizeWidget {
 ...

 @override
 Widget build(BuildContext context) {
   return AppBar(
     ...
     leading: IconButton(
       onPressed: () {
         Scaffold.of(context).openDrawer();
       },
       icon: Icon(Icons.menu),
```

```
        ),
        ...
      );
    }
}
```

之前我们在 AppBar 的 leading 位置上设置了一个图标按钮，如果想单击这个按钮打开边栏抽屉，需要执行 Scaffold.of(context).openDrawer()。

4．测试

在模拟器中测试，单击 AppBar 的 leading 位置上的按钮，可以打开边栏抽屉（见图 8.5），也可以使用拖曳手势打开或者关闭这个边栏抽屉。

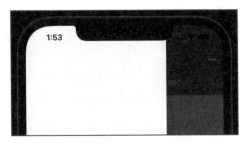

图 8.5　在页面左侧显示的边栏抽屉（Drawer）

8.5.2　任务：设置边栏抽屉上显示的内容（ListView 与 ListTile）

我们可以自己决定要在边栏抽屉上面显示的内容，如用户账户相关的信息、菜单项目等。

1．使用 ListView（列表视图）小部件

在 AppPageAside 小部件里，修改 Drawer 小部件的 child 为 ListView（列表视图）。把 ListView 的 padding 设置成 EdgeInsets.zero，即去掉列表视图里添加的内边距；children 参数的值就是要在列表视图里显示的一组小部件。

```
（文件：lib/app/components/app_page_aside.dart）
import 'package:flutter/material.dart';

class AppPageAside extends StatelessWidget {
  @override
  Widget build(BuildContext context) {
    return Drawer(
      child: ListView(
        padding: EdgeInsets.zero,
        children: [
        ],
      ),
    );
  }
}
```

2．使用 UserAccountsDrawerHeader（用户账户抽屉头部）小部件

要想在 Drawer 头部位置显示信息，需要使用 DrawerHeader 小部件。读者可自行设计小部件的界面，如果想显示用户账户相关的信息，可直接使用 Flutter 提供的

UserAccountsDrawerHeader 小部件。

```
ListView(
  padding: EdgeInsets.zero,
  children: [
    UserAccountsDrawerHeader(
      accountName: Text('王皓'),
      accountEmail: Text('wanghao@ninghao.net'),
      currentAccountPicture: CircleAvatar(
        backgroundImage: NetworkImage(
          'https://resources.ninghao.net/wanghao.jpg',
        ),
      ),
    ),
  ],
),
```

在 ListView 的 children 里面，添加一个 UserAccountsDrawerHeader，分别设置 accountName（账户名称）、accountEmail（账户邮件），还有 currentAccountPicture（账户头像）参数的值。这里用了一个 CircleAvatar 作为 currentAccountPicture 参数的值，这个小部件可以显示一个圆形的用户头像，显示效果如图 8.6 所示。

图 8.6　在 Drawer 里面显示用户账户相关信息

3. 使用 ListTile 小部件

在 ListView 的 children 里面添加一些 ListTile 小部件，用 title 配置标题内容，用 leading 可以设置在开始位置显示的内容，用 trailing 可以设置在结束位置显示的内容。单击 ListTile 会执行 onTap 参数指定的函数。

```
ListView(
  padding: EdgeInsets.zero,
  children: [
    ...
    ListTile(
      title: Text(
        '评论',
        textAlign: TextAlign.right,
      ),
      trailing: Icon(
        Icons.comment_outlined,
```

```
        color: Colors.black26,
        size: 22,
      ),
      onTap: () {},
    ),
    Divider(),
    ListTile(
      title: Text(
        '账户',
        textAlign: TextAlign.right,
      ),
      trailing: Icon(
        Icons.manage_accounts_outlined,
        color: Colors.black26,
        size: 22,
      ),
      onTap: () {},
    ),
    ListTile(
      title: Text(
        '管理',
        textAlign: TextAlign.right,
      ),
      trailing: Icon(
        Icons.collections_outlined,
        color: Colors.black26,
        size: 22,
      ),
      onTap: () {},
    ),
    Divider(),
    ListTile(
      title: Text(
        '退出',
        textAlign: TextAlign.right,
      ),
      trailing: Icon(
        Icons.logout_outlined,
        color: Colors.black26,
        size: 22,
      ),
      onTap: () {},
    ),
  ],
),
```

4．测试

在模拟器中打开边栏抽屉，观察上面显示的内容，头部会显示用户账户相关的信息，下面是一些 ListTile，显示效果如图 8.7 所示。

图 8.7 在 Drawer 里使用 ListTile

8.6 PopupMenuButton（弹出菜单按钮）

要想在单击文字选项或小图标后弹出一个菜单，需要使用 PopupMenuButton 小部件。

1. 定义弹出菜单按钮小部件

新建一个文件（lib/app/components/app_page_header_actions_more.dart），在文件里定义一个小部件，名字是 AppPageHeaderActionMore，小部件的界面可以用一个 PopupMenuButton 小部件。

```
（文件：lib/app/components/app_page_header_actions_more.dart）
import 'package:flutter/material.dart';
class AppPageHeaderActionsMore extends StatelessWidget {
 @override
 Widget build(BuildContext context) {
  return PopupMenuButton(

  );
 }
}
```

2. 配置使用 PopupMenuButton 小部件

在 PopupMenuButton 小部件里，用 icon 参数设置按钮小图标，用 offset 设置弹出菜单的偏移。如果用户未单击弹出菜单，则执行 onCanceled 指定的函数；如果用户单击了菜单项目，则执行 onSelected 指定的函数，接收一个 value 参数，其值就是被单击的菜单项目的值。

```
（文件：lib/app/components/app_page_header_actions_more.dart）
PopupMenuButton(
  icon: Icon(Icons.more_horiz),
  offset: Offset(0, 50),
  onCanceled: () {
    print('popupMenuButton: onCanceled');
  },
  onSelected: (value) {
    print('popupMenuButton: onSelected $value');
  },
);
```

3．构建弹出菜单项目

弹出菜单里的项目可以使用 itemBuidler 指定的函数来创建，提供一个函数，接收 context 参数，返回的是一组菜单项目，其中每个项目都是一个 PopupMenuItem 小部件，并配置了菜单项目的 child（子部件）和 value（菜单项目的值）。

```
（文件：lib/app/components/app_page_header_actions_more.dart）
PopupMenuButton(
  ...
  itemBuilder: (context) => [
    PopupMenuItem(
      child: Icon(
        Icons.view_agenda_outlined,
        color: Colors.black54,
      ),
      value: 'stack',
    ),
    PopupMenuItem(
      child: Icon(
        Icons.dashboard_outlined,
        color: Colors.black54,
      ),
      value: 'grid',
    ),
  ],
);
```

4．使用弹出菜单

在 app_page_header.dart 文件的顶部导入 app_page_header_actions_more.dart。

```
（文件：lib/app/components/app_page_header.dart）
import 'package:xb2_flutter/app/components/app_page_header_actions_more.dart';
```

在 AppPageHeader 小部件的 AppBar 小部件里，修改 actions 的值，在其中使用 AppPageHeaderActionsMore。

```
AppBar(
  ...
  actions: [
    AppPageHeaderActionsMore(),
  ],
```

```
...
);
```

5．测试

在模拟器中，单击 AppBar 的 actions 位置上的"更多"小图标，会弹出一个菜单，如图 8.8 所示。单击页面其他地方将取消显示该菜单，此时控制台会输出"popup MenuButton: onCanceled"，说明执行了 PopupMenuButton 里 onCanceled 指定的函数。再次打开该弹出菜单，选择第一个菜单项目，控制台会输出"popupMenuButton: onSelected stack"，这里的 stack 就是我们给菜单项目设置的值。

图 8.8　弹出菜单

8.7　整 理 项 目

在终端，在项目所在目录下，首先把当前分支切换到 master，然后合并 modal-dialog 分支，再把 master 与 modal-dialog 两个本地分支推送到项目的 origin 远程仓库里。

```
git checkout master
git merge modal-dialog
git push origin master modal-dialog
```

第 9 章

页面布局

为了理解小部件的约束性，本章我们来组织一组横排、竖排、叠加显示的小部件。

9.1　准　备

在开始设计页面布局之前，我们先来准备项目和练习页面。

9.1.1　任务：准备项目（layout）

在终端，在项目所在目录下执行 git branch 命令，确定当前位于 master 分支。基于 master 分支创建一个新的分支 layout，并切换到 layout 分支上。

```
git checkout -b layout
```

下面每完成一个任务，就在 layout 分支上做一次提交。本章最后会把 layout 分支合并到 master 分支上。

9.1.2　任务：准备练习页面

准备一个新的页面，在上面练习使用 Flutter 提供的各种小部件。

1. 禁用漂浮动作按钮

打开 lib/app/app.dart 文件，注释或删除之前给 Scaffold 小部件设置的漂浮动作按钮（floatingActionButton）。

2. 底部导航栏添加新项目

打开 lib/app/components/app_page_bottom.dart 文件，编写如下代码，在底部导航栏添加新项目。

```
class AppPageBottom extends StatelessWidget {
...
 @override
 Widget build(BuildContext context) {
  return BottomNavigationBar(
   ...
   unselectedItemColor: Colors.black,
   selectedItemColor: Colors.deepPurpleAccent,
```

```
    showSelectedLabels: true,
    type: BottomNavigationBarType.fixed,
    items: [
      ...
      BottomNavigationBarItem(
        icon: Icon(Icons.sports_volleyball),
        label: '练习',
      ),
    ],
  );
}
```

上述代码中，在打开 app_page_bottom 文件后，设置了 BottomNavigationBar 里的参数，又添加了一个新的底部导航栏项目，项目的小图标为 Icons.sports_volleyball，标签文字为"练习"。

3. 创建 Playground 小部件

单击"练习"按钮，打开的是练习页面。新建一个文件（lib/playground/playground.dart），在文件里定义小部件 Playground，页面暂时用一个空白的 Container。

```
（文件：lib/playground/playground.dart）
import 'package:flutter/material.dart';
class Playground extends StatelessWidget {
  @override
  Widget build(BuildContext context) {
    return Container();
  }
}
```

4. 添加页面主体小部件

打开 app_page_main 文件，在文件顶部导入 playground，然后在 pageMain 列表的最后添加一个 Playground。现在单击应用底部导航栏上的"练习"项目，页面上将显示 Playground 小部件。

```
（文件：lib/app/components/app_page_main.dart）
...
import 'package:xb2_flutter/playground/playground.dart';

class AppPageMain extends StatelessWidget {
  ...
  final pageMain = [
    ...
    Playground(),
  ];
  ...
}
```

5. 创建布局练习小部件

新建一个文件（ib/playground/layout/playground_layout.dart），文件里定义一个小部件，名字是 PlaygroundLayout，接下来在这个小部件里我们会练习使用 Flutter 提供的一些布局相关的小部件。

```
（文件：lib/playground/layout/playground_layout.dart）
import 'package:flutter/material.dart';

class PlaygroundLayout extends StatelessWidget {
  @override
  Widget build(BuildContext context) {
    return Container();
  }
}
```

6. 使用布局练习小部件

打开 playground 文件，在文件顶部导入 playground_layout，然后在小部件界面上使用 PlaygroundLayout，这样在打开"练习"页面时，会显示 PlaygroundLayout 小部件。

```
（文件：lib/playground/playground.dart）
import 'package:flutter/material.dart';
import 'package:xb2_flutter/playground/layout/playground_layout.dart';

class Playground extends StatelessWidget {
  @override
  Widget build(BuildContext context) {
    return PlaygroundLayout();
  }
}
```

9.2 约　束

小部件会从父部件那里得到一个约束（Constraints），该约束限制了小部件的最小与最大宽度，以及最小与最大的高度。同时，小部件会告诉它的子部件约束是什么，并且会询问每个子部件需要的尺寸。接着，小部件会分别在 x 轴（水平）与 y 轴（垂直）上定位每个子部件，并向父部件报告尺寸。

小部件约束分为两种，一种是严格约束（tight），另一种是宽松约束（loose）。严格约束就是小部件的最大宽度等于它的最小宽度，最大高度等于它的最小高度。宽松约束一般会设置一个最大宽度与最大高度，而最小宽度与最小高度都是 0，这样小部件的宽度与高度可以是 0 与最大宽度和高度之间的任意值。

9.2.1　任务：理解小部件的约束

1. 设置布局练习容器的背景颜色

打开 playground_layout 文件，给小部件用的容器设置一个绿色背景（Colors.green Accent），我们叫它小绿。你会发现 PlaygroundLayout 里小绿会占满所有可用的空间。

```
（文件：lib/playground/layout/playground_layout.dart）
class PlaygroundLayout extends StatelessWidget {
  @override
```

```
Widget build(BuildContext context) {
  return Container(
    color: Colors.greenAccent,
  );
}
}
```

2. 在 Dart 开发者工具观察小部件约束

打开编辑器的命令面板，搜索并执行 Dart Dev Tools 命令，选择 Open Devtools in Web Browser 选项，这样可以在浏览器中打开 Dart 开发者工具。

在 Dart 开发者工具中选中 Scaffold→AppPageMain→Playground→PlaygroundLayout→ Container，观察小部件的约束情况（见图 9.1）。

图 9.1　在 Dart 开发者工具中观察小部件的约束

在图 9.1 中，容器的宽度（w）约束是 0.0≤w≤428.0，现在它的宽度是 428.0，是约束的最大的值。容器的高度（h）约束是 0.0≤h≤834.0，现在它的高度是 834.0，也是约束的最大值。Container 小部件在设计时，允许它占用所有可占用空间，所以容器的尺寸就是最大宽度与最大高度约束。

3. 嵌套容器观察约束

在 PlaygroundLayout 的 Container 里再嵌套一个 Container，背景颜色设置成紫色 Colors.deepPurpleAccent，我们叫它小紫。注意，小绿是小紫的父部件。

```
（文件: lib/playground/layout/playground_layout.dart）
Container(
  color: Colors.greenAccent,
  child: Container(
    color: Colors.deepPurpleAccent,
  ),
);
```

在 Dart 开发者工具中观察，单击 Refresh Tree 按钮刷新应用的小部件树，然后选中刚才添加的 Container 小部件，观察它的约束和尺寸。该小部件从父部件那里得到的宽度约束是 0.0≤w≤428.0，高度约束是 0.0≤h≤834.0，因为 Container 会占用所有它可以占用的空间，所以它的宽度是 428.0，高度是 834.0。

把小紫的宽与高设置成 100，从执行结果中我们会发现，小紫的父部件小绿的尺寸也变成了 100×100（见图 9.2）。

```
（文件：lib/playground/layout/playground_layout.dart）
Container(
  color: Colors.greenAccent,
  child: Container(
    color: Colors.deepPurpleAccent,
    width: 100,
    height: 100,
  ),
);
```

这是因为设置小紫尺寸后，它会向小绿报告自己需要的尺寸，小绿又会向自己的父部件报告自己需要的尺寸。最后，父部件会根据这个尺寸摆放它的子部件位置。

接下来把小绿的宽与高设置成 200，从执行结果中我们会发现，设置了小绿的尺寸后，小紫的尺寸也发生了变化（见图 9.3）。

```
（文件：lib/playground/layout/playground_layout.dart）
Container(
  color: Colors.greenAccent,
  width: 200,
  height: 200,
  child: Container(
    color: Colors.deepPurpleAccent,
    width: 100,
    height: 100,
  ),
);
```

图 9.2 页面左上角显示设置宽度与高度后的小紫

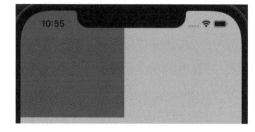

图 9.3 页面左上角显示小紫

在 Dart 开发者工具中检查小紫，可看到它的宽度、高度都是 200，也就是其父部件小绿设置的宽与高。虽然小紫也设置了自己的尺寸，但这次没起作用。观察小紫的约束，w=200，h=200，这是一个严格约束，所以小紫的尺寸只能是宽度 200，高度也是 200。

如果想设置小紫的尺寸，可以把它放在一个 Center 小部件里。观察应用界面，这次小紫的尺寸就是它自己设置的 100×100 了（见图 9.4）。

在 Dart 开发者工具中，选中小紫，观察它的约束与尺寸（见图 9.5），它的 w 是 100.0，h 是 100.0，它的宽度约束是 0.0≤w≤200.0，高度约束是 0.0≤h≤200.0。因为现在小紫的父部件变成了 Center，这个 Center 小部件给它的子部件的约束是一个宽松约束，所以小紫可以是这个约束范围内的任意尺寸。

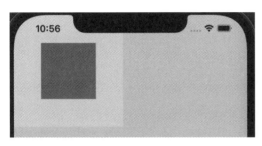

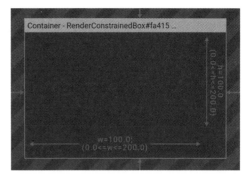

图 9.4 页面左上角显示的是小紫与小绿 图 9.5 在 Dart 开发者工具中观察小部件的约束

9.2.2 任务：准备一个布局演示项目小部件

1. 自定义布局演示项目小部件

新建一个文件（lib/app/playground/layout/components/playground_layout_item.dart），定义一个小部件，名字是 PlaygroundLayoutItem。这个小部件有个 textContent 参数，其值是界面上显示的文字。

```dart
（文件：lib/app/playground/layout/components/playground_layout_item.dart）
import 'package:flutter/material.dart';

class PlaygroundLayoutItem extends StatelessWidget {
 final String textContent;
 PlaygroundLayoutItem(this.textContent);
 @override
 Widget build(BuildContext context) {
  return Container(
    padding: EdgeInsets.symmetric(
      vertical: 24.0,
      horizontal: 32.0,
    ),
    decoration: BoxDecoration(
      border: Border.all(
        color: Colors.black,
        width: 3.0,
      ),
      color: Colors.yellow[200],
    ),
    child: Text(
      textContent,
      style: TextStyle(
        fontSize: 22.0,
      ),
    ),
  );
 }
}
```

2．使用布局演示项目小部件

打开 playground_layout 文件，在文件顶部导入 playground_layout_item，然后在小部件界面里使用 PlaygroundLayoutItem 小部件。

```
（文件：lib/playground/layout/playground_layout.dart）
import 'package:flutter/material.dart';
import 'package:xb2_flutter/playground/layout/components/playground_layout_
item.dart';

class PlaygroundLayout extends StatelessWidget {
 @override
 Widget build(BuildContext context) {
   return Container(
     color: Colors.greenAccent,
     child: PlaygroundLayoutItem('1'),
   );
 }
}
```

3．观察应用界面

在模拟器中打开"练习"页面，页面上会显示一个 PlaygroundLayoutItem 小部件，效果如图 9.6 所示。

图 9.6　在页面上显示 PlaygroundLayoutItem 小部件

9.2.3　任务：使用安全区域（SafeArea）和尺寸盒子（SizedBox）

PlaygroundLayoutItem 小部件被设备的顶部遮住了一部分，使用 SafeArea 可以让它的子部件在安全区域内显示。

1．使用安全区域

在 PlaygroundLayoutItem 的外面套上一层 SafeArea，这样它就不会被系统状态栏覆盖住，显示效果如图 9.7 所示。

```
（文件：lib/playground/layout/playground_layout.dart）
class PlaygroundLayout extends StatelessWidget {
 @override
 Widget build(BuildContext context) {
   return Container(
     color: Colors.greenAccent,
     child: SafeArea(
       child: PlaygroundLayoutItem('1'),
     ),
   );
```

```
  }
}
```

2. 让 Container 占用所有可用空间

PlaygroundLayoutItem 小部件会把自己的尺寸报告给 SafeArea，SafeArea 也会把自己的尺寸告诉它的父部件，也就是小绿。现在如果想让小绿占用所有可以占用的空间，需要把其 width 与 height 设置成 double.infinity，这样小绿就设置成了最大被允许尺寸，显示效果如图 9.8 所示。

```
（文件：lib/playground/layout/playground_layout.dart）
Container(
  color: Colors.greenAccent,
  width: double.infinity,
  height: double.infinity,
  child: SafeArea(
    ...
  ),
);
```

图 9.7　套用 SafeArea 的 PlaygroundLayoutItem　　　图 9.8　占用所有可用空间的 Container

使用 SizedBox.expand() 也可以实现同样的效果。

```
SizedBox.expand(
  child: Container(
    color: Colors.greenAccent,
    child: SafeArea(
      child: PlaygroundLayoutItem('1'),
    ),
  ),
);
```

去掉给小绿设置的 width 与 height，给小绿添加一层 SizedBox.expand()，使用 expand() 这个构造方法创建的 SizedBox 小部件，会把它的 width 和 height 都设置成 double.infinity。

9.3　Align（对齐）

要想让小部件对齐，可以把它放在一个 Align 小部件里，然后设置一种对齐方式。下面我们来学习如何使用 Align 小部件设置对齐。

1. 使用 Center 小部件

给 PlaygroundLayoutItem 小部件套上一个 Center 小部件，这样它就会在页面上居中显示（见图 9.9）。

```
（文件：lib/playground/layout/playground_layout.dart）
SizedBox.expand(
  child: Container(
    color: Colors.greenAccent,
    child: SafeArea(
      child: Center(
        child: PlaygroundLayoutItem('1'),
      ),
    ),
  ),
);
```

2. 使用 Align 小部件设置对齐

用 Align 小部件作为 PlaygroundLayoutItem 小部件的父部件，然后设置 Align 小部件的 alignment 参数，为其指定一种对齐方式。这里，Alignment.bottomLeft 表示页面左下角对齐。

```
（文件：lib/playground/layout/playground_layout.dart）
SizedBox.expand(
  child: Container(
    color: Colors.greenAccent,
    child: SafeArea(
      child: Center(
        child: Align(
          alignment: Alignment.bottomLeft,
          child: PlaygroundLayoutItem('1'),
        ),
      ),
    ),
  ),
);
```

3. 观察应用界面

PlaygroundLayoutItem 小部件现在会出现在页面左下角的位置（见图 9.10）。读者可以设置其他对齐方式，然后观察小部件位置的变化。

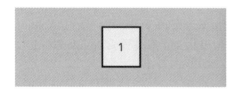

图 9.9　包装 Center 小部件后居中显示

图 9.10　包装 Align 小部件设置对齐以后

9.4　Column（栏/列）

通过 Column 小部件，可以在页面上摆放一列小部件，如图 9.11 所示。

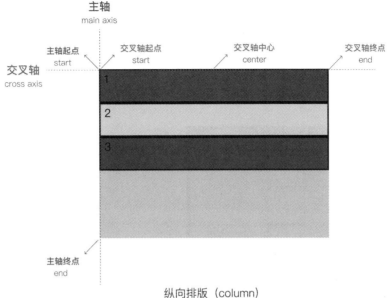

图 9.11　用 Column 小部件显示一列小部件

下面我们用 Column 小部件在页面垂直方向上摆放一组小部件。

1．使用 Column 小部件

在 SafeArea 里使用一个 Column 小部件，为其 children 参数提供一组布局项目小部件。此时，应用页面上会显示一组竖着排列的布局项目小部件，如图 9.12 所示。

```
（文件：lib/playground/layout/playground_layout.dart）
Container(
  color: Colors.greenAccent,
  child: SafeArea(
    child: Column(
      children: [
        PlaygroundLayoutItem('1'),
        PlaygroundLayoutItem('2'),
        PlaygroundLayoutItem('3'),
      ],
    ),
  ),
),
```

2．主轴

Column 小部件的主轴是垂直方向的，可以设置其子部件在主轴上对齐，也可以使用 mainAxisAlignment 参数分配主轴上的剩余空间。MainAxisAlignment.spaceEvenly 表示平均分配主轴上的剩余空间（见图 9.13）。

```
（文件：lib/playground/layout/playground_layout.dart）
Column(
  mainAxisAlignment: MainAxisAlignment.spaceEvenly,
```

```
children: [
    ...
],
)
```

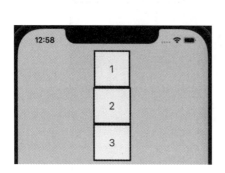

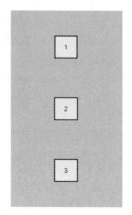

图 9.12　显示一列小部件　　　　　　图 9.13　设置主轴对齐

读者可以继续尝试 MainAxisAlignment.start、MainAxisAlignment.center 和 MainAxisAlignment.end 几种对齐方式。

3. 交叉轴

Column 的交叉轴是水平方向的，使用 crossAxisAlignment 参数可以设置子部件在交叉轴上对齐。例如，CrossAxisAlignment.end 会把子部件放在交叉轴的结束位置上（效果见图 9.14）。

```
（文件：lib/playground/layout/playground_layout.dart）
Column(
  ...
  crossAxisAlignment: CrossAxisAlignment.end,
  children: [
    ...
  ],
)
```

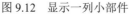

图 9.14　设置交叉轴对齐

同样，读者可以继续尝试 CrossAxisAlignment.start 与 CrossAxisAlignment.center 对齐方式。

9.5　Row（行/排）

使用 Row 小部件可以在页面水平方向显示一排小部件，如图 9.15 所示。

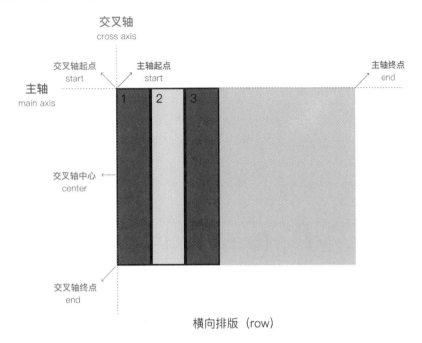

横向排版（row）

图 9.15　用 Row 小部件显示一组横排小部件

1．使用 Row 小部件

使用 Row 小部件，在其 children 里添加 3 个布局项目小部件，使其在页面水平方向显示。

```
（文件：lib/playground/layout/playground_layout.dart）
Row(
  children: [
    PlaygroundLayoutItem('1'),
    PlaygroundLayoutItem('2'),
    PlaygroundLayoutItem('3'),
  ],
),
```

2．主轴

Row 小部件的主轴是水平方向的，可以设置其子部件在主轴上对齐，也可以使用 mainAxisAlignment 参数分配主轴剩余空间。MainAxisAlignment.spaceEvenly 表示平均分配主轴上的剩余空间（效果见图 9.16）。

```
（文件：lib/playground/layout/playground_layout.dart）
Row(
  mainAxisAlignment: MainAxisAlignment.spaceEvenly,
  children: [
    ...
  ],
)
```

读者可继续尝试 MainAxisAlignment.start、MainAxisAlignment.center 和 MainAxis Alignment.end 几种分配方式。

3. 交叉轴

Row 的交叉轴是垂直方向的，使用 crossAxisAlignment 参数可以设置子部件在交叉轴上对齐。例如，CrossAxisAlignment.end 会把子部件放在交叉轴的结束位置上（效果见图 9.17）。

```
（文件：lib/playground/layout/playground_layout.dart）
Row(
  ...
  crossAxisAlignment: CrossAxisAlignment.end,
  children: [
    ...
  ],
)
```

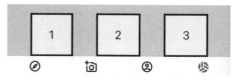

图 9.16　显示一排小部件并设置主轴对齐　　图 9.17　设置交叉轴对齐的 Row 小部件

读者可继续尝试 CrossAxisAlignment.start 与 CrossAxisAlignment.center 分配方式。

9.6　Expanded（扩展空间）

可以把 Row 与 Column 的子部件装进一个 Expanded 里面，扩展子部件占用的剩余空间。下面我们一起来使用 Expanded 小部件扩展空间。

1. 使用 Expanded 小部件

给 Row 里面的 1 号布局项目套上一个 Expanded 小部件，默认情况下该项目会占用横排所有的剩余空间（效果参考图 9.18）。

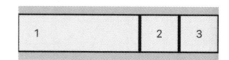

图 9.18　1 号项目包装 Expanded 后会占用所有可用空间

```
（文件：lib/playground/layout/playground_layout.dart）
Row(
  mainAxisAlignment: MainAxisAlignment.center,
  children: [
    Expanded(
      child: PlaygroundLayoutItem('1'),
    ),
    PlaygroundLayoutItem('2'),
    PlaygroundLayoutItem('3'),
  ],
),
```

2. 设置扩展比例

在 Expanded 小部件中，使用 flex 参数设置项目占用的空间比例。

```
（文件：lib/playground/layout/playground_layout.dart）
Row(
  mainAxisAlignment: MainAxisAlignment.center,
  children: [
    Expanded(
      flex: 2,
      child: LayoutPlaygroundItem('1'),
    ),
    Expanded(
      flex: 1,
      child: LayoutPlaygroundItem('2'),
    ),
    LayoutPlaygroundItem('3'),
  ],
),
```

1 号项目与 2 号项目首先都套了一层 Expanded，然后又分别用 flex 参数设置了占用的剩余空间比例，1 号占 2 份，2 号占 1 份，这就相当于把剩余空间分成 3 份，其中的 2 份给 1 号项目，1 份给 2 号项目（效果参考图 9.19）。

图 9.19　用 flex 参数设置扩展比例

9.7　Stack（堆）

使用 Stack 小部件可以让一组小部件一层一层堆叠在一起显示。

1. 使用 Stack 小部件

使用一个 Stack 小部件，它的 children 里有两个小部件（Image 与 AppLogo），Stack 小部件的子部件会堆叠在一起显示（效果参考图 9.20）。

```
（文件：lib/playground/layout/playground_layout.dart）
Stack(
  alignment: Alignment.center,
  children: [
    Image.network(
      'https://resources.ninghao.net/images/IMG_2680.JPG',
      width: double.infinity,
      height: double.infinity,
      fit: BoxFit.cover,
    ),
    AppLogo(size: 64),
  ],
),
```

2. 设置对齐

在 Stack 小部件里用 alignment 设置对齐（效果参考图 9.21）。

```
（文件：lib/playground/layout/playground_layout.dart）
Stack(
  alignment: Alignment.center,
  children: [
    ...
  ],
),
```

图 9.20　使用 Stack 展示一组堆叠显示的小部件

图 9.21　设置了对齐的 Stack 小部件

9.8　Positioned（定位）

使用 Positioned 小部件可以控制 Stack 里子部件的位置。下面我们就来使用 Positioned 定位 Stack 里的子部件。

给 Stack 里的 AppLogo 套上一个 Positioned 小部件，然后用 bottom 与 right 设置定位（效果参考图 9.22）。

图 9.22　用 Positioned 定位在 Stack 里的小部件

```
（文件：lib/playground/layout/playground_layout.dart）
Stack(
  alignment: Alignment.center,
  children: [
    ...
    Positioned(
      bottom: 24,
      right: 24,
      child: AppLogo(size: 64),
    ),
  ],
),
```

9.9　整 理 项 目

在终端，在项目所在目录下，首先把当前分支切换到 master，然后合并 layout 分支，再把 master 与 layout 两个本地分支推送到项目的 origin 远程仓库里。

```
git checkout master
git merge layout
git push origin master layout
```

第 10 章

表单元素

本章我们将准备一个表单，添加两个文本字段，以获取用户输入的数据。

10.1 准 备

在开始学习使用表单之前，我们先来准备项目和练习小部件。

10.1.1 任务：准备项目（input）

在终端，在项目所在目录下执行 git branch 命令，确定当前位于 master 分支。基于 master 分支创建一个新的分支 input，并切换到 input 分支上。

```
git checkout -b input
```

下面每完成一个任务，就在 input 分支上做一次提交。本章最后会把 input 分支合并到 master 分支上。

10.1.2 任务：准备练习小部件 PlaygroundInput

在应用里提供一个用户注册界面，在里面使用文本表单字段获取用户输入的用户名和密码。

1. 创建小部件 UserCreate

新建一个文件（lib/user/create/user_create.dart），定义一个小部件，名字是 UserCreate，下面会在该小部件里添加用户注册表单，现在暂时用一个空白容器。

```
（文件：lib/user/create/user_create.dart）
import 'package:flutter/material.dart';

class UserCreate extends StatelessWidget {
  @override
  Widget build(BuildContext context) {
    return Container();
  }
}
```

2．创建小部件 PlaygroundInput

新建一个文件（lib/playground/input/playground_input.dart），在文件顶部先导入 user_create，然后定义一个小部件，名字是 PlaygroundInput，小部件界面先用一个 Container，用它包装一个 UserCreate。

```
（文件：lib/playground/input/playground_input.dart）
import 'package:flutter/material.dart';
import 'package:xb2_flutter/user/create/user_create.dart';

class PlaygroundInput extends StatelessWidget {
  @override
  Widget build(BuildContext context) {
    return Container(
      color: Colors.white,
      padding: EdgeInsets.all(32),
      child: UserCreate(),
    );
  }
}
```

3．在练习页面使用 PlaygroundInput

打开 playground 文件，在文件顶部先导入 playground_input，然后在小部件界面里使用 PlaygroundInput。现在打开"练习"页面，就会显示 UserCreate 小部件里的元素。

```
（文件：lib/playground/playground.dart）
import 'package:flutter/material.dart';
import 'package:xb2_flutter/playground/input/playground_input.dart';

class Playground extends StatelessWidget {
  @override
  Widget build(BuildContext context) {
    return PlaygroundInput();
  }
}
```

10.2 ElevatedButton（按钮）

Flutter 提供了几种不同类型的按钮小部件，用户可以设置按钮上显示的内容，如文字或小图标。按钮需要有一个单击回调，即单击按钮时执行的函数或方法。这个单击回调也可以是 null，如果是 null，则该按钮会变成禁用状态。

ElevatedButton 是 Flutter 提供的一种按钮小部件，这种按钮默认会带有阴影与溅墨（splash）动画效果。下面就一起体验一下 ElevatedButton 按钮小部件。

1．定义 UserCreate 小部件

打开 user_create 文件，在小部件界面中用 Column 显示一组竖排小部件，主轴居中对

齐，交叉轴在起点对齐。

```
（文件：lib/user/create/user_create.dart）
class UserCreate extends StatelessWidget {
  @override
  Widget build(BuildContext context) {
    return Column(
      mainAxisAlignment: MainAxisAlignment.center,
      crossAxisAlignment: CrossAxisAlignment.start,
      children: [
        ...
      ],
    );
  }
}
```

2. 设置标题文字

在 Column 的 children 里，使用 Text 小部件在页面上添加标题文字"注册用户"，效果如图 10.1 所示。

```
（文件：lib/user/create/user_create.dart）
Column(
  ...
  children: [
    Text(
      '注册用户',
      style: TextStyle(
        fontWeight: FontWeight.w300,
        fontSize: 32,
      ),
    ),
  ],
);
```

3. 让包装容器的宽度占满整个屏幕

打开 playground_input 文件，把包装容器的 width 设置成 double.infinity，效果如图 10.2 所示。

```
（文件：lib/playground/input/playground_input.dart）
class PlaygroundInput extends StatelessWidget {
  @override
  Widget build(BuildContext context) {
    return Container(
      ...
      width: double.infinity,
    );
  }
}
```

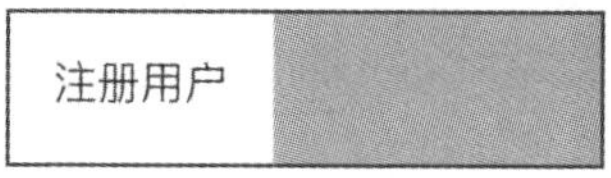

图 10.1　显示标题文字

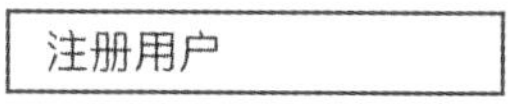

图 10.2　容器宽度设为 double.infinity

4．用 SizedBox 添加间隔

设计应用界面时，经常需要用 SizedBox 小部件在小部件间添加一定大小的间隔。

```
（文件：lib/user/create/user_create.dart）
return Column(
  ...
    children: [
    Text(
      ...
    ),
    SizedBox(height: 32),
    ],
);
```

5．使用 ElevatedButton

用户注册页面需要有一个"注册用户"按钮，单击该按钮可以向服务端发送请求，把用户填写的相关数据发送给服务端应用对应的接口。

在 Column 小部件的 children 里，使用一个 ElevatedButton 小部件，小部件的 child 就是在按钮上要显示的内容，这里用一个 Text，显示的文字是"注册用户"。按钮还需要一个单击回调，设置 onPressed 参数，单击按钮就会在控制台上输出"注册用户"4 个字（效果见图 10.3）。

```
（文件：lib/user/create/user_create.dart）
return Column(
  ...
  children: [
    ...
    ElevatedButton(
      child: Text('注册用户'),
      onPressed: () {
        print('注册用户');
      },
    ),
  ],
);
```

6．按钮样式

Flutter 会给按钮添加默认的样式，因为我们用的是 MaterialApp，所以按钮的默认样式是 Material 风格的。使用 style 参数可以为按钮自定义样式。

在 ElevatedButton 小部件里用 style 属性设置样式，其值使用 ElevatedButton.styleFrom() 静态方法配置按钮样式。

```
（文件：lib/user/create/user_create.dart）
ElevatedButton(
  style: ElevatedButton.styleFrom(
    textStyle: TextStyle(fontSize: 20),
    minimumSize: Size(double.infinity, 60),
  ),
```

```
...
),
```

上述代码中，用 textStyle 设置按钮文字的样式，其值是一个 TextStyle，在里面可以把文字字号（fontSize）设置成 20，然后再用一个 minimumSize 设置按钮最小尺寸，值是一个 Size，宽度为 double.infinity，最小高度为 60。在界面上观察按钮样式，效果如图 10.4 所示。

7. 单击回调

打开 VSCode 编辑器的调试控制台（即 Debug Console），单击界面上的"注册用户"按钮，控制台会输出"注册用户"几个字，这说明单击按钮时，执行了给 onPressed 提供的函数。

如果 onPressed 的值是 null，则该按钮会变成禁用状态，如图 10.5 所示。在实际应用中，可以利用按钮的这个特性做一些条件判断，以决定按钮的 onPressed 的值是正常的单击回调，还是 null。

图 10.3　添加 ElevatedButton

图 10.4　设置带样式的
ElevatedButton

图 10.5　禁用状态的
ElevatedButton

10.3　TextField（文本字段）

文本字段可以给应用提供收集文本数据用的界面。例如，在注册用户页面中往往需要收集用户注册的用户名和密码，这时就可以使用文本字段（TextField）小部件来实现。

10.3.1　任务：使用文本字段小部件

1. 添加文本字段

在注册按钮上方添加一个 TextField 小部件，在下方用一个 SizedBox 添加间隔，把 height 设置成 32。现在界面上会显示一个可输入文字的文本字段（见图 10.6）。

```
（文件：lib/user/create/user_create.dart）
class UserCreate extends StatelessWidget {
  @override
  Widget build(BuildContext context) {
    return Column(
      ...
      children: [
```

```
        ...
        TextField(),
        SizedBox(height: 32),
        ElevatedButton(
          ...
        ),
      ],
    );
  }
}
```

2. 设置字段的装饰

文本字段可以通过 decoration 参数添加装饰，如给字段添加文字标签，设置背景颜色、大小、边框、内容边距、前缀与后缀等。

设置 TextField 的 decoration 参数，其值是一个 InputDecoration。把鼠标指针悬停在 InputDecoration 上，查看可设置的参数。这里用 labelText 为字段设置标签文字"用户"，此时文本字段上就会显示"用户"这一标签文字（见图 10.7）。

```
（文件：lib/user/create/user_create.dart）
TextField(
  decoration: InputDecoration(
    labelText: '用户',
  ),
),
```

图 10.6　使用 TextField 小部件　　　　　图 10.7　设置了标签文字装饰的文本字段

3. 密码字段

下面设置用户输入密码需要的文本字段。添加一个 TextField，用它收集用户设置的密码，把 labelText 设置成"密码"。如果想隐藏用户在文本字段里输入的内容，可以把 TextField 小部件的 obscureText 设置成 true，效果如图 10.8 所示。

图 10.8　隐藏用户输入内容的文本字段

```
（文件：lib/user/create/user_create.dart）
TextField(
  ...
),
SizedBox(height: 32),
TextField(
  obscureText: true,
  decoration: InputDecoration(
    labelText: '密码',
  ),
),
```

10.3.2 任务：获取文本字段里的数据

单击"注册用户"按钮时，要得到用户在文本字段中输入的数据，然后把这些数据发送给应用的服务端。

文本字段里的内容被更新后，会执行 onChanged 回调。因此，我们在注册用户小部件里添加两个属性，分别表示用户名和密码，然后分别设置用户名与密码字段的 onChanged。文本字段里的数据有更新时，会设置注册用户小部件里对应的属性值。这样在单击"注册用户"按钮时，就可以从注册用户小部件的属性获取用户输入的用户名和密码了。

1．在小部件里添加两个属性

在小部件里添加两个属性（name 与 password），类型是 String?。注意，类型后面有个"?"，表示不用给属性初始化值，也就是说该属性的值可以是 null。

```
（文件：lib/user/create/user_create.dart）
class UserCreate extends StatelessWidget {
  String? name;
  String? password;
  ...
}
```

2．将小部件转换成带状态的小部件

现在，编辑器在小部件名字这里会提示如下警告："This class is marked as '@immutable'"，意思是这个类被标记成了一个不能被修改的类，此时小部件里不能添加任何会发生变化的数据，因为 UserCreate 小部件是一个无状态小部件（StatelessWidget）。

将鼠标指针悬停在小部件上，按 Ctrl/Command+.快捷键，执行 Convert to StatefulWidget 命令，将小部件转换成带状态的小部件后，之前的警告就不见了。

```
（文件：lib/user/create/user_create.dart）
class UserCreate extends StatefulWidget {
  @override
  _UserCreateState createState() => _UserCreateState();
}

class _UserCreateState extends State<UserCreate> {
  String? name;
  String? password;

  ...
}
```

3．设置文本字段的变更回调（onChanged）

找到"用户"文本字段，在里面添加 onChanged。当文本字段数据有更新时会执行该方法，接收一个 value 参数，值就是更新后"用户"文本字段里输入的数据。可以把这个数据的值赋给之前添加的 name 属性，这样用户在文本字段里输入的数据就会赋给小部件的 name 属性。

```
（文件: lib/user/create/user_create.dart）
TextField(
  decoration: InputDecoration(
    labelText: '用户',
  ),
  onChanged: (value) {
    name = value;
  },
),
```

在"密码"字段里面同样添加一个 onChanged 方法，接收一个 value 参数，该方法把 value 参数值赋给小部件的 password 属性。

```
TextField(
  ...
  decoration: InputDecoration(
    labelText: '密码',
  ),
  onChanged: (value) {
    password = value;
  },
),
```

4. 获取当前文本字段里的数据

现在单击"注册用户"按钮，就可以获取用户在文本字段里输入的数据了。在按钮的 onPressed 单击回调里输出在控制台输入的小部件 name 与 password 属性的值。

```
（文件: lib/user/create/user_create.dart）
ElevatedButton(
  ...
  child: Text('注册用户'),
  onPressed: () {
    print('注册用户: 用户 $name, 密码 $password');
  },
),
```

5. 测试

在"用户"与"密码"字段里输入内容，如图 10.9 所示，然后单击"注册用户"按钮，观察调试控制台输出的内容，会看到我们在用户与密码字段里输入的值（见图 10.10）。

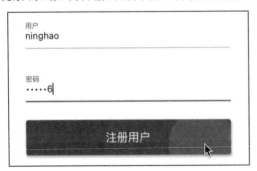

图 10.9　在用户与密码字段输入内容　　　图 10.10　在控制台输出用户与密码字段里输入内容

10.4　TextFormField（文本表单字段）

如果想保存、重置文本字段，或验证文本字段里的数据，可以使用 FormField 小部件包装一个 TextField 小部件，也可以直接使用 TextFormField 小部件。

10.4.1　任务：使用文本表单字段

1. 把 TextField 换成 TextFormField

打开 user_create 文件，把使用的 TextField 小部件替换成 TextFormField 小部件。

```
（文件：lib/user/create/user_create.dart）
TextFormField(
  decoration: InputDecoration(
    labelText: '用户',
  ),
  ...
),
SizedBox(height: 32),
TextFormField(
  ...
  decoration: InputDecoration(
    labelText: '密码',
  ),
  ...
),
```

观察应用界面，此时和之前没有什么变化。

2. 创建表单字段的 Key

在小部件的 State 里创建两个 Key，下面需要在文本表单字段里使用它们。这两个 key 的值可以新建一个 GlobalKey，类型是 FormFieldState。

```
（文件：lib/user/create/user_create.dart）
class _UserCreateState extends State<UserCreate> {
  ...

  final nameFieldKey = GlobalKey<FormFieldState>();
  final passwordFieldKey = GlobalKey<FormFieldState>();
}
```

3. 设置文本表单字段的 Key

把"用户"字段的 key 设置成 nameFieldKey，"密码"字段的 key 设置成 passwordFieldKey。

```
（文件：lib/user/create/user_create.dart）
TextFormField(
  key: nameFieldKey,
```

```
  decoration: InputDecoration(
    labelText: '用户',
  ),
  ...
),
SizedBox(height: 32),
TextFormField(
  key: passwordFieldKey,
  ...
  decoration: InputDecoration(
    labelText: '密码',
  ),
  ...
),
```

4. 通过表单字段的 Key 得到字段的值

找到注册用户按钮的单击回调函数，在控制台上输出 nameFieldKey.currentState!.value 与 passwordFieldKey.currentState!.value。

```
（文件：lib/user/create/user_create.dart）
ElevatedButton(
  ...
  child: Text('注册用户'),
  onPressed: () {
    print(
      '''注册用户：用户 ${nameFieldKey.currentState!.value},
        密码 ${passwordFieldKey.currentState!.value}
      ''',
    );
  },
),
```

5. 测试

在模拟器中先输入用户名与密码，然后单击"注册用户"按钮，调试控制台会输出用户字段和密码字段里的值。

10.4.2 任务：验证文本表单字段数据

单击"注册用户"按钮时，需要验证文本字段里的数据。如果文本字段里没有值，应在字段下面给出错误提示（见图 10.11）。

1. 配置字段的验证器（validator）

在文本表单字段里可以设置一个数据验证器。先在用户字段里添加一个 validator 方法，该方法支持 value 参数，

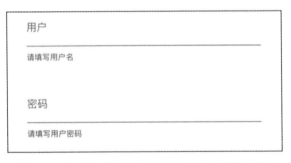

图 10.11 文本字段内容未通过验证时显示错误提示

取值就是当前字段里的值。

validator 方法可用来检查 value 的值,如果返回的值是字符串,则该字符串就是要在字段下显示的错误提示;如果返回的值是 null,则表示数据验证已通过。

```
(文件: lib/user/create/user_create.dart)
TextFormField(
  ...
  decoration: InputDecoration(
    labelText: '用户',
  ),
  ...
  validator: (value) {
    if (value == null || value.isEmpty) {
      return '请填写用户名';
    }
    return null;
  },
),
```

上述代码中,用 if 语句进行判断,如果 value 等于 null 或 value.isEmpty,就返回字符串"请填写用户名";否则就让 validator 返回 null,表示数据验证已通过。

在密码字段里也准备一个 validator 方法,验证字段数据是否符合要求。

```
(文件: lib/user/create/user_create.dart)
TextFormField(
  ...
  decoration: InputDecoration(
    labelText: '密码',
  ),
  ...
  validator: (value) {
    if (value == null || value.isEmpty) {
      return '请填写用户密码';
    }
    if (value.isNotEmpty && value.length < 6) {
      return '请设置 6 位以上的密码';
    }
    return null;
  },
),
```

2. 执行表单字段验证

在"注册用户"按钮的单击回调函数里,也需要进行验证,执行 nameFieldKey.currentState!.validate()与 passwordFieldKey.currentState!.validate()。这里,validate()方法会返回一个布尔值,如果字段数据验证通过,则返回 true;如果未通过验证,就会返回 false。

```
(文件: lib/user/create/user_create.dart)
ElevatedButton(
  ...
  child: Text('注册用户'),
  onPressed: () {
```

```
      nameFieldKey.currentState!.validate();
      passwordFieldKey.currentState!.validate();
      ...
    },
),
```

3. 测试

在模拟器中测试，用户与密码字段里先什么也不填，直接单击"注册用户"按钮，此时用户字段下方会提示"请填写用户名"，密码字段下方会提示"请填写用户密码"。

接下来，我们在用户字段里输入一个用户名，然后在密码字段里输入一个小于 6 位的密码，再次单击"注册用户"按钮。执行密码字段的 validator 方法后，会在密码字段下提示"请设置6位以上的密码"，如图 10.12 所示。

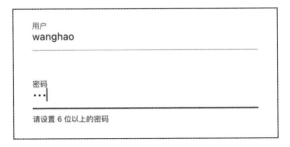

设置一个 6 位以上的密码，再次单击"注册用户"按钮。这时执行 validator 验证通过，验证器方法返回 null，因此不会再显示错误提示。

图 10.12　密码字段内容未通过数据验证

4. 自动验证

除了可通过表单字段 Key 上面的 validate()验证字段数据以外，还可以使用字段的自动验证功能。下面在用户与密码字段里，把 autovalidateMode（自动验证模式）参数设置成 AutovalidateMode.onUserInteraction。

```
（文件：lib/user/create/user_create.dart）
TextFormField(
  ...
  decoration: InputDecoration(
    labelText: '用户',
  ),
  ...
  autovalidateMode: AutovalidateMode.onUserInteraction,
  ...
),
SizedBox(height: 32),
TextFormField(
  ...
  decoration: InputDecoration(
    labelText: '密码',
  ),
  ...
  autovalidateMode: AutovalidateMode.onUserInteraction,
  ...
),
```

在模拟器中编辑用户字段的值，如果未填写字段，就会给出错误提示。再输入一个用户名，自动验证通过后，就不会再显示错误提示了。

10.5　TextEditingController（文本编辑控制器）

使用文本编辑控制器，可以得到文本字段当前的内容和当前选择的文本，还可以设置文本字段的内容，以及添加监听器，监听文本字段的变化。

下面我们就一起来学习文本编辑控制器的用法。

1．新建文本编辑控制器

在注册用户小部件的 State 里创建两个文本编辑控制器 nameFieldController 与 passwordFieldController。通过它们的值可以新建一个 TextEditingController。

```
（文件：lib/user/create/user_create.dart）
class _UserCreateState extends State<UserCreate> {
  ...

  final nameFieldController = TextEditingController();
  final passwordFieldController = TextEditingController();
  ...
}
```

2．设置文本表单字段使用文本编辑控制器

把 nameFieldController 交给用户字段的 controller 参数，再把 passwordFieldController 交给密码字段使用。

```
（文件：lib/user/create/user_create.dart）
TextFormField(
  key: nameFieldKey,
  controller: nameFieldController,
  ...
),
SizedBox(height: 32),
TextFormField(
  key: passwordFieldKey,
  controller: passwordFieldController,
  ...
),
```

3．销毁文本编辑控制器

如果用不到当前对象，Flutter 就会销毁创建的两个文本编辑控制器，以节省资源。

在小部件的状态类里添加 dispose()方法，当 Flutter 从小部件树里移除该对象时会执行该方法。在 dispose()方法里执行 nameFieldController 与 passwordFieldController 上的 dispose()方法，销毁两个文本编辑控制器。

```
（文件：lib/user/create/user_create.dart）
class _UserCreateState extends State<UserCreate> {
  ...
  @override
  void dispose() {
```

```
    super.dispose();

    nameFieldController.dispose();
    passwordFieldController.dispose();
  }
  ...
}
```

4. 用文本编辑控制器监听字段值的变化

在文本编辑控制器上可以添加监听器，监听文本字段中值的变化情况。

在创建小部件的 State 类时，会先执行类里的 initState()方法。在该方法里可以做一些初始设置，如设置文本字段的初始值、添加监听器等。

```
（文件：lib/user/create/user_create.dart）
class _UserCreateState extends State<UserCreate> {
  ...
  @override
  void initState() {
    super.initState();
    nameFieldController.addListener(() {
      print('用户 ${nameFieldController.text}');
    });
    passwordFieldController.addListener(() {
      print('密码 ${passwordFieldController.text}');
    });
  }
  ...
}
```

上述代码中，首先添加了一个 initState()方法，然后使用 nameFieldController 与 passwordFieldController 的 addListener()方法添加了一个监听器，并为它提供一个函数，文本字段的值有变化时会执行它。在该函数里实现在控制台上输出内容，如访问 nameFieldController 上的 text 属性，该属性的值就是当前文本字段里的内容。

5. 设置文本字段的初始值

设置控制器上 text 属性的值，可为文本字段设置一个初始值。

```
（文件：lib/user/create/user_create.dart）
@override
void initState() {
  ...
  nameFieldController.text = 'wanghao';
  passwordFieldController.text = '123456';
}
```

6. 测试

按 Shift+Command+F5 快捷键重启应用调试，打开"练习"页面观察，会发现用户与密码字段有了一个初始值。这是因为创建注册用户状态类时，使用文本编辑控制器为文本字段设置了初始值。

再打开编辑器的调试控制台，编辑用户或密码字段里的内容，因为我们在文本编辑控制器上添加了监听器，所以文本字段发生变化时，会在控制台上输出字段当前的内容。

10.6　Form（表单）

给一组表单字段添加 Form 包装后，就可以统一对包装的表单字段进行处理，如重置或者验证。Form 并不是必需的，如果不需要统一处理一组字段，可以不用该小部件。

1. 创建一个 FormKey

为下面要用的 Form 小部件创建一个 Key，新建一个 GlobalKey，类型是 FormState。

```
（文件：lib/user/create/user_create.dart）
class _UserCreateState extends State<UserCreate> {
 ...
 final formKey = GlobalKey<FormState>();
}
```

2. 添加 Form 包装

给 Column 小部件包装 Form，key 设置为 formKey。Column 部件里有两个表单字段。

```
（文件：lib/user/create/user_create.dart）
class _UserCreateState extends State<UserCreate> {
 ...
 @override
 Widget build(BuildContext context) {
   return Form(
     key: formKey,
     child: Column(
       ...
     ),
   );
 }
}
```

3. 验证表单小部件里的字段

找到注册用户按钮的单击回调函数，在其中执行 formKey.currentState!.validate()方法，这样就会统一执行 Form 里包装的每个表单字段的 validator。

```
（文件：lib/user/create/user_create.dart）
ElevatedButton(
 ...
 child: Text('注册用户'),
 onPressed: () {
   // nameFieldKey.currentState!.validate();
   // passwordFieldKey.currentState!.validate();
   formKey.currentState!.validate();
 },
),
```

4. 测试

找到 initState()方法，注释或删除设置文本字段初始值的代码。重启应用调试（按 Shift+Command+F5 快捷键），打开"练习"页面，单击"注册用户"按钮，在执行 formKey. currentState!.validate()方法时，会统一执行包装的用户与密码字段里的 validator 方法，以验证字段的值。

10.7　问题与思考

问题 1：iOS 模拟器中无法显示键盘

在 iOS 模拟器上切换显示设备键盘，可能会在控制台上报错。如果读者想在模拟器上显示键盘，可以取消选中 I/O→Keyboard→Connect Hardware Keyboard 复选框。

问题 2：怎样才能单击空白处，就取消焦点状态

选中文本字段，会进入焦点状态。如果想在单击页面空白处时取消焦点状态，隐藏显示的键盘，可以在单击空白处时执行 FocusScope.of(context).unfocus()。

```
（文件：lib/playground/input/playground_input.dart）
class PlaygroundInput extends StatelessWidget {
 @override
 Widget build(BuildContext context) {
   return GestureDetector(
     onTap: () {
       FocusScope.of(context).unfocus();
     },
     child: Container(
       ...
       child: UserCreate(),
     ),
   );
 }
}
```

上述代码中，在 UserCreate 小部件的外层小部件里，用 GestureDetector 包装，然后设置 onTap 单击回调，在该回调里执行 FocusScope.of(context).unfocus()，取消焦点状态。

10.8　整理项目

在终端，在项目所在目录下，首先把当前分支切换到 master，然后合并 input 分支，再把 master 与 input 两个本地分支推送到项目的 origin 远程仓库里。

```
git checkout master
git merge input
git push origin master input
```

第 11 章

路由导航（一）

本章我们来学习如何使用 Navigator 的命令式接口，以打开与关闭页面。

11.1 准　　备

在开启本章的学习前，我们先来准备项目和用于导航与路由演示的小部件。

11.1.1　任务：准备项目（routing）

在终端，在项目所在目录下执行 git branch 命令，确定当前位于 master 分支。基于 master 分支创建一个 routing 分支，并切换到 routing 分支上。

```
git checkout -b routing
```

下面每完成一个任务，就在 routing 分支上做一次提交。本章最后会把 routing 分支合并到 master 分支上。

11.1.2　任务：准备导航与路由演示小部件

1. 创建路由导航演示小部件（PlaygroundRouting）

新建一个文件（lib/playground/routing/playground_routing.dart），在文件里定义一个小部件，名字是 PlaygroundRouting。

```
（文件：lib/playground/routing/playground_routing.dart）
import 'package:flutter/material.dart';

class PlaygroundRouting extends StatelessWidget {
  @override
  Widget build(BuildContext context) {
    return Container(
      color: Colors.white,
    );
  }
}
```

2. 使用路由导航演示小部件

打开 playground.dart 文件，在文件顶部导入 playground_routing，然后在小部件的界面里使用 PlaygroundRouting。

```
（文件: lib/playground/playground.dart）
import 'package:flutter/material.dart';
import 'package:xb2_flutter/playground/routing/playground_routing.dart';

class Playground extends StatelessWidget {
  @override
  Widget build(BuildContext context) {
    return PlaygroundRouting();
  }
}
```

这样，当打开"练习"页面时，会显示 PlaygroundRouting 小部件。

11.2 路由与导航器

展示内容用的屏幕（页面）在 Flutter 应用里叫作路由（Route）。

Navigator（导航器）小部件用堆（stack）的方式来管理这些路由。在这些路由里，最后一个路由就是当前在屏幕上显示的内容。Navigator 提供了两种管理路由的方式，即命令式（imperative）与声明式（declarative），本章主要介绍如何使用命令式管理路由，后面的章节会陆续介绍如何使用声明式管理路由。

用户不必自行创建 Navigator 小部件。如果应用里使用了 WidgetsApp 或 MaterialApp，会自动创建 Navigator 小部件。

11.3 用命令式管理路由

使用 Navigator.push()方法可以往路由堆里添加新路由，新添加的路由会在屏幕上显示。使用 Navigator.pop()方法可以删除路由堆里最后一个路由，这时屏幕上会显示被删除路由的上一个路由。

也就是说，路由堆里有个初始路由，用 push 方法添加新的路由后，新路由会覆盖在初始路由上；用 pop 方法将新路由删除后，就又显示初始路由。路由堆里的路由是一层一层叠加的，删除了最上面那个，就会露出下面的路由。

下面我们先来学习如何添加与删除路由。在"演示"页面添加一行文字，单击文字可以打开一个新的页面。

1. 新建关于我们演示小部件（About）

新建一个文件（lib/playground/routing/components/about.dart），定义一个小部件，名字是 About。在 About 小部件的界面里，使用 Scaffold 小部件在页面主体上显示一行文字"宁皓网，创立于 2011 年。"。

```
（文件：lib/playground/routing/components/about.dart）
import 'package:flutter/material.dart';

class About extends StatelessWidget {
  @override
  Widget build(BuildContext context) {
    return Scaffold(
      body: Container(
        width: double.infinity,
        child: Column(
          mainAxisAlignment: MainAxisAlignment.center,
          crossAxisAlignment: CrossAxisAlignment.center,
          children: [
            Text(
              '宁皓网，创立于 2011 年。',
              style: Theme.of(context).textTheme.headline6,
            ),
          ],
        ),
      ),
    );
  }
}
```

2．用 Navigator.push()添加新路由

在路由演示小部件里添加一个文本按钮（TextButton），单击该按钮时将执行 Navigator. push()方法，往路由堆里添加一个新路由。

```
（文件：lib/playground/routing/playground_routing.dart）
import 'package:flutter/material.dart';
import 'package:xb2_flutter/playground/routing/components/about.dart';
class PlaygroundRouting extends StatelessWidget {
  @override
  Widget build(BuildContext context) {
    return Container(
      color: Colors.white,
      child: Center(
        child: TextButton(
          child: Text('查看宁皓网介绍'),
          onPressed: () {
            Navigator.push(context, MaterialPageRoute(
              builder: (context) {
                return About();
              },
            ));
          },
        ),
      ),
    );
  }
}
```

上述代码中，在打开 playground_routing 文件后，先在文件顶部导入 about。然后在页面中间添加一个文本按钮（TextButton），按钮文字是"查看宁皓网介绍"。

在该按钮的单击回调函数里，执行 Navigator.push()方法，往 Navigator 管理的路由堆添加一个新路由。push 方法的第一个参数是 context，第二个参数是一个路由，这里可以创建一个 MaterialPageRoute，它是 Flutter 提供的一种路由，用其 builder 参数返回与这个路由对应的小部件，即让它返回 About 小部件。

3．测试

在模拟器中打开"练习"页面，单击"查看宁皓网介绍"按钮，如图 11.1 所示，将执行 Navigator.push()方法，往 Navigator 小部件管理的路由堆添加一个新路由，这时屏幕上就会显示该路由对应的小部件，也就是 About 小部件（见图 11.2）。

图 11.1　单击文字按钮　　　　　　图 11.2　单击按钮后显示新的页面

4．使用 Navigator.pop()删除路由

打开关于（About）页面后，如果要返回上一个访问路由，可执行 Navigator.pop()方法，把最后添加的路由从路由堆里删除。

```
（文件：lib/playground/routing/components/about.dart）
Column(
 ...
 children: [
   Text(
     '宁皓网，创立于 2011 年。',
     ...
   ),
   TextButton(
     child: Text('返回'),
     onPressed: () {
       Navigator.pop(context);
     },
   ),
 ],
),
```

上述代码中，打开 About 小部件后，在 Column 里添加了一个文本按钮，按钮文字是"返回"，在按钮的单击回调函数里执行 Navigator.pop()方法，使用时需提供 context 参数。

在模拟器中测试，单击 About 小部件里的"返回"按钮，将执行 Navigator.pop()方法，删除最后添加到路由堆里的路由。

5．使用 AppBar()

在 About 小部件的 Scaffold 里添加一个 appBar，值可以设置成 AppBar()小部件，在其中自动显示一个返回按钮（见图 11.3），单击该按钮将执行 Navigator.pop() 方法。

```
（文件：lib/playground/routing/components/about.dart）
class About extends StatelessWidget {
  @override
  Widget build(BuildContext context) {
    return Scaffold(
      appBar: AppBar(),
      ...
      ),
    );
  }
}
```

图 11.3　单击 AppBar 上的返回按钮

11.4　默　认　路　由

应用的默认路由，就是打开应用后初始显示的内容。如果使用的是 MaterialApp，可以设置 home 参数，它的值就是默认路由对应的小部件。

下面通过一个练习，理解一下 MaterialApp 的 home 属性。

打开 app.dart 文件，这里我们使用 MaterialApp 小部件并设置了 home 属性，属性值是 DefaultTabController 小部件，即初始显示的全屏页面。Flutter 会创建一个对应的路由，该路由默认放在 Navigator 管理的路由堆的最后一个，所以默认看到的页面就是 home 属性设置的小部件。

1. 创建 AppHome 小部件

新建一个文件（lib/app/components/app_home.dart），在文件里定义一个小部件，名字是 AppHome。

```
（文件：lib/app/components/app_home.dart）
import 'package:flutter/material.dart';
class AppHome extends StatefulWidget {
  @override
  _AppHomeState createState() => _AppHomeState();
}
class _AppHomeState extends State<AppHome> {
  ..
  @override
  Widget build(BuildContext context) {
    return Container();
  }
}
```

2. 修改 MaterialApp 的 home 属性

打开 app.dart 文件，首先在文件顶部导入 app_home。然后剪切 MaterialApp 的 home 属性的值，换成刚才我们创建的 AppHome 小部件。

```
（文件：lib/app/app.dart）
import 'package:xb2_flutter/app/components/app_home.dart';
...
class _AppState extends State<App> {
  @override
  Widget build(BuildContext context) {
    return MaterialApp(
      ...
      home: AppHome(),
    );
  }
}
```

3. 定义 AppHome 小部件

打开 AppHome 小部件，把剪切的 home 属性的值作为小部件的 build()方法返回的内容，再分别导入需要的小部件。

```
（文件：lib/app/components/app_home.dart）
import 'package:flutter/material.dart';

import 'app_page_aside.dart';
import 'app_page_bottom.dart';
import 'app_page_header.dart';
import 'app_page_main.dart';

...
class _AppHomeState extends State<AppHome> {
  @override
  Widget build(BuildContext context) {
    return DefaultTabController(
      ...
    );
  }
}
```

打开 app.dart 文件，剪切 currentAppBottomNavigationBarItem、showAppBar、onTapAppBottomNavigationBarItem。回到 AppHome，把剪切的代码粘贴到小部件的 State 类里。

```
class _AppHomeState extends State<AppHome> {
  // 底部导航栏当前项目
  int currentAppBottomNavigationBarItem = 0;

  // 是否显示应用栏
  bool showAppBar = true;
```

```
// 单击底部导航栏事件处理
void onTapAppBottomNavigationBarItem(int index) {
  setState(() {
    currentAppBottomNavigationBarItem = index;
    showAppBar = index == 0;
  });
}
...
}
```

4．测试

打开"练习"页面，单击"查看宁皓网介绍"，会在 Navigator 管理的路由堆里添加一个新的路由，该路由对应的小部件会覆盖在初始路由上显示。单击返回按钮，将从路由堆里删除这个关于页面的路由，应用的初始页面就会又显示出来。

11.5　路　由　表

可以在应用里配置一个路由表，其实就是准备一个 Map，在里面描述路由的名字及对应的小部件。这样，后续往路由堆里添加路由时，可以通过路由表里的路由名字来引用该路由。

创建 MaterialApp 小部件时可以给应用设置一个路由表，即给路由起个名字，再用 WidgetBuilder 构建路由对应的小部件。

1．定义路由表

打开 app.dart 文件，找到 MaterialApp，删除 home 属性，改成 routes 属性，定义一个路由表。routes 的值是一个 Map，Map 里项目的 key 就是给路由起的名字，项目的 value 是一个小部件构建器，用来返回路由对应的小部件。

```
（文件：lib/app/app.dart）
class _AppState extends State<App> {
  @override
  Widget build(BuildContext context) {
    return MaterialApp(
      ...
      routes: {
        '/': (context) => AppHome(),
        '/about': (context) => About(),
      },
    );
  }
}
```

Flutter 路由的名字会用地址路径的形式定义，"/"表示根路由。小部件构建器有个 context 参数，构建器返回的就是与该路由对应的小部件。

2．设置初始路由

Flutter 默认会显示根路由，即路由表里名字为"/"的路由，它是应用的初始路由。在 MaterialApp 里可以使用 initialRoute 参数配置初始路由，默认是"/"，如果把它设置成 "/about"，则应用默认会显示 About 小部件。

```
（文件: lib/app/app.dart）
MaterialApp(
  ...
  initialRoute: '/',
  routes: {
    ...
  },
)
```

3．使用带名字的路由

有了路由表之后，再往 Navigator 管理的路由堆添加路由，就可以使用路由名字了。

打开 playground_routing 文件，在"查看宁皓网介绍"按钮的单击回调函数里，之前用的是 Navigator.push()，这里替换为 Navigator.pushNamed()，第一个参数是 context，第二个参数是路由的名字，设置成在路由表里定义的"/about"。

```
（文件: lib/playground/routing/playground_routing.dart）
TextButton(
  child: Text('查看宁皓网介绍'),
  onPressed: () {
    Navigator.pushNamed(context, '/about');
  },
),
```

Flutter 首先会根据该名字找到对应路由，然后根据对应小部件构建器创建一个路由，再把它添加到路由堆里。此时，不需要再在小部件里导入 About 小部件了，在文件顶部可以把导入的代码删除。

4．测试

在模拟器中测试，打开"练习"页面，单击页面上的按钮，执行 Navigator.pushNamed ('/about')以后，显示的就是 About 小部件。

11.6 生成路由时的回调

Navigator 在生成路由时会执行一个回调，在该回调里可根据路由配置生成需要的路由。

11.6.1 任务：使用生成路由回调 onGenerateRoute

Navigator 生成路由时会调用 onGenerateRoute 方法，下面我们学习如何用该方法生成需要的路由。

1. 注释掉路由表

打开 app.dart 文件，注释或删除之前在 MaterialApp 小部件里用 routes 定义的路由表。因为现在要用 onGenerateRoute 方法生成路由，所以不需要再在应用里配置路由表了。

```
（文件：lib/app/app.dart）
class _AppState extends State<App> {
 @override
 Widget build(BuildContext context) {
   return MaterialApp(
    ...
    // routes: {
    //   '/': (context) => AppHome(),
    //   '/about': (context) => About(),
    // },
   );
 }
}
```

2. 设置生成路由回调

在 MaterialApp 里添加 onGenerateRoute 方法，交给 Navigator 使用，在生成路由时 Navigator 会调用该方法。

```
（文件：lib/app/app.dart）
return MaterialApp(
 ...
 onGenerateRoute: (settings) {
   print(settings);
   if (settings.name == '/') {
     return MaterialPageRoute(builder: (context) => AppHome());
   }
   if (settings.name == '/about') {
     return MaterialPageRoute(builder: (context) => About());
   }
 },
);
```

代码解析：

（1）onGenerateRoute 接收的 settings 参数是一个 RouteSettings，里面包含路由名字及相关参数，我们可以将它输出到控制台上检查一下。

（2）在 onGenerateRoute 里面，用 if 语句判断 settings.name 是否等于"/"，如果是，则返回一个路由，这里返回的是 MaterialPageRoute 路由，用其 builder 参数返回跟该路由对应的小部件，这里是 AppHome 小部件。此时，如果待访问路由是"/"，则调用 onGenerateRoute 后生成路由对应的小部件就是 AppHome。

```
if (settings.name == '/') {
  return MaterialPageRoute(builder: (context) => AppHome());
}
```

（3）再通过一个 if 语句判断 settings.name，如果等于"/about"，就将生成路由对应的小部件设置成 About。

```
if (settings.name == '/about') {
  return MaterialPageRoute(builder: (context) => About());
}
```

（4）现在跟之前配置路由表的效果完全一样了。执行 Navigator.pushNamed('/')，显示的是 AppHome 小部件；执行 Navigator.pushNamed('/about')，显示的是 About 小部件。

3．理解路由参数

在往 Navigator 路由堆添加路由时可以携带参数，在 onGenerateRoute 方法的 settings 参数里进行设置即可。

打开 playground_routing 文件，在这里用了 Navigator.pushNamed()方法，设置它的 arguments（路由参数），对应值是一个对象，在里面可以随便添加内容，如添加一个 user，对应的值是 wanghao。

```
（文件: lib/playground/routing/playground_routing.dart）
TextButton(
  child: Text('查看宁皓网介绍'),
  onPressed: () {
    Navigator.pushNamed(
      context,
      '/about',
      arguments: {'user': 'wanghao'},
    );
  },
)
```

4．测试

在模拟器中测试，打开"练习"页面，单击页面按钮，执行 Navigator.pushNamed('/about')。Navigator 执行 onGenerateRoute 生成路由时，会返回一个 MaterialPageRoute，构建器返回的小部件是 About，所以在页面上会显示 About 小部件。

观察调试控制台（见图 11.4），这里首先输出的 onGenerateRoute 方法的 settings 参数是一个 RouteSettings，其中有路由的名字"/about"，然后是路由参数，user 以及对应的值 wanghao。在 onGenerateRoute 里得到这些参数后，可以访问 settings.arguments。

```
PROBLEMS    1    OUTPUT    DEBUG CONSOLE
RouteSettings("/about", {user: wanghao})
```

图 11.4　在控制台上输出的 RouteSettings（路由配置）

11.6.2　任务：在路由名字中提取参数

因为路由名字用的是地址路径的形式，所以在 onGenerateRoute 里面有办法解析路由的名字，获取到名字里面的指定的部分。如要 push 的路由的名字是"/posts/3"，解析之后可

以得到地址里第二部分的值，也就是数字 3。在小部件里我们经常需要根据一些参数值来
请求服务端接口获取到对应的要显示的数据。

1. 创建内容小部件（PostShow）

新建一个文件（lib/app/post/show/post_show.dart），定义一个小部件，名字是 PostShow。
给小部件添加 postId 属性与参数，后续可根据该参数值请求服务端接口，获取要显示的内
容数据。这里只是为了测试获取路由参数的方法，所以只简单地显示 postId 属性的值。

```
（文件：lib/app/post/show/post_show.dart）
import 'package:flutter/material.dart';

class PostShow extends StatelessWidget {
  final String postId;
  PostShow(this.postId);
  @override
  Widget build(BuildContext context) {
    return Scaffold(
      appBar: AppBar(),
      body: Center(
        child: Text(
          '内容: $postId',
          style: Theme.of(context).textTheme.headline6,
        ),
      ),
    );
  }
}
```

2. 设置路由参数

打开 playground_routing.dart，将按钮文字修改为"查看内容"，然后修改
Navigator.pushNamed()方法的第二个参数（路由名字），将其设置成"/posts/3"。

接下来，我们将在 onGenerateRoute 方法里从路由名字中把"/posts/"后的字符提取出
来，作为 PostShow 小部件 postId 参数的值。

```
（文件：lib/playground/routing/playground_routing.dart）
TextButton(
  child: Text('查看内容'),
  onPressed: () {
    Navigator.pushNamed(
      context,
      '/posts/3',
      arguments: {'user': 'wanghao'},
    );
  },
),
```

3. 配置生成路由回调

打开 app.dart 文件，修改 onGenerateRoute 方法。

```
（文件：lib/app/app.dart）
```

```
return MaterialApp(
  ...
  onGenerateRoute: (settings) {
    ...
    final uri = Uri.parse(settings.name ?? '');
    if (uri.pathSegments.length == 2 && uri.pathSegments.first == 'posts') {
      final postId = uri.pathSegments[1];
      return MaterialPageRoute(builder: (context) => PostShow(postId));
    }
  },
);
```

代码解析：

（1）声明一个 uri，其值为用 Uri.parse()方法处理后的 settings.name。因为 name 可能是 null，所以用两个问号表示如果是 null，则该处的值将是一个空白字符串。

```
final uri = Uri.parse(settings.name ?? '');
```

（2）Uri 的 parse()方法会把地址处理成几个不同的部分，pathSegments 是路径片断列表，假设 settings.name 的值是/posts/3，则 pathSegments 数组里会有两个项目，第一个项目是 posts，第二个项目是 3。

```
if (uri.pathSegments.length == 2 && uri.pathSegments.first == 'posts') {
  ...
}
```

上述代码的含义是：如果路由片断列表里有两个项目，且第一个项目的值等于 posts，就返回一个特定的路由。

（3）满足条件，声明一个 postId，表示内容 ID，其值就是 uri.pathSegments 里第二个项目的值。

生成的路由可以是一个 MaterialPageRoute 类型的路由，builder 方法返回的小部件，用刚才创建的 PostShow 显示，该小部件支持 postId 参数，把从路由名字里得到的 postId 交给该小部件，作为 postId 参数的值。

```
if (uri.pathSegments.length == 2 && uri.pathSegments.first == 'posts') {
  final postId = uri.pathSegments[1];
  return MaterialPageRoute(builder: (context) => PostShow(postId));
}
```

4. 测试

打开"练习"页面，单击"查看内容"按钮，会打开新的页面，显示 PostShow 小部件，小部件里面会显示"内容"，后面跟着创建这个小部件时提供的 postId 参数的值，这里是 3（见图 11.5）。该字符是执行 Navigator.pushNamed()方法时，从提供的路由名字里提取出来的。

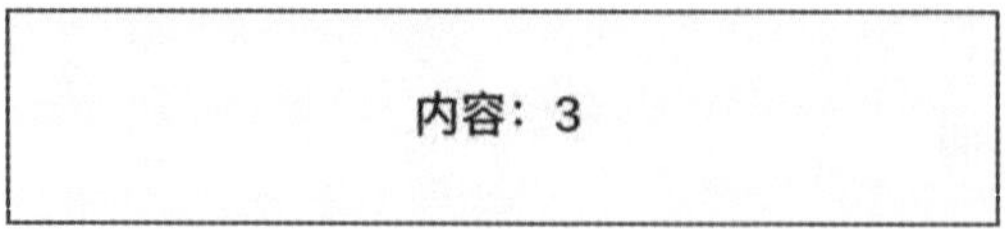

内容: 3

图 11.5　在页面上显示了 postId 的值

11.7　问题与思考

问题：什么是堆（stack）

想象一下，有一堆一个一个地摞起来的盘子，往这堆盘子里放新的盘子，我们一般会把它摞到（push）这堆盘子的最上面。从这堆盘子里拿走（pop）盘子，也是从最上面开始，一个一个地拿走。从上向下俯视这堆盘子，我们只能看到最上面的那个盘子。

把"盘子"换成 Flutter 应用里的路由，就比较好理解了。Navigator 会管理应用里的一堆路由，往这堆路由里添加新的路由，新添加的路由就是当前在应用里可见的屏幕；从这堆路由里拿掉一个路由，就会显示这个路由下面的那个路由。

11.8　整　理　项　目

在终端，在项目所在目录下，首先把当前分支切换到 master，然后合并 routing 分支，再把 master 与 routing 两个本地分支推送到项目的 origin 远程仓库里。

```
git checkout master
git merge routing
git push origin master routing
```

第 12 章

状态管理

本章我们来学习如何使用 provider 为小部件提供需要的数据与方法。

12.1　准　备

在开启本章的学习前，我们先来准备项目和用于状态管理演示的小部件。

12.1.1　任务：准备项目（state-management）

在终端，在项目所在目录下执行 git branch 命令，确定当前位于 master 分支。基于 master 分支创建一个新的分支 state-management，并切换到该分支上。

```
git checkout -b state-management
```

下面每完成一个任务，就在 state-management 分支上做一次提交。本章最后会把 state-management 分支合并到 master 分支上。

12.1.2　任务：准备状态管理演示小部件

1. 创建登录与登录表单小部件

新建一个文件（lib/auth/login/components/auth_login_form.dart），在文件里定义创建一个简单的登录表单小部件，名字是 AuthLoginForm，小部件里只有一个登录按钮。

```
（文件：lib/auth/login/components/auth_login_form.dart）
import 'package:flutter/material.dart';

class AuthLoginForm extends StatelessWidget {
  @override
  Widget build(BuildContext context) {
    final loginButton = ElevatedButton(
      child: Text('登录'),
      onPressed: () {},
    );
    return Container(
      child: loginButton,
    );
  }
}
```

新建一个文件（lib/auth/login/auth_login.dart），在文件里定义一个小部件，名字是 AuthLogin（用户登录），在该小部件里使用前面创建的登录表单小部件 AuthLoginForm。

```
（文件：lib/auth/login/auth_login.dart）
import 'package:flutter/material.dart';
import 'package:xb2_flutter/auth/login/components/auth_login_form.dart';

class AuthLogin extends StatelessWidget {
  @override
  Widget build(BuildContext context) {
    return Center(
      child: AuthLoginForm(),
    );
  }
}
```

2．创建并使用状态管理演示小部件

新建一个 PlaygroundState 小部件，在其中使用登录小部件 AuthLogin。

```
（文件：lib/playground/state/playground_state.dart）
import 'package:flutter/material.dart';
import 'package:xb2_flutter/auth/login/auth_login.dart';

class PlaygroundState extends StatelessWidget {
  @override
  Widget build(BuildContext context) {
    return Container(
      color: Colors.white,
      height: double.infinity,
      child: AuthLogin(),
    );
  }
}
```

在 Playground 小部件里使用 PlaygroundState 小部件后，打开"练习"页面时会显示一个"登录"按钮。此时，练习页面小部件树的部分结构如下：Playground→PlaygroundState→AuthLogin→AuthLoginForm。

```
（文件：lib/playground/playground.dart）
import 'package:flutter/material.dart';
import 'package:xb2_flutter/playground/state/playground_state.dart';

class Playground extends StatelessWidget {
  @override
  Widget build(BuildContext context) {
    return PlaygroundState();
  }
}
```

12.1.3　任务：安装 provider

Flutter 提供了多种状态管理方法，其中 provider 是 Flutter 官方推荐的状态管理方法。

使用其他状态管理方法时，有时也会用到 provider。

首先需要安装 provider 包（package），可以用 flutter 命令行安装，也可以直接在 pubspec.yaml 文件的 dependencies 里列出需要的包及对应的版本。下面我们来学习用 flutter 命令安装 provider 包。

1. 安装 provider

在终端，在项目所在目录下，执行以下命令：

```
flutter pub add provider
```

上面的命令可以安装 provider 以及相关的依赖包。除此以外，该命令还会自动更新 pubspec.yaml 与 pubspec.lock 文件。

2. 观察 pubspec.yaml

provider 包安装完成后，打开 pubspec.yaml 文件，你会发现 dependencies 里列出了刚才安装的 provider 包（这里笔者安装的是 5.0.0 版本）。版本号前的"^"符号表示允许使用小版本与补丁版本的更新。

```yaml
dependencies:
  flutter:
    sdk: flutter
...
  provider: ^5.0.0
```

provider 包安装完成后，在需要使用 provider 的文件里，直接从 provider 包导入 provider.dart 就可以了。

```
import 'package:provider/provider.dart';
```

12.2　准　备　数　据

小部件之间经常需要共享一些数据，我们可以把这些数据从小部件里抽离出来，单独放在一个类里，然后用 provider 提供该类的实例给需要的小部件使用。

要用 provider 给小部件提供数据或者方法，需要先定义一个类，在类里准备好要提供的数据和方法。一般情况下，类的名字会使用 Model 做后缀。当然，读者也可以按自己的喜好去命名它们。

假设应用的小部件会用到用户登录相关的数据和方法，如执行 login()方法可以请求登录，一般就是请求服务端验证用户登录用的接口，请求成功后会得到一些相关数据，如当前成功登录的用户名，以及给用户签发的令牌等。

下面我们先准备一个状态类（AuthModel）。

```
（文件：lib/auth/auth_model.dart）
class AuthModel {
  bool isLoggedIn = false;
  String name = '';
```

```
login() {
  isLoggedIn = true;
  name = 'wanghao';
  print('请求登录！');
}
logout() {
  isLoggedIn = false;
  name = '';
  print('退出登录！');
}
}
```

代码解析：

（1）新建一个文件（lib/auth/auth_model.dart），定义一个类，名字是 AuthModel，在该类定义小部件需要的属性和方法。

（2）添加一个属性，类型是 bool，名字是 isLoggedIn，表示用户是否已登录。默认值是 false，表示用户当前没有登录。

```
bool isLoggedIn = false;
```

（3）再添加一个属性，类型是 Stirng，名字是 name，表示成功登录用户的名字，默认值是空白字符。

```
String name = '';
```

（4）添加 login()方法，其作用是请求登录。这里为了演示，只简单地设置了 isLoggedIn 和 name 的值。执行 login()方法，可以把 isLoggedIn 设置成 true，把 name 设置成 wanghao。然后在控制台输出文字"请求登录！"。

```
login() {
  isLoggedIn = true;
  name = 'wanghao';
  print('请求登录！');
}
```

（5）再定义一个退出登录的方法，名字是 logout()。执行该方法会将 isLoggedIn 设置成 false，将 name 设置成空白字符，然后在控制台输出文字"退出登录！"。

```
logout() {
  isLoggedIn = false;
  name = '';
  print('退出登录！');
}
```

12.3 提 供 数 据

前面我们准备好了一个 AuthModel 类，里面有小部件需要用到的数据和方法，下面我们就使用 provider 包提供的方法，把类的实例提供给需要的小部件。

12.3.1　确定提供数据的位置

首先要确定在哪个小部件里提供 AuthModel 类实例，这个小部件的位置非常重要，因为只有该小部件的后代才能使用它提供的状态类实例。

假设我们要在"练习""用户"两个页面使用创建的 AuthModel 类的实例，就需要在它们共同的父辈那里提供这个实例。也就是说，要使用 AuthModel 数据的小部件是 AuthLoginForm（登录表单）与 UserProfile（用户档案）。

使用 Dart 开发者工具检查应用的小部件树，找到 AuthLoginForm，它的父辈是 Center，再往上分别是 AuthLogin、Container、PlaygroundState、Playground，然后是 AppPageMain 小部件（参考图 12.1）。

在模拟器中打开"用户"页面，再到开发者工具中观察，刷新应用的小部件树，你会发现 UserProfile 小部件的父辈是 AppPageMain（参考图 12.2），即 AuthLoginForm 和 UserProfile 都是 AppPageMain 小部件的后代。

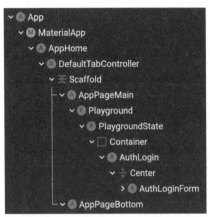

图 12.1　观察应用小部件树（1）　　　　图 12.2　观察应用小部件树（2）

在 AppPageMain 里提供的数据，在 AuthLoginForm 和 UserProfile 小部件里都可以使用。再往上，如在 Scaffold、AppHome、MaterialApp 中提供数据也可以，因为这些小部件都是 AuthLoginForm 和 UserProfile 的先辈。

12.3.2　任务：用 Provider 提供数据与方法

用户要根据提供的内容类型，决定使用 provider 包里的哪种方法。一般的内容，使用 Provider 来提供即可。

1. 导入 provider 包

要想在 App 中使用 provider 包提供数据，首先要在 app.dart 文件顶部导入 provider 包。

```
（文件：lib/app/app.dart）
import 'package:provider/provider.dart';
```

2. 导入要提供的数据类

在 app.dart 文件顶部，导入需要使用 provider 提供的数据类，因为下面要创建该类的实例。

```
（文件: lib/app/app.dart）
import 'package:xb2_flutter/auth/auth_model.dart';
```

3. 使用 Provider 提供的数据类实例

打开 app.dart 文件，选中该 MaterialApp，按 Command+.快捷键，选择 Wrap with Widget 选项，这里使用 provider 包提供的 Provider。该 Provider 的 child 就是 MaterialApp 小部件。

```
（文件: lib/app/app.dart）
class _AppState extends State<App> {
  @override
  Widget build(BuildContext context) {
    return Provider(
      create: (context) => AuthModel(),
      child: MaterialApp(
        ...
      ),
    );
  }
}
```

上述代码中，Provider 使用 create 方法接收一个 context 参数，返回一个 AuthModel 类的实例，该实例就是要提供给后代的数据。

```
return Provider(
  create: (context) => AuthModel(),
);
```

这样，该 Provider 的所有后代都可以使用这里提供的 AuthModel 类实例。如果小部件不是该 Provider 的后代，则无法使用它提供的实例。

在开发者工具端刷新小部件树，可以看到 Provider（参考图 12.3），它给后代提供的类型是 AuthModel，即一个 AuthModel 类的实例，所有后代都可以使用该实例里的数据和方法，如 login()与 logout()方法，以及 isLoggedIn、name 等数据。

图 12.3 在 Dart 开发者工具观察应用小部件树

12.4 使 用 数 据

要在小部件里使用 Provider 提供的数据，可以使用 Provider.of()方法，也可以使用 context.read()与 context.watch()方法。下面我们学习如何使用 Provider.of 获取 Provider 提供的数据与方法。

1．导入 provider 包

首先，需要在小部件文件的顶部导入 provider 包。

```
（文件：lib/auth/login/components/auth_login_form.dart）
import 'package:provider/provider.dart';
```

2．使用 Provider.of 获取提供的数据

在小部件的 build()方法里，用 Provider.of()方法获取 Provider，该方法需要一个 context 参数，还需要设置获取的内容类型，这里需要获取 AuthModel 类型的数据，把读取结果交给 authModel。如果一切正常，authModel 里的值就是 App 小部件里用 Provider 提供的 AuthModel 类的实例。

```
（文件：lib/auth/login/components/auth_login_form.dart）
class AuthLoginForm extends StatelessWidget {
  @override
  Widget build(BuildContext context) {
    final authModel = Provider.of<AuthModel>(context);
    ...
}
```

3．使用数据

找到小部件里用的按钮，在它的单击回调函数（onPressed）里使用 authModel 里的数据与方法。先在控制台上输出"已登录"，后面加上 authModel 里的 isLoggedIn 属性值。再执行 authModel.login()方法，执行后会在控制台输出"已登录"，后面加上 authModel.isLoggedIn 的值。

```
（文件：lib/auth/login/components/auth_login_form.dart）
final loginButton = ElevatedButton(
  child: Text('登录'),
  onPressed: () {
    print('已登录: ${authModel.isLoggedIn}');
    authModel.login();
    print('已登录: ${authModel.isLoggedIn}');
  },
);
```

4．测试

打开 VSCode 编辑器的调试控制台，在"练习"页面上单击"登录"按钮，控制台第一次输出的是 authModel 里 isLoggedIn 属性的值 false（见图 12.4）。

执行 authModel 的 login()方法后，会输出"请求登录！"。该方法会把 isLoggedIn 的值设置成 true，所以执行了 login()方法会再次输出 authModel 里的 isLoggedIn 属性，它的值也相应地变成了 true。

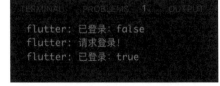

图 12.4　观察在 VSCode 控制台输出的内容

12.5　数　据　变　化

用 Provider 提供的数据发生变化后，如果想重建使用这些数据的小部件，要用
ChangeNotifierProvider 提供 ChangeNotifier 类型的数据。

12.5.1　任务：用 ChangeNotifierProvider 提供数据与方法

1. 改造登录表单小部件

打开 auth_login_form 文件，在这个小部件的 build()方法里再添加一个 logoutButton，
按钮文字是"退出登录"，单击时输出 authModel.isLoggedIn 的值，执行 authModel.logout()
方法，再次输出 authModel.isLoggedIn 的值。

```
（文件：lib/auth/login/components/auth_login_form.dart）
class AuthLoginForm extends StatelessWidget {
 @override
 Widget build(BuildContext context) {
   final authModel = Provider.of<AuthModel>(context);
   final loginButton = ElevatedButton(
    ...
   );
   final logoutButton = ElevatedButton(
     child: Text('退出登录'),
     onPressed: () {
      print('已登录：${authModel.isLoggedIn}');
      authModel.logout();
      print('已登录：${authModel.isLoggedIn}');
     },
   );
   return Container(
     child: authModel.isLoggedIn ? logoutButton : loginButton,
   );
 }
}
```

build()方法返回的是该容器的 child，authModel.isLoggedIn 数据的值如果为 true，该 child
就是 logoutButton（退出登录），否则就是 loginButton（已登录）。

```
return Container(
  child: authModel.isLoggedIn ? logoutButton : loginButton,
);
```

2. 测试

重启应用调试，打开"练习"页面，单击"登录"按钮，会执行 authModel 里的 login()
方法，它会把 isLoggedIn 的值改成 true，按说这时应显示"退出登录"按钮，但没有显示，
原因是登录表单小部件并不知道数据类里的数据发生了变化。

3．在数据类里通知它的监听者

数据类里的数据发生变化时，可以通知它的监听者，这样它就知道什么时候要重建自己了。

```
（文件：lib/auth/auth_model.dart）
class AuthModel extends ChangeNotifier {
  ...
}
```

改造 AuthModel 类，让它继承自 ChangeNotifier，这样在这个类里面，当属性值发生变化时会执行 notifyListeners()，使得监听该类的小部件被重建。

```
（文件：lib/auth/auth_model.dart）
login() {
  ...
  notifyListeners();
}
logout() {
  ...
  notifyListeners();
}
```

在 login()与 logout()方法里修改属性值后，再执行 notifyListeners()，会通知它的监听者数据发生了变化。这里可以使用 notifyListeners()，因为我们让这个 AuthModel 类继承了 ChangeNotifier。

4．用 ChangeNotifierProvider 提供 ChangeNotifier

现在 AuthModel 类是一个 ChangeNotifier，所以提供它的时候就不能再用 Provider，要换成 ChangeNotifierProvider。

打开 app.dart 文件，把之前在这里用的 Provider 替换成 ChangeNotifierProvider。

```
（文件：lib/app/app.dart）
class _AppState extends State<App> {
  @override
  Widget build(BuildContext context) {
    return ChangeNotifierProvider(
      create: (context) => AuthModel(),
      child: MaterialApp(
        ...
      ),
    );
  }
}
```

5．测试

打开"练习"页面，单击"登录"按钮，执行 authModel 里的 login()方法，修改 isLoggedIn 属性的值。执行 notifyListeners()后，小部件就被重建了，因为 authModel 里的 isLoggedIn 的值是 true，所以这里显示的会是"退出登录"按钮。

再次单击"退出登录"按钮，authModel 里的 isLoggedIn 值会被改成 false，小部件会被再次重建，显示"登录"按钮。使用这里提供的 AuthModel 实例的小部件，默认会监听它的变化，所以在执行 notifyListeners()时这些小部件就会被重建。

12.5.2　任务：在小部件里使用 Provider 提供的数据与方法（Consumer）

除了可用 Provider.of()方法在小部件里使用 Provider 提供的数据和方法外，还可以使用 Consumer 小部件。

1. 改造用户档案小部件

打开 user_profile 文件，在其中使用 Consumer 小部件，类型设置成 AuthModel，该类型就是要在 Consumer 小部件里使用的 Provider 提供的数据类型。

```
（文件: lib/user/profile/user_profile.dart）
import 'package:flutter/material.dart';
import 'package:provider/provider.dart';
import 'package:xb2_flutter/auth/auth_model.dart';

class UserProfile extends StatelessWidget {
  @override
  Widget build(BuildContext context) {
    return Consumer<AuthModel>(
      builder: (context, state, child) {
        return Container(
          color: Colors.white,
          height: double.infinity,
          width: double.infinity,
          child: Center(
            child: state.isLoggedIn ? Text(state.name) : Text('未登录'),
          ),
        );
      },
    );
  }
}
```

上述代码中，Consumer 小部件可以用 builder 返回一个小部件，这个构建器有 3 个参数，即 context、state 和 child。这里，state 就是获取的 provider 提供的内容，是 AuthModel 类的一个实例。

构建器可以返回一个 Container 小部件，它的 child 是一个 Center 小部件，这个 Cneter 的 child 需要判断 state.isLoggedIn，也就是 authModel 里 isLoggedIn 属性的值。如果是 true，则使用 Text 小部件，显示 state 里的 name；否则也是一个 Text 小部件，显示文字"未登录"。

2. 测试

打开"用户"页面，界面上会显示 wanghao，因为 authModel 里的 isLoggedIn 的值是 true，所以就会显示 authModel 里 name 的属性值。

在"练习"页面，单击"退出登录"按钮，会执行 authModel 里的 logout 方法，把 isLoggedIn

的值修改成 false，把 name 设置成一个空白字符。打开"用户"页面，这里现在会显示"未登录"。

再打开"练习"页面，单击"登录"按钮，回到"用户"页面，又会显示 wanghao。

AuthLoginForm 与 UserProfile 共享使用 Provider 提供的 AuthModel 类实例，当该实例里的数据发生变化时，会同时影响这两个小部件。

12.6　问题与思考

问题 1：如何实现监听与取消监听数据变化

可以用如下代码实现。

```
final authModel = Provider.of<AuthModel>(context, listen: true);
```

Provider.of()方法里的 listen 参数用于控制是否重建小部件，如果值为 true（默认值），就会监听变化，然后重建小部件；如果值是 false，就不会监听数据变化，并在数据有变化时重建小部件。

问题 2：context.read()与 context.watch()方法

除了 Provider.of()方法，还可以使用 context.read()或 context.watch()方法获取 Provider 提供的数据。

```
final authModel = context.watch<AuthModel>();
final authModel = context.read<AuthModel>();
```

如果不想监听 AuthModel 实例的变化，可以用 context.read()读取 Provider 提供的值。

问题 3：是否必须进行状态管理

答案是肯定的，虽然我们也可以通过小部件的属性在小部件之间共享数据与方法，但如果小部件的层级比较复杂，则使用属性传递数据就会非常麻烦。所以，只要我们想真正开发应用，就一定要给应用选择一套状态管理方法。本章中，我们学习了如何使用 Provider 实现在不同小部件间共享数据与方法，如果是复杂的应用，可选择一些更高级的状态管理方法，如 Redux、MobX 等。

12.7　整 理 项 目

在终端，在项目所在目录下，首先把当前分支切换到 master，然后合并 state-management 分支，再把 master 与 state-management 两个本地分支推送到项目的 origin 远程仓库里。

```
git checkout master
git merge state-management
git push origin master state-management
```

第 13 章

路由导航（二）

本章我们先来认识 Navigator 提供的声明式接口，再来了解如何使用路由器处理系统的路由信息变化。

13.1　准备项目（routing_2）

在终端，在项目所在目录下执行 git branch 命令，确定当前位于 master 分支。基于 master 分支创建一个新的分支 routing_2，并切换到该分支上。

```
git checkout -b routing_2
```

下面每完成一个任务，就在 routing_2 分支上做一次提交。本章最后会把 routing_2 分支合并到 master 分支上。

13.2　页　　面

在介绍导航路由时，使用 Navigator 提供的命令式接口，也就是使用 Navigator.push()和 Navigator.pop()在 Navigator 管理的路由堆添加或者删除路由。

Navigator 还提供了一种声明式接口，我们可以在应用里声明，在各种状态下这个路由堆会是什么样的。这里要用的是 Pages API，可以通过 Navigator 里的 pages 属性配置一个页面列表，这里说的页面其实就是带配置数据的路由。

Navigator 可以把通过 pages 属性提供的一组页面列表转换成一个路由堆，这组页面列表发生变化后，Navigator 管理的路由堆也会发生对应的变化。例如，读者在页面列表里添加了新的页面，路由堆就会出现对应的路由；读者删除了页面列表里的页面，在路由堆里也会删除对应的路由。

13.2.1　任务：使用 Navigator 声明式接口（Pages API）

1. 改造 MaterialApp

打开 app.dart 文件，在 MaterialApp 里把 onGenerateRoute 换成 home，对应的值是一个 Navigator 小部件。

```
（文件：lib/app/app.dart）
class _AppState extends State<App> {
  @override
  Widget build(BuildContext context) {
    return ChangeNotifierProvider(
      create: (context) => AuthModel(),
      child: MaterialApp(
        ...
        home: Navigator(

        ),
      ),
    );
  }
}
```

2．准备页面列表

在 Navigator 里提供了一个 pages 参数，其值是一组页面，Navigator 会把这组页面转换成一些路由。我们可以自定义一些页面，让页面继承 Page 类。这里可以直接使用一种现成的页面，名字是 MaterialPage，也就是 Material 风格的页面。

页面需要有个标识，Flutter 会根据该标识来判断处理的是哪个页面。设置 MaterialPage 的 key 属性，值可以新建一个 ValueKey，参数值是 AppHome。MaterialPage 的 child 就是跟这个页面对应的小部件，这里就是 AppHome 小部件。

```
（文件：lib/app/app.dart）
home: Navigator(
  pages: [
    MaterialPage(
      key: ValueKey('AppHome'),
      child: AppHome(),
    ),
  ],
),
```

观察应用界面，你会发现应用会显示 AppHome 小部件。

下面在 pages 列表里添加一个 MaterialPage，对应的小部件是 About。

```
home: Navigator(
  pages: [
    MaterialPage(
      ...
    ),
    MaterialPage(
      key: ValueKey('About'),
      child: About(),
    ),
  ],
),
```

现在，应用默认显示的就是 About 小部件。因为在给 Navigator 提供的页面列表里，About 是最后一个页面，生成的路由堆里，对应路由也会是最后一个，即一堆路由里最上面的那个。跟该路由对应的小部件是 About，所以应用当前显示的就是 About 小部件。

3. 测试

把 About 页面注释掉，此时 Navigator 里只剩下 AppHome 页面，对应的路由堆里也就只有 AppHome，所以应用显示的是 AppHome 小部件。恢复 About 页面，生成的对应路由堆最上面那个路由对应的小部件是 About，所以应用界面又会显示 About 小部件。

总之，要想在应用里使用 Navigator 声明式接口，需要给 Navigator 提供一组页面，Navigator 会把这组页面转换成路由堆。这些页面就是要在应用里显示的屏幕，页面列表里的最后一个就是当前正在显示的小部件。

13.2.2　任务：使用 MultiProvider 提供多个数据类

我们可以根据应用状态，动态地在 Navigator 管理的页面列表里添加或删除页面，使对应的路由堆发生相应变化。

假设应用里有个 pageName 属性，如果其值等于 About，就在页面列表里添加 About 页面；不等于 About，就不在页面列表里出现 About 页面。

1. 创建应用数据类

创建一个 model 类，名字是 AppModel，让它继承 ChangeNotifier。在该类里添加一个 String 类型的属性，名字是 pageName。再定义一个方法 setPageName()，接收 String 类型的参数 data，在该方法里让 pageName 等于方法的 data 参数值，并通过执行 notifyListeners() 来修改 pageName 数据，通知所有的监听者。

```
（文件：lib/app/app_model.dart）
import 'package:flutter/material.dart';

class AppModel extends ChangeNotifier {
  String pageName = '';
  setPageName(String data) {
    pageName = data;
    notifyListeners();
  }
}
```

2. 使用 MultiProvider

现在应用里要提供两个数据类，AuthModel 和 AppModel，当要提供多个数据类时，可以使用 MultiProvider。

打开 app.dart 文件，把之前用的 ChangeNotifierProvider 换成 MultiProvider，在 providers 里面添加两个 ChangeNotifierProvider，分别提供 AuthModel 和 AppModel 类的实例。注意，在文件顶部要导入 app_model.dart。

```
（文件：lib/app/app.dart）
import 'package:xb2_flutter/app/app_model.dart';
...
```

```
class _AppState extends State<App> {
  @override
  Widget build(BuildContext context) {
    return MultiProvider(
      providers: [
        ChangeNotifierProvider<AuthModel>(create: (context) => AuthModel()),
        ChangeNotifierProvider<AppModel>(create: (context) => AppModel()),
      ],
      ...
    );
  }
}
```

3. 根据 AppModel 里的数据决定页面列表

Navigator 小部件需要使用 AppModel 实例里的数据，可以先剪切 Navigator 小部件，然后使用 Consumer，类型是 AppModel，提供一个 builder 构建器。该方法有 3 个参数，即 context、state 和 child，state 参数的值就是 provider 提供的 AppModel 类实例，构建器返回的就是之前剪切的 Navigator 小部件。

```
（文件：lib/app/app.dart）
class _AppState extends State<App> {
  @override
  Widget build(BuildContext context) {
    return MultiProvider(
      providers: [
        ...
      ],
      child: MaterialApp(
        ...
        home: Consumer<AppModel>(
          builder: (context, state, child) => Navigator(
            pages: [
              MaterialPage(
                key: ValueKey('AppHome'),
                child: AppHome(),
              ),
              if (state.pageName == 'About')
                MaterialPage(
                  key: ValueKey('About'),
                  child: About(),
                ),
            ],
          ),
        ),
      ),
    );
  }
}
```

代码解析：

在 Navigator 的 pages 里，使用 if 语句判断是否要在页面列表里添加 About 页面。如果 state.pageName 等于 About，就在页面列表里添加 About 页面；如果不是，就不添加。

```
Navigator(
  pages: [
    ...
    if (state.pageName == 'About')
      MaterialPage(
        key: ValueKey('About'),
        child: About(),
      ),
  ],
),
```

4．观察应用界面

观察应用界面，现在显示的是 AppHome 小部件，因为 AppModel 里 pageName 的值是空白字符，所以不会在页面列表里添加 About 页面。

5．修改 pageName 的值

打开 app_model 文件，手动修改 pageName 属性的值为"About"。重新启动调试，再观察应用界面，因为 AppModel 里的 pageName 的值是"About"，所以 Navigator 页面列表里会包含 About 页面，生成的路由堆里也会包含对应的路由，路由对应的小部件是 About，所以现在显示的是 About 小部件。

```
（文件：lib/app/app_model.dart）
class AppModel extends ChangeNotifier {
  String pageName = 'About';
}
```

再把 pageName 改成一个空白字符，重新启动调试，应用现在又会显示 AppHome 小部件，因为 pageName 的值现在是空白字符，所以就不会在页面列表里包含 About 页面，页面列表里只剩下 AppHome 页面，它是这组页面列表的最后一个，是路由堆最上面的路由，所以显示的就是该路由对应的小部件，也就是 AppHome 小部件。

```
class AppModel extends ChangeNotifier {
  String pageName = '';
}
```

13.2.3 任务：动态添加与移除页面

应用的某些状态发生变化时，可以动态地在 Navigator 页面列表里添加或移除页面。

1．在练习页面上显示 PlaygroundRouting 小部件

代码如下。

```
（文件：lib/playground/playground.dart）
class Playground extends StatelessWidget {
```

```
@override
Widget build(BuildContext context) {
  return PlaygroundRouting();
}
}
```

2. 改造路由演示小部件

打开 playground_routing 文件，在文件顶部导入 provider 和 app_model。

```
（文件：lib/playground/routing/playground_routing.dart）
import 'package:provider/provider.dart';
import 'package:xb2_flutter/app/app_model.dart';
```

在小部件的build()方法里，读取 AppModel 这个 Provider 提供的值，把它赋给 appModel，因为要在这个小部件里用到 appModel 的 setPageName()方法，修改 pageName 属性的值。

```
class PlaygroundRouting extends StatelessWidget {
  @override
  Widget build(BuildContext context) {
    final appModel = Provider.of<AppModel>(context);
    return Container(
      color: Colors.white,
      child: Center(
        child: TextButton(
          child: Text('查看内容'),
          onPressed: () {
            appModel.setPageName('About');
          },
        ),
      ),
    );
  }
}
```

在 PlaygroundRouting 小部件里添加一个文本按钮，按钮文字是"查看内容"，单击按钮时执行 appModel.setPageName()，把 AppModel 里的 pageName 的值修改成 About。

```
TextButton(
  child: Text('查看内容'),
  onPressed: () {
    appModel.setPageName('About');
  },
)
```

3. 测试

打开"练习"页面，单击"查看内容"按钮，AppModel 里的 pageName 的值会被改为 About，这样在 Navigator 页面列表里的最后一个页面会是 About，所以现在界面上会显示对应的 About 小部件（见图 13.1）。

宁皓网，创立于 2011 年。

返回

图 13.1　在应用中显示的 About 页面（小部件）

4．当移除页面时（onPopPage）

按一下 About 页面上的"返回"按钮，或者 AppBar 上面的"返回"小图标按钮，你会发现无法返回上一个页面。按了"返回"按钮以后会执行 Navigator.pop()方法，执行了这个方法就会执行 Navigator 里的 onPopPage 回调，在这个回调里我们需要修改一下应用的状态。

```
（文件：lib/app/app.dart）
Navigator(
  pages: [
    ...
  ],
  onPopPage: (route, result) {
    if (!route.didPop(result)) {
      return false;
    }
    return true;
  },
),
```

在这个 Navigator 里面，除了 pages，还需要一个 onPopPage 回调，这个回调方法有两个参数：route 与 result。route 是要被移除的路由，result 是移除时提供的一个值。

在这个 onPopPage 方法里要调用路由的 didPop()方法，然后还要返回是否移除成功了。先判断"!route.didPop(result)"，如果条件成立，就返回 false。否则可以返回 true，表示路由被成功移除了。

5．测试

在模拟器中测试，单击"返回"按钮，可以正常返回上一个页面。在编辑器里保存文件时会发现，应用又显示 About 页面，原因是我们虽然移除了 About 路由，但是应用状态并未发生变化，pageName 的值仍是 About，所以页面列表里还是会包含 About 页面，因此重建 Navigator 后就又会显示 About 页面。

6．处理应用状态

在 onPopPage 方法里可以做一些清理工作。执行 state.setPageName()，把 AppModel 里的 pageName 设置成空白字符。这样移除页面后，就不会在页面列表里包含 About 页面了。

```
（文件：lib/app/app.dart）
onPopPage: (route, result) {
  if (!route.didPop(result)) {
    return false;
  }
  state.setPageName('');
  return true;
},
```

7．测试

单击"查看内容"按钮，会显示 About 页面，单击"返回"按钮，可返回到 AppHome。在编辑器中保存文件，这次仍然会显示 AppHome 页面，因为移除 About 路由后，会把

AppModel 里的 pageName 值改成一个空白字符,这样页面列表中就不会再包含 About 页面。

13.3　路　由　器

使用路由器可以让应用响应系统的路由信息变化（如在浏览器的地址栏输入一个地址）。

13.3.1　任务：创建路由器代表（RouterDelegate）

路由器会把任务委派给相关的一些组件去处理。下面先来创建 RouterDelegate（路由器代表）组件，该组件的主要责任是给路由器构建一个需要的 Navigator。

1. 创建路由器代表

新建文件 app_router_delegate.dart，创建一个路由器代表，下面创建路由器时，可以把这个路由器代表交给路由器使用。路由器代表里的 build()方法要返回路由器需要的 Navigator，即路由器代表会创建一个 Navigator 给路由器使用。

```
（文件：lib/app/router/app_router_delegate.dart）
import 'package:flutter/material.dart';

class AppRouterDelegate extends RouterDelegate
    with ChangeNotifier {

  @override
  Widget build(BuildContext context) {
    return Navigator(

    );
  }
}
```

2. 设置新路由地址（setNewRoutePath）

路由器代表继承自 RouterDelegate，需要包含两个必须的方法：setNewRoutePath()和 popRoute()。我们先来添加 setNewRoutePath()方法。

```
（文件：lib/app/router/app_router_delegate.dart）
import 'package:flutter/material.dart';

class AppRouterDelegate extends RouterDelegate
    with ChangeNotifier {
  ...
  // 设置新路由地址
  @override
  setNewRoutePath(configuration) {
    print('设置新路由地址 setNewRoutePath');
    return Future.value();
  }
}
```

```
...
}
```

setNewRoutePath()方法返回的值是一个 Future，为了满足需求，可以先让它 return 一个 Future.value()。也可以用 async 标记这个 setNewRoutePath()方法。

```
@override
setNewRoutePath(configuration) async {
}
```

这样，就可以去掉方法里的"return Future.value()"这行代码了。

3. popRoute()方法

路由器代表里还需要提供 popRoute()方法，在 Android 平台按系统返回键时会执行该方法移除路由。可以让路由器代表使用 PopNavigatorRouterDelegateMixin，其中提供了 popRoute()方法，这样就不用自己去创建它了。

```
（文件：lib/app/router/app_router_delegate.dart）
class AppRouterDelegate extends RouterDelegate
    with ChangeNotifier, PopNavigatorRouterDelegateMixin {
 ...
}
```

使用 PopNavigatorRouterDelegateMixin 以后，还需提供一个 navigatorKey 方法，返回的就是当前的 Navigator 使用的 key。

```
（文件：lib/app/router/app_router_delegate.dart）
class AppRouterDelegate extends RouterDelegate
    with ChangeNotifier, PopNavigatorRouterDelegateMixin {
 final GlobalKey<NavigatorState> _navigatorKey;
 AppRouterDelegate() : _navigatorKey = GlobalKey<NavigatorState>();
 @override
 get navigatorKey => _navigatorKey;
 ...
 @override
 Widget build(BuildContext context) {
   return Navigator(
     key: _navigatorKey,
   );
 }
}
```

在路由器代表里声明一个_navigatorKey，创建这个路由器代表时需设置其值为 GlobalKey<NavigatorState>，然后把_navigatorKey 交给 Navigator 小部件使用。

再提供一个 navigatorKey 方法，返回的是用在 Navigator 上的 Navigator key，这里就是 _navigatorKey，这个 key 是在 PopNavigatorRouterDelegateMixin 提供的 popRoute 方法里获取当前 Navigator 时用的。

13.3.2　任务：使用路由器管理路由（Router）

下面来创建一个路由器交给应用，可以直接新建一个 Router，让它作为 MaterialApp

小部件 home 属性的值；也可以使用 MaterialApp 的 router 构造方法，这样创建的 MaterialApp 应用里会带着一个路由器。

1. 将 Navigator 转移到路由器代表里

打开 app 文件，剪切 Navigator 里的 pages 和 onPopPage。

打开 app_router_delegate 文件，把剪切内容作为路由器代表 build()方法的返回内容。在给 Navigator 准备的页面列表里会用到 AppHome 和 About 小部件，所以在 app_router_delegate 文件顶部先导入它们。

```
（文件：lib/app/router/app_router_delegate.dart）
import 'package:xb2_flutter/app/components/app_home.dart';
import 'package:xb2_flutter/playground/routing/components/about.dart';

class AppRouterDelegate extends RouterDelegate
    with ... {
  @override
  Widget build(BuildContext context) {
    return Navigator(
      key: _navigatorKey,
      pages: [
        ...
      ],
      onPopPage: (route, result) {
        ...
      },
    );
  }
}
```

2. 在路由器代表里准备应用数据

Navigator 会用到 state 里的数据和方法，这个 state 就是用 provider 提供的 AppModel 实例。我们要想个办法在这个类里面使用 AppModel 实例里的方法和数据。

先在这个路由器代表里面添加一个 AppModel 类型的属性，名字是 appModel，然后给这个构造方法添加参数 this.appModel，在创建路由器代表时，该参数会赋给 appModel 属性。

```
（文件：lib/app/router/app_router_delegate.dart）
class AppRouterDelegate extends RouterDelegate
    with ... {
  ...
  final AppModel appModel;
  AppRouterDelegate(this.appModel)
      : _navigatorKey = GlobalKey<NavigatorState>();
}
```

现在可以修改 Navigator 里用的 state，将其换成 appModel。

```
（文件：lib/app/router/app_router_delegate.dart）
Navigator(
  ...
  pages: [
```

```
  ...
  if (appModel.pageName == 'About')
    MaterialPage(
      key: ValueKey('About'),
      child: About(),
    ),
],
onPopPage: (route, result) {
  ...
  appModel.setPageName('');
  return true;
},
);
```

3. 改造 App

打开 app 文件，我们在小部件的 AppState 类里面声明一个 AppModel 类型的属性，名字是 appModel，它的值可以新建一个 AppModel。然后在 MultiProvider 里面提供 AppModel 时，把 create 方法返回的值换成 appModel。

```
（文件：lib/app/app.dart）
class _AppState extends State<App> {
  final AppModel appModel = AppModel();

  @override
  Widget build(BuildContext context) {
    return MultiProvider(
      providers: [
        ...
        ChangeNotifierProvider<AppModel>(create: (context) => appModel),
      ],
      ...
}
```

4. 给 MaterialApp 提供一个 Router

找到 MaterialApp，给其 home 参数提供一个 Router，创建一个路由器。这里我们要设置路由器的 routerDelegate 参数，指定路由器的路由器代表，当应用状态有变化时该路由器就会调用路由器代表里的 build()方法，构建一个它需要的 Navigator。

```
（文件：lib/app/app.dart）
MaterialApp(
  ...
  home: Router(
    routerDelegate: AppRouterDelegate(appModel),
  ),
)
```

可以新建一个 AppRouterDelegate，创建它的时候要提供一个 appModel，因为路由器代表需要通过 appModel 里的数据来决定在 Navigator 页面列表里包含的页面。

5. 观察

应用界面上会显示 AppHome。路由器通过调用路由代表里的 build()方法得到了一个导航器（Navigator），该导航器里现在只有一个 AppHome 页面，因为 appModel 里的 pageName 的值不等于 About，所以 pages 面只会包含 AppHome 页面。

13.3.3 任务：应用状态变化时通知 Router 重建 Navigator

打开应用的"练习"页面，在单击"查看内容"按钮时，会把 AppModel 里的 pageName 设置成 About。但这里并没有显示 About 页面，因为虽然应用状态发生了变化，但却并没有通知路由器，因此它不会调用路由器代表里的 build()方法构建新的 Navigator，Navigator 页面列表里现在只有 AppHome 页面。

1. 监听状态变化时通知路由器

打开 app_router_delegate 文件，在路由器代表的构造方法里监听 appModel 的变化，因为这里 appModel 是 ChangeNotifier，所以可以监听它的变化。使用 appModel.addListener() 方法添加一个监听器，把 notifyListeners 交给这个方法，这样 appModel 发生变化时，路由器代表就会执行 notifyListeners 通知其监听者，调用路由器代表的 build()方法重建一个 Navigator。

```
（文件: lib/app/router/app_router_delegate.dart）
class AppRouterDelegate extends RouterDelegate
   with ... {
 ...
 AppRouterDelegate(this.appModel)
    : _navigatorKey = GlobalKey<NavigatorState>() {
   // 监听 appModel
   appModel.addListener(notifyListeners);
 }
 @override
 void dispose() {
   super.dispose();
   // 取消监听 appModel
   appModel.removeListener(notifyListeners);
 }
}
```

销毁对象时可以取消监听，在路由器代表里添加 dispose()，取消监听 appModel。使用 appModel 上的 removeListener()提供一个 notifyListeners。

2. 测试

在模拟器中，打开"练习"页面，单击"查看内容"按钮，这次会显示"关于"页面。

单击"查看内容"按钮后会修改 appModel 里 pageName 的值，让它等于 About。应用状态发生变化时，会给路由器发送一个通知，路由器收到通知就会调用路由器代表里面的 build()方法构建新的 Navigator。因为 appModel 里 pageName 的值是 About，所以页面列表最后一个也是 About 页面，显示的就是页面对应的 About 小部件。

再按一下"返回"又会重新显示 AppHome。

13.4　路　由　配　置

操作系统或平台的路由信息发生变化时，路由器会把该路由信息转换成一个特定类型的数据（路由配置），该类型由用户自行定义。路由器会把转换后的路由配置数据交给路由器代表，然后由路由器代表根据路由配置来修改应用状态。一旦应用状态有变化，路由器就会重建 Navigator，应用就会显示对应的页面。

13.4.1　调试 Web 应用

一起来调试 Flutter 开发的 Web 应用。单击编辑器右下角的"调试设备"按钮，在打开的设备列表里选择 Chrome（见图 13.2）。打开编辑器的调试页面，单击"运行"并调试，就会在 Chrome 浏览器上打开正在开发的 Flutter 应用（见图 13.3）。

图 13.2　在 VSCode 中选择 Chrome　　　　图 13.3　在 Chrome 中调试 Flutter 应用

打开"练习"页面，单击"查看内容"按钮，会显示 About 页面。下面要做的事就是在访问 About 页面时，让浏览器的地址栏地址变成"/about"。

13.4.2　任务：定义路由配置类型

新建一个文件（lib/app/router/app_route_configuration.dart），在文件里定义一个类，名字是 AppRouteConfiguration。在类里声明一个 pageName，类型是 String。

```
（文件：lib/app/router/app_route_configuration.dart）
class AppRouteConfiguration {
 final String pageName;
 AppRouteConfiguration.home() : pageName = '';
 AppRouteConfiguration.about() : pageName = 'About';
 bool get isHomePage => pageName == '';
 bool get isAboutPage => pageName == 'About';
}
```

代码解析：

（1）在类里添加两个带名字的构造方法，使用 AppRouteConfiguration.home()构造方法创建 AppRouteConfiguration 实例，pageName 的值是空白字符。使用 AppRouteConfiguration.

about()构造方法创建 AppRouteConfiguration 实例，pageName 的值是 About。

```
AppRouteConfiguration.home() : pageName = '';
AppRouteConfiguration.about() : pageName = 'About';
```

（2）在这个路由配置类里添加两个 getter 方法，如果 pageName 的值是空白字符，则 isHomePage 返回值是 true；如果 pageName 的值是字符串"About"，则 isAboutPage 返回值是 true，否则就是 false。

```
bool get isHomePage => pageName == '';
bool get isAboutPage => pageName == 'About';
```

在路由配置类里添加的带名字的构造方法还有 getter 方法，其作用是方便使用与做判断。这里根据应用的实际需求定义了该类型，后面会介绍该路由配置的作用。

13.4.3　任务：把路由信息转换成自定义的路由配置（parseRouteInformation）

当路由信息有变化时，路由器要把该路由信息转换成自定义的路由配置（AppRoute Configuration），然后把路由配置数据交给路由器代表（AppRouterDelegate），路由器代表会根据数据的值修改应用状态。

1. 创建路由信息解析器

将路由信息转换成（解析）路由配置数据，路由器会把这个任务交给路由信息解析器去处理。下面定义一个路由信息解析器，并交给路由器使用。

新建一个文件，定义一个类，名字是 AppRouteInformationParser，让该类继承 RouteInformationParser 抽象类，使其成为路由信息解析器，并设置解析后生成的路由配置数据类型为之前定义的 AppRouteConfiguration。

```
（文件：lib/app/router/app_route_information_parser.dart）
import 'package:flutter/material.dart';
import 'package:xb2_flutter/app/router/app_route_configuration.dart';

class AppRouteInformationParser
    extends RouteInformationParser<AppRouteConfiguration> {

}
```

RouteInformationParser 要求要在类里添加 parseRouteInformation()方法，该方法的 routeInformation 参数值就是路由信息，我们要在这个方法里根据路由信息的值，将它转换成路由配置数据，也就是之前定义的 AppRouteConfiguration 类的实例。

```
（文件：lib/app/router/app_route_information_parser.dart）
class AppRouteInformationParser
    extends RouteInformationParser<AppRouteConfiguration> {
  // 解析路由信息
  @override
  parseRouteInformation(routeInformation) async {
    print('解析路由信息 parseRouteInformation');
    print(routeInformation.location);
```

```
    if (routeInformation.location == '/about') {
      return AppRouteConfiguration.about();
    }
    return AppRouteConfiguration.home();
  }
}
```

routeInformation.location 的值就是正在访问的地址，在控制台上可以通过输出它的值来检查。

在 parseRouteInformation()方法里使用 if 语句判断，如果 routeInformation.location 等于"/about"，就返回 AppRouteConfiguration.about()，此时 AppRouteConfiguration 实例里 pageName 的值就是 About。默认会返回一个 AppRouteConfiguration.home()，在创建的 AppRouteConfiguration 实例里面，pageName 的值是一个空白字符。

2. 用 MaterialApp.router()创建应用的路由器

打开 app 文件，之前我们给 MaterialApp 的 home 属性提供了一个 Router，现在去掉这个 home 属性，再去掉 initialRoute 属性，然后把 MaterialApp 换成 MaterialApp.router()，该构造方法会给应用创建一个路由器。

```
（文件：lib/app/app.dart）
class _AppState extends State<App> {
  ...
  @override
  Widget build(BuildContext context) {
    return MultiProvider(
      ...
      child: MaterialApp.router(
        ...
        routerDelegate: AppRouterDelegate(appModel),
      ),
    );
  }
}
```

3. 配置路由器使用路由信息解析器

下面把之前定义的路由信息解析器交给应用路由器使用，在 MaterialApp.router 里设置 routeInformationParser，其值为新建的 AppRouteInformationParser()，在文件顶部导入 app_route_information_parser.dart。

```
（文件：lib/app/app.dart）
...
import 'package:xb2_flutter/app/router/app_route_information_parser.dart';
...
class _AppState extends State<App> {
  ...
  @override
  Widget build(BuildContext context) {
    return MultiProvider(
      ...
```

```
    child: MaterialApp.router(
      ...
      routerDelegate: AppRouterDelegate(appModel),
      routeInformationParser: AppRouteInformationParser(),
    ),
  );
  }
}
```

4. 设置路由器代表的路由配置类型

打开 app_router_delegate，设置 RouterDelegate 的类型，就是我们定义的 AppRouteConfiguration。

```
（文件：lib/app/router/app_router_delegate.dart）
...
import 'package:xb2_flutter/app/router/app_route_configuration.dart';
class AppRouterDelegate extends RouterDelegate<AppRouteConfiguration>
    with ChangeNotifier, PopNavigatorRouterDelegateMixin {
}
```

5. 测试

打开调试控制台，读者会发现，访问初始路由时输出的 routeInformation 的 location 的值是 "/"。再试一下，在地址栏里的斜杠后加上 about，访问该地址（见图 13.4）。

此时，系统路由信息发生了变化，路由器调用 AppRouteInformationParser 里的 parseRouteInformation()方法，在控制台输出的 routeInformation 的 location 的值是 "/about"（见图 13.5）。

图 13.4   在地址栏访问 "/about" 地址

图 13.5   输出的 location 值是 "/about"

13.4.4   任务：根据路由配置数据修改应用状态（setNewRoutePath）

当由信息有变化时，路由器就会把它转换成路由信息数据，交给路由信息解析器里的 parseRouteInformation()方法进行处理，该方法会把路由信息转换成路由配置。这里，如果读者访问 "/about" 地址，解析生成的路由配置数据里 pageName 的值就会是 About。

接着，路由器会把路由配置数据交给路由器代理中的 setNewRoutePath()方法，该方法的 configuration 参数值就是路由信息解析器里 parseRouteInformation()方法根据路由信息提供的路由配置数据。在本应用里，该参数是一个 AppRouteConfiguration 类型的数据。

1. 根据路由配置数据修改应用状态

打开 app_router_delegate 文件，在 setNewRoutePath()方法里根据 configuration 的值可以修改应用状态，状态发生变化后，路由器会调用 build()方法重建 Navigator。下面的代码在控制台输出 configuration 里的 pageName 值，我们来观察一下。

```
（文件：lib/app/router/app_router_delegate.dart）
class AppRouterDelegate extends RouterDelegate<AppRouteConfiguration>
  with ... {
...
@override
setNewRoutePath(configuration) {
  print('设置新路由地址 setNewRoutePath');
  print(configuration.pageName);
  if (configuration.isHomePage) {
    appModel.setPageName('');
  }
  if (configuration.isAboutPage) {
    appModel.setPageName('About');
  }
  return Future.value();
}
...
}
```

代码解析：

（1）如果 configuration.isHomePage 这个 getter 提供的值是 true，可以用 appModel.setPageName()把 AppModel 里的 pageName 的值设置成空白字符。

```
if (configuration.isHomePage) {
  appModel.setPageName('');
}
```

（2）再判断一下，如果 configuration.isAboutPage 提供的值是 true，则执行 appModel.setPageName()把 AppModel 里 pageName 的值设置成 About。

```
if (configuration.isAboutPage) {
  appModel.setPageName('About');
}
```

2．测试

在浏览器中测试，访问"/about"地址时会显示 About 页面。

操作系统或平台的路由信息发生变化时，路由器会把它转换成路由信息数据，交给路由信息解析器里的 parseRouteInformation()方法，该方法会提供对应的路由配置。路由器又会把路由配置交给路由器列表里的 setNewRoutePath()方法，在该方法里修改应用状态。

应用状态发生变化后，会通知路由器。路由器收到通知就会调用路由器代表里的 build()方法重建 Navigator，因为 pageName 的值是 About，所以会在页面列表里包含 About 页面，且是最后一个页面，所以生成的路由堆里它就是最上面那个，也就是当前正在显示的路由。跟这个路由对应的小部件是 About，所以我们看到的就是 About 小部件。

13.4.5　任务：把路由配置转换成路由信息（restoreRoute Information）

应用需要根据当前的路由配置恢复路由信息。

1．了解问题

打开"练习"页面，单击"查看内容"按钮，此时页面上显示的是 About 页面，但地址栏里的地址并未相应发生变化。下面我们就来解决这个问题，根据当前的路由配置设置对应的路由信息。

2．获取当前路由配置

路由器要恢复路由信息，就必须知道当前的路由配置，方法是去问自己的路由器代表。

打开 app_router_delegate 文件，在路由器代表里定义一个获取当前路由配置的 getter 方法，名字是 currentConfiguration，路由器会使用该方法获取当前的路由配置。在路由解析器里，有个方法会用到 getter 提供的路由配置，据此设置对应的路由信息（如网页地址）。

```
（文件: lib/app/router/app_router_delegate.dart）
class AppRouterDelegate extends RouterDelegate<AppRouteConfiguration>
    with ... {
  ...
  // 当前路由配置
  @override
  get currentConfiguration {
    if (appModel.pageName == '') {
      return AppRouteConfiguration.home();
    }
    if (appModel.pageName == 'About') {
      return AppRouteConfiguration.about();
    }
  }
  ...
}
```

代码解析：

（1）在方法里判断 appModel.pageName 是否等于空白字符，如果是，则返回 AppRouteConfiguration.home()构造方法，创建一个 AppRouteConfiguration。

```
if (appModel.pageName == '') {
  return AppRouteConfiguration.home();
}
```

（2）继续判断 appModel.pageName 是否等于"About"，如果是，则提供的数据可以用 AppRouteConfiguration.about()创建一个 AppRouteConfiguration，这样路由配置里 pageName 的值就会是 About。

```
if (appModel.pageName == 'About') {
  return AppRouteConfiguration.about();
}
```

3．恢复路由信息

打开 app_route_information_parser 文件，在里面添加一个恢复路由信息的方法，名字是 restoreRouteInformation，该方法接收一个 configuration 参数。

```
（文件: lib/app/router/app_route_information_parser.dart）
class AppRouteInformationParser
```

```
extends RouteInformationParser<AppRouteConfiguration> {
...
// 恢复路由信息
@override
restoreRouteInformation(configuration) {
  if (configuration.isHomePage) {
    return RouteInformation(location: '/');
  }
  if (configuration.isAboutPage) {
    return RouteInformation(location: '/about');
  }
}
}
```

代码解析：

（1）在方法里用 if 语句进行判断，如果 configuration.isHomePage 返回的值为 true，则可以 return 一个 RouteInformation，把 location 属性的值设置成"/"。

```
if (configuration.isHomePage) {
  return RouteInformation(location: '/');
}
```

（2）再判断一下，如果 configuration.isAboutPage 返回的值为 true，则可以 return 一个 RouteInformation，把 location 属性的值设置成"/about"。

```
if (configuration.isAboutPage) {
  return RouteInformation(location: '/about');
}
```

4．测试

在浏览器中测试，打开"练习"页面，单击"查看内容"按钮，会显示关于（About）页面。你会发现这次浏览器的地址栏发生了变化，现在访问的地址是"/about"（见图 13.6）。

单击页面上的"返回"按钮，返回上次访问的页面，地址栏也会发生相应的变化。再打开"关于"页面，尝试单击浏览器中的后退按钮，同样可以返回上一次访问的页面。

图 13.6　访问/about 地址显示 About 页面

5．修改 setNewRoutePath

打开 app_router_delegate 文件，找到 setNewRoutePath()方法，去掉 return 的 Future.value()，然后用 async 标记该方法。

```
（文件：lib/app/router/app_router_delegate.dart）
// 设置新路由地址
@override
setNewRoutePath(configuration) async {
```

```
    ...
}
```

13.5　问题与思考

问题 1：路由器有点复杂，能否不用

可以，如果你的应用不需要响应系统的路由信息变化，是可以不用路由器的。我们可以使用 Navigator 的命令式或声明式接口处理应用的路由。

问题 2：设置使用路由配置里的名字

在给 Navigator 提供的页面列表里可以设置 MaterialPage 的 name 参数，它的值就是路由配置里的名字。这样在移除路由时，可以利用该路由配置名做很多事情，如判断当前移除的具体是哪个路由。

```
return Navigator(
  pages: [
    ...
    if (appModel.pageName == 'About')
      MaterialPage(
        name: 'About',
        key: ValueKey('About'),
        child: About(),
      ),
  ],
  onPopPage: (route, result) {
    print('路由配置名：${route.settings.name}');
    ...
  },
);
```

上述代码中，MaterialPage 中 name 的值被设置为 About，在 onPopPage 里面输出要移除的路由配置里的 name 属性值。此时打开"关于"页面，再返回上一次访问的页面，观察控制台，会输出"路由配置名：About"，这个 About 就是给 MaterialPage 设置的 name 参数的值。

13.6　整 理 项 目

在终端，在项目所在目录下，首先把当前分支切换到 master，然后合并 routing_2 分支，再把 master 与 routing_2 两个本地分支推送到项目的 origin 远程仓库里。

```
git checkout master
git merge routing_2
git push origin master routing_2
```

第 14 章

网络请求

通过发送网络请求，应用可以从服务端获取需要的数据；同时，也可以把应用里的数据发送到服务端进行处理。

14.1　准　　备

开启本章的学习之前，让我们先来准备项目和用于网络请求演示的小部件。

14.1.1　任务：准备项目（http）

在终端，在项目所在目录下执行 git branch 命令，确定当前位于 master 分支。基于 master 分支创建一个新的分支 http，并切换到 http 分支上。

```
git checkout -b http
```

下面每完成一个任务，就在 http 分支上做一次提交。本章最后会把 http 分支合并到 master 分支上。

14.1.2　任务：准备网络请求演示小部件

1. 创建网络请示演示小部件

新建一个文件（lib/playground/http/playground_http.dart），定义一个小部件，名字是 PlaygroundHttp。小部件的界面中先用一个 Container，它的 child 是一个 Column，在 Column 的 children 里面添加"发送请求"按钮，单击回调函数为空白函数。

```
（文件：lib/playground/http/playground_http.dart）
import 'package:flutter/material.dart';

class PlaygroundHttp extends StatelessWidget {
  @override
  Widget build(BuildContext context) {
    return Container(
      color: Colors.white,
      width: double.infinity,
      height: double.infinity,
      child: Column(
        mainAxisAlignment: MainAxisAlignment.center,
```

```
      children: [
        ElevatedButton(
          child: Text('发送请求'),
          onPressed: () {},
        ),
      ],
    ),
  );
  }
}
```

2. 使用网络请求演示小部件

打开 playground 文件，在文件顶部导入 playground_http，然后在小部件里使用刚才创建的演示网络请求用的小部件（PlaygroundHttp）。

```
（文件: lib/playground/playground.dart）
import 'package:flutter/material.dart';
import 'package:xb2_flutter/playground/http/playground_http.dart';

class Playground extends StatelessWidget {
  @override
  Widget build(BuildContext context) {
    return PlaygroundHttp();
  }
}
```

现在，应用的"练习"页面会显示一个"发送请求"按钮。

14.2　http

使用 http 包提供的功能，可以在 Flutter 应用里发送网络请求，如从服务端获取需要的数据，或者把数据提供给服务端。

14.2.1　任务：安装 http 并使用资源

1. 安装 http

在终端，在项目所在目录下，执行 pub add 命令，安装 http 包。

```
flutter pub add http
```

上述命令除了会安装 http 包，还会帮我们解决包的依赖问题。

2. 观察 pubspec.yaml

打开项目的 pubspec.yaml 文件，可发现 dependencies 下列出了 http 包。为了保持一致，尽量使用相近版本的包。

```
（文件: pubspec.yaml）
dependencies:
```

```
...
http: ^0.13.3
```

3. 使用 http 包里提供的资源

打开 playground_http 文件，在文件顶部导入 http 包。

（文件：lib/playground/http/playground_http.dart）
```
import 'package:http/http.dart' as http;
```

http 包里提供了很多资源，用 as 给这些资源添加一个统一的前缀 http，如 http.get()、http.post()等。

14.2.2　任务：请求服务端接口获取数据

在"练习"页面单击"发送请求"按钮，用 http 包提供的方法请求服务端接口，获取应用需要的数据。

1. 准备按钮的单击回调函数

打开 playground_http 文件，在里面定义一个 getUser 方法，用 async 标记，然后设置"发送请求"按钮的单击回调函数 onPressed，对应的值是 getUser，这样在单击按钮时就会执行 getUser 方法。

（文件：lib/playground/http/playground_http.dart）
```
class PlaygroundHttp extends StatelessWidget {
  getUser() async {

  }
  @override
  Widget build(BuildContext context) {
    return Container(
      ...
      child: Column(
        ...
        children: [
          ElevatedButton(
            child: Text('发送请求'),
            onPressed: getUser,
          ),
        ],
      ),
    );
  }
}
```

2. 导入 http 与 convert

在 playground_http 文件顶部导入 dart:convert，转换响应数据时会用到。再导入一次 http 包，添加前缀 http。

（文件：lib/playground/http/playground_http.dart）
```
import 'dart:convert';
import 'package:http/http.dart' as http;
```

3．定义网络请求方法

定义 getUser()方法，试着请求一个服务端接口，然后处理并使用得到的响应数据。

```
（文件：lib/playground/http/playground_http.dart）
class PlaygroundHttp extends StatelessWidget {
  getUser() async {
    final uri = Uri.parse('https://nid-node.ninghao.co/users/1');
    final response = await http.get(uri);
    print('状态码 ${response.statusCode}');
    print('响应主体 ${response.body}');
    if (response.statusCode == 200) {
      final user = jsonDecode(response.body);
      print('解码之后 $user');
      print(user['name']);
    }
  }
  ...
}
```

代码解读：

（1）准备要请求的地址。

```
final uri = Uri.parse('https://nid-node.ninghao.co/users/1');
```

在 getUser()方法里，先声明一个 uri，其值是用 Uri.parse()方法请求的服务端接口地址 https://nid-node.ninghao.co/users/1，这是我们在宁皓网的"独立开发者之路"相关课程里开发的一个服务端应用接口地址。请求该地址得到的就是 ID 为 1 的用户相关数据。

（2）发送网络请求。

```
final response = await http.get(uri);
```

用 http 里提供的方法可以发送不同类型的网络请求，如 http.get()，发送的是 get 类型的 http 请求。具体使用哪种方法发送网络请求，由服务端应用接口决定，也就是说，在设计应用接口时已经规定了要用哪种 http 方法请求使用它。

这里声明一个 response，用它表示请求后得到的服务端响应。再执行一次 http.get()发送一个请求，请求地址就是上面准备好的 uri。

（3）响应。

```
print('状态码 ${response.statusCode}');
print('响应主体 ${response.body}');
```

发送请求得到的响应交给了 response，正常的话，这个 response 里会包含响应状态码（response.statusCode），还有响应的主体数据（response.body），我们可以在控制台输出它们，观察一下。

4．测试

打开编辑器的调试控制台，在"练习"页面单击"发送请求"按钮，执行 getUser()请求服务端应用接口，获取某个用户相关的数据。会发现控制台输出的响应状态码是 200，表示成功得到了响应。响应的主体（response.body）是一个 JSON 格式的数据，里面有 id、 name 等数据（见图 14.1）。

5. 使用响应数据

在 getUser() 方法里，先判断 response.statusCode 是否等于 200，如果等于，则说明已成功得到响应数据。这里，服务端给出的响应主体数据是 JSON 格式的，在 Flutter 应用里要用 jsonDecode 进行处理。

```
（文件：lib/playground/http/playground_http.dart）
class PlaygroundHttp extends StatelessWidget {
 getUser() async {
   ...
   if (response.statusCode == 200) {
     final user = jsonDecode(response.body);
     print('解码之后 $user');
     print(user['name']);
   }
 }
 ...
}
```

上述代码声明了一个 user，其值是用 jsonDecode 处理后 response.body，处理之后就可以使用 user 里的数据了。在控制台输出解码后的 user，再输出 user 里的 name 值。

6. 测试

在"练习"页面单击"发送请求"按钮，控制台会输出请求获取的 JSON 格式的响应主体数据，以及用 jsonDecode 处理后的数据，最后还会输出处理后数据里 name 属性的值（见图 14.2）。

图 14.1　VSCode 控制台显示的内容（1）

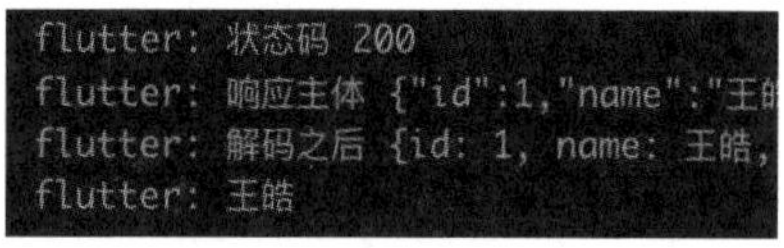

图 14.2　VSCode 控制台显示的内容（2）

14.2.3　任务：将 JSON 数据转换成自定义类型

通过网络请求服务端接口获取的数据都是 JSON 格式的，使用前需要先用 jsonDeocde 进行转换。转换后的数据类型默认是 dynamic，我们可以把它标记成某种类型，如 Map、List 等，不过更好的方法是把响应数据转换成某种自定义的数据类型。

1. 自定义数据类型

在项目下新建一个文件（lib/user/user.dart），定义一个类，名字是 User，表示应用的用户数据。

```
（文件：lib/user/user.dart）
import 'dart:convert';
class User {
 final int? id;
```

```
 final String? name;
 User({this.id, this.name});
 factory User.fromJson(String json) {
   final user = jsonDecode(json);
   return User(
     id: user['id'],
     name: user['name'],
   );
 }
}
```

代码解析：

（1）根据请求接口返回的数据定义 User 类。这里，请求接口得到的数据里有用户 id 和 name，所以在 User 类里添加 id 和 name 属性。

```
final int? id;
final String? name;
```

（2）添加构造方法 User()，有两个带名字的参数，一个是 id，一个是 name，这样在创建 User 时就需要提供 id 和 name 参数的值。

```
User({this.id, this.name});
```

（3）在类里定义工厂方法 fromJson()，给它提供的数据创建并返回一个 User 实例。

```
factory User.fromJson(String json) {
  final user = jsonDecode(json);
  return User(
    id: user['id'],
    name: user['name'],
  );
}
```

这里，我们让 fromJson 支持一个 String 类型的参数，使用时可以直接把响应主体数据交给该方法。在方法里先用 jsonDecode 处理 json 参数，把处理结果交给 user。然后 return 的是一个 User 实例，创建这个实例时要分别设置它的 id 和 name 参数的值。

2. 使用自定义的数据类型

打开 playground_http 文件，在文件顶部导入 user。在 getUser()方法里，现在 user 的值可以用 User 里的 fromJson()方法创建一个 User 类实例，给它提供一个 JSON 字符串参数，这里就是 response.body 属性的值。现在，这个 user 是一个 User 类型的数据，编辑器也知道 user 里有什么，在控制台输出 user.id 和 user.name 的值。

```
（文件：lib/playground/http/playground_http.dart）
...
import 'package:xb2_flutter/user/user.dart';

class PlaygroundHttp extends StatelessWidget {
  getUser() async {
    ...
    if (response.statusCode == 200) {
      final user = User.fromJson(response.body);
```

```
    print('解码之后 $user');
    print('id: ${user.id}, name: ${user.name}');
  }
}
...
}
```

3．测试

在模拟器中测试，在"练习"页面单击"发送请求"按钮，服务端接口得到响应后，根据响应的主体数据，用 User 类的 fromJson 创建一个 User 类型的数据，在控制台上输出 User 里的 id、name 属性的值（见图 14.3）。

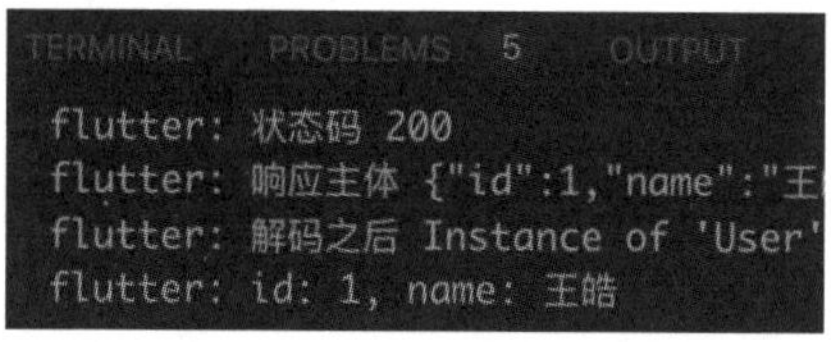

图 14.3　观察在 VSCode 控制台上显示的内容

14.2.4　任务：请求服务端接口创建内容（用户）

创建内容的请求一般都需要发送 POST 类型的 HTTP 请求，在请求里要带着请求的主体数据，服务端会处理收到的数据，如把它存储到数据仓库里。下面我们可以通过请求服务端的创建用户接口，来创建一个新的用户。

1．请求创建用户

在 PlaygroundHttp 类里定义 createUser()方法，用 async 标记，然后在小部件 Column 的 children 里添加"创建用户"按钮，单击回调函数设置成 createUser。

```
（文件: lib/playground/http/playground_http.dart）
class PlaygroundHttp extends StatelessWidget {
  createUser() async {
    final name = '王小二';
    final password = '123456';
    final uri = Uri.parse('https://nid-node.ninghao.co/users');
    final response = await http.post(uri, body: {
      'name': name,
      'password': password,
    });
    print('状态码 ${response.statusCode}');
    print('响应主体 ${response.body}');
  }

  @override
  Widget build(BuildContext context) {
    return Container(
      ...
      child: Column(
```

195

```
     ...
     children: [
       ...
       ElevatedButton(
         child: Text('创建用户'),
         onPressed: createUser,
       ),
     ],
   ),
 );
}
}
```

代码解析：

（1）准备数据。在 createUser()方法里准备创建用户接口时需要的 name（用户名）和 password（密码）。在真实应用里，可以通过两个文本字段收集用户注册的名字和密码。

```
final name = '王小二';
final password = '123456';
```

（2）准备接口地址。准备请求地址，声明 uri，用 Uri.parse 处理服务端创建用户的接口地址 https://nid-node.ninghao.co/users，该接口支持 http 的 post 方法。

```
final uri = Uri.parse('https://nid-node.ninghao.co/users');
```

（3）发送 post 请求。创建用户接口要求使用 post 类型的 http 方法请求，所以在发送请求时使用 http 包里的 post 方法。请求地址是 uri，请求主体数据交给方法的 body 参数，准备一个对象，添加 name，值是 name；添加 password，值是 password。

```
final response = await http.post(uri, body: {
  'name': name,
  'password': password,
});
```

（4）输出响应相关数据。在控制台输出响应状态码（response.statusCode）和响应主体（response.body）。

```
print('状态码 ${response.statusCode}');
print('响应主体 ${response.body}');
```

（5）在小部件里添加"创建用户"按钮，单击回调函数设置为 createUser。

```
ElevatedButton(
  child: Text('创建用户'),
  onPressed: createUser,
),
```

2．测试

在模拟器中测试，在"练习"页面单击"创建用户"按钮，应用会请求服务端创建用户接口，接口响应回来的状态码是 409，响应主体里 message 属性的值"用户名已被占用"，这是因为要创建的用户在应用里已经存在。

修改用户名字，如换成"王二小"，保存文件，再次单击"创建用户"按钮。这次服务端得到的响应状态码是 201，表示已成功创建了内容，响应主体里 insertId 的值就是刚才创建的用户 ID，显示的是 21。

修改 getUser()方法请求的接口地址为 users/21，请求获得刚才创建的新用户数据，然后保存文件。

```
getUser() async {
  final uri = Uri.parse('https://nid-node.ninghao.co/users/21');
  ...
}
```

在"练习"页面单击"发送请求"按钮，得到的响应是 ID 为 21 的用户的相关数据（见图 14.4）。

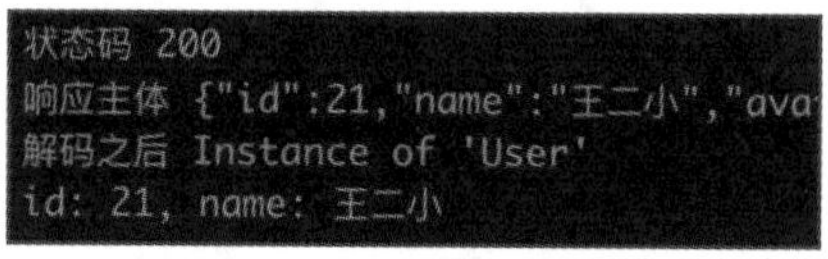

图 14.4　控制台输出的 id 与 name 的值

14.2.5　任务：发送用户登录请求

服务端应用提供了用户登录接口，在请求该接口时要提供用户名和密码，服务端验证成功后，响应里会包含登录成功的用户名、用户 ID，以及给用户签发的令牌。

1. 请求用户登录

先来看一下请求用户登录的代码。

```
（文件: lib/playground/http/playground_http.dart）
...
class _PlaygroundHttpState extends State<PlaygroundHttp> {
  String? currentUserName;
  String? currentUserToken;
  login() async {
    final name = '王二小';
    final password = '123456';
    final uri = Uri.parse('https://nid-node.ninghao.co/login');
    final response = await http.post(uri, body: {
      'name': name,
      'password': password,
    });
    print('状态码 ${response.statusCode}');
    print('响应主体 ${response.body}');
    if (response.statusCode == 200) {
      final responseBody = jsonDecode(response.body);
      setState(() {
        currentUserName = responseBody['name'];
        currentUserToken = responseBody['token'];
      });
    }
```

```
  }

  ...

  @override
  Widget build(BuildContext context) {
    return Container(
      ...
      child: Column(
        ...
        children: [
          Text(
            currentUserName ?? '未登录',
            style: Theme.of(context).textTheme.headline6,
          ),
          ...
          ElevatedButton(
            child: Text('用户登录'),
            onPressed: login,
          ),
        ],
      ),
    );
  }
}
```

代码解析：

（1）将小部件转换成带状态的小部件。打开 playground_http 文件，选中 PlaygroundHttp 小部件，按 Command+.快捷键，执行 Convert to StatefulWidget，将其转换成一个带状态的小部件（StatefullWidget）。

（2）添加表示当前用户的属性。声明两个属性，类型是 String。currentUserName 表示成功登录用户的名字，currentUserToken 表示成功登录后服务端给用户签发的令牌，后面会用该令牌发送验证用户身份的请求。

```
String? currentUserName;
String? currentUserToken;
```

（3）定义请求登录用的方法。定义 login()方法，用 async 标记。

```
login() async {
  ...
}
```

① 准备登录数据。在 login()方法里准备登录用的用户名（name）和密码（password）。

```
final name = '王二小';
final password = '123456';
```

这里使用之前创建的用户名和密码，读者也可以登录 http://nid-vue.ninghao.co 网站创建一个新的用户。

② 准备接口地址。声明一个 uri，其值可以用 Uri.parse 处理用户登录接口，地址是

https://nid-node.ninghao.co/login。

```
final uri = Uri.parse('https://nid-node.ninghao.co/login');
```

③ 发送登录请求。用 http.post()方法发送请求，该方法可以发送 post 类型的 http 请求，请求地址设置成 uri，请求里带的数据赋给 body 参数，值是一个对象，里面添加一个 name，值是 name，还有 password，值是 password。请求主体里提供的数据是服务端应用的登录接口规定好的，请求得到的响应交给 response。

```
final response = await http.post(uri, body: {
  'name': name,
  'password': password,
});
```

④ 使用响应数据。首先在控制台输入响应状态码和响应主体，观察效果。响应状态码如果是 200，就用 jsonDecode 处理响应主体，把处理结果交给 resposneBody。

然后设置小部件的状态，这里用 setState()提供一个回调函数，在回调函数里设置小部件的 currentUserName，值是响应主体里的 name；再设置 currentUserToken，值是处理后的响应主体里 token 的值。

```
print('状态码 ${response.statusCode}');
print('响应主体 ${response.body}');
if (response.statusCode == 200) {
  final responseBody = jsonDecode(response.body);
  setState(() {
    currentUserName = responseBody['name'];
    currentUserToken = responseBody['token'];
  });
}
```

（4）显示登录的用户名。在小部件 Column 的 children 里添加 Text 小部件，显示文字是 currentUserName，后面加两个?，其含义是：如果 currentUserName 有值，就显示它的值；如果它的值是 null，就显示"未登录"。

```
Text(
  currentUserName ?? '未登录',
  style: Theme.of(context).textTheme.headline6,
),
```

（5）在小部件里添加"用户登录"按钮，单击回调函数设置成 login 方法。

```
ElevatedButton(
  child: Text('用户登录'),
  onPressed: login,
),
```

2．测试

在模拟器上测试，在"练习"页面单击"用户登录"按钮，登录成功后，界面上会显示用户的名字。

单击"用户登录"按钮后，会请求服务端的用户登录接口。服务端验证用户身份后，响应数据里会包含当前登录的用户名和令牌，把用户名赋给小部件的 currentUserName 属性，把令牌赋给 currentUserToken 属性后，用 Text 小部件显示 currentUserName 属性的值。

14.2.6　任务：请求服务端接口更新内容（用户）

下面我们来请求更新创建的用户名，这种更新数据请求一般使用 PATCH 或 PUT 方法发送。

1．请求更新用户

首先定义 updateUser()方法，用来发送新用户的请求，然后在小部件里添加"更新用户"按钮，将单击回调函数设置成 updateUser。

```
（文件：lib/playground/http/playground_http.dart）
class _PlaygroundHttpState extends State<PlaygroundHttp> {
 ...
 updateUser() async {
   final name = '王小二';
   final password = '123456';
   final uri = Uri.parse('https://nid-node.ninghao.co/users');
   final headers = {
     'Authorization': 'Bearer $currentUserToken',
     HttpHeaders.contentTypeHeader: 'application/json',
   };
   final body = jsonEncode({
     'validate': {
       'password': password,
     },
     'update': {'name': name},
   });
   final response = await http.patch(
     uri,
     headers: headers,
     body: body,
   );
   print('状态码 ${response.statusCode}');
   print('响应主体 ${response.body}');
 }

 @override
 Widget build(BuildContext context) {
   return Container(
     ...
     child: Column(
       ...
       children: [
         ...
         ElevatedButton(
           child: Text('更新用户'),
           onPressed: updateUser,
         ),
```

```
    ],
  ),
);
  }
}
```

代码解析：

（1）定义请求更新用户方法，用 async 标记。

```
updateUser() async {
  ...
}
```

① 在 updateUser() 方法里准备要更新的用户数据，name 是更新后的用户名，password 是当前用户密码。

```
final name = '王小二';
final password = '123456';
```

② 准备请求的接口地址。声明一个 uri，值是用 Uri.parse 处理更新用户账户信息的接口 https://nid-node.ninghao.co/users。

```
final uri = Uri.parse('https://nid-node.ninghao.co/users');
```

③ 准备请求头部。因为更新用户信息用的接口需要验证用户身份，要把之前登录成功后得到的令牌数据放在一个特定头部数据里，这里可以声明一个 headers，值是一个对象，里面添加一个头部数据，名字叫 Authorization，对应值是 Bearer+空格，后面加上 currentUserToken 属性的值。再添加一个 HttpHeaders.contentTypeHeader 头部数据，值为 application/json，目的就是告诉服务端接口，请求里带的数据格式是 JSON。

```
final headers = {
  'Authorization': 'Bearer $currentUserToken',
  HttpHeaders.contentTypeHeader: 'application/json',
};
```

④ 准备请求主体。准备请求接口需要的数据，声明一个 body，值是用 jsonEncode 处理后的对象（jsonEncode 会把对象转换成 JSON 格式的数据）。在 body 里面先添加 validate，值是一个对象，对象里添加 password，值是用户当前密码，即 password 表示的值。再添加 update，值同样是一个对象，对象里添加 name，对应值是 name，该数据格式是服务端应用的更新用户账户接口规定好的。

```
final body = jsonEncode({
  'validate': {
    'password': password,
  },
  'update': {'name': name},
});
```

⑤ 发送请求。用 http.patch() 请求更新用户信息接口，该方法会发送一个 patch 类型的 http 请求。设置请求的地址（uri）、头部（headers）和主体（body）。

```
final response = await http.patch(
  uri,
```

```
  headers: headers,
  body: body,
);
print('状态码 ${response.statusCode}');
print('响应主体 ${response.body}');
```

（2）在小部件里添加"更新用户"按钮，单击回调函数设置成 updateUser。

```
ElevatedButton(
  child: Text('更新用户'),
  onPressed: updateUser,
),
```

2．测试

在模拟器上测试，在"练习"页面单击"更新用户"按钮，执行 updateUser()方法，会请求更新用户账户信息接口，更新用户的名字。更新成功后，响应状态码是 200。

再次单击"用户登录"按钮，会提示找不到用户，这是因为请求登录时提供的用户名是没更新之前的用户名。首先修改 login()方法里的 name 值，换成更新后的"王二小"。然后单击"用户登录"，成功登录后界面上会显示当前登录的用户名字。

14.3　序　列　化

序列化（serialization）指的是字符串与数据格式相互转换的过程。请求服务端接口得到 JSON 格式的字符串数据后，用 jsonDecode 进行处理，其实就是在进行序列化，数据处理后就可以在应用里使用响应数据了。发送更新用户请求时，用 jsonEncode 把一个对象转换成 JSON 格式的数据，然后把请求得到的响应数据转换成之前定义的 User 类型数据，也是在对数据做序列化处理。

请求接口一般得到的是 JSON 数据，为了更安全、方便地使用这些数据，我们会把它们转换成特定类型的数据，如之前在项目里定义的 User 类，用其中的 fromJson 工厂方法可以把交给它的 JSON 数据转换成 User 类型的数据。该方法会新建并返回一个 User 数据，且需要设置其所有属性。如果数据比较复杂，手工设置这些属性比较麻烦，这时可以借助工具自动生成这些代码。

下面我们就来学习如何使用 json_serializable 自动生成序列化 JSON 数据需要的代码。

1．安装包

在终端，执行以下命令在项目所在目录下安装一些依赖包。

```
flutter pub add json_annotation
flutter pub add build_runner --dev
flutter pub add json_serializable --dev
```

上述命令中，安装 json_annotation、build_runner 和 json_serializable 时，命令后的 dev 选项表示把它安装在项目开发依赖（dev_dependencies）里。也就是说，这些包并不影响应用的运行，只是在项目开发阶段才会用到它们。

打开 pubspec.yaml 文件观察，会发现在 dependencies 和 dev_dependencies 下会列出了刚才给项目安装的依赖。

```
dependencies:
  ...
  json_annotation: ^4.0.1
dev_dependencies:
  ...
  build_runner: ^2.1.1
  json_serializable: ^4.1.4
```

2. 定义类

打开 user 文件，用刚才安装的包改造这个类。

```
（文件: lib/user/user.dart）
import 'dart:convert';
import 'package:json_annotation/json_annotation.dart';
part 'user.g.dart';

@JsonSerializable()
class User {
  final int? id;
  final String? name;

  User({this.id, this.name});
  factory User.fromJson(String json) {
    final user = jsonDecode(json);
    return _$UserFromJson(user);
  }
}
```

代码解析：

（1）在文件顶部导入 json_annotation 包。

```
import 'package:json_annotation/json_annotation.dart';
```

（2）包含文件。在文件顶部用 part 包含文件"当前类文件名.g.dart"。例如，类文件名是 user，要包含的文件就是 user.g.dart。该文件接下来要使用命令自动生成，文件里包含了在类里要用的函数。

```
part 'user.g.dart';
```

（3）用 @JsonSerializable()标注类。

```
@JsonSerializable()
class User {
}
```

（4）改造工厂方法。修改 fromJson 工厂，在 return 中使用_$UserFromJson()方法处理 Map 数据，这里就是上面准备好的 user 方法，该方法会将 Map 数据转换成特定类型的数据（这里是 User 类型的数据）。

```
factory User.fromJson(String json) {
  final user = jsonDecode(json);
  return _$UserFromJson(user);
}
```

3．执行命令生成文件

_$UserFromJson()方法来自 user.g.dart 文件，该文件是通过执行命令后自动生成的。在终端，在项目所在目录下，执行如下命令：

```
flutter pub run build_runner build
```

上述命令会查找项目里使用@JsonSerializable 标注的类，然后生成对应的代码。命令执行完成后会发现，user.dart 目录下多出了一个 user.g.dart 文件，代码如下：

```
part of 'user.dart';
...
User _$UserFromJson(Map<String, dynamic> json) {
  return User(
    id: json['id'] as int?,
    name: json['name'] as String?,
  );
}
Map<String, dynamic> _$UserToJson(User instance) => <String, dynamic>{
  'id': instance.id,
  'name': instance.name,
};
```

user.g.dart 文件里包含_$UserFromJson()方法，该方法返回的是一个 User 实例，创建该实例时需设置 id 和 name 属性的值。另外，该文件里还包含_$UserToJson()方法，作用是把 User 实例转换成 Map 格式的数据，但我们暂时用不到该方法。方法名字里，首先是一个$符号，然后是类的名字，如 User，最后是 FromJson 或 ToJson。

4．在类里面添加新属性

在 User 类里添加 avatar 属性，然后在终端，在项目所在目录下重新执行命令：

```
（文件：lib/user/user.dart）
@JsonSerializable()
class User {
  ...
  final int? avatar;
  User({..., this.avatar});
  ...
}
flutter pub run build_runner build
```

打开自动生成的 user.g.dart 文件，会发现_$UserFromJson()方法返回的 User 实例中已经设置了 avatar 属性。

5．测试

打开 playground_http.dart 文件，找到定义的 getUser 方法，请求接口成功后，使用 User.fromJson 把获取的 JSON 数据转换成一个 User 实例。现在，在输入 user 时，编辑器会列出实例里包含的属性，这里是 id、name 和 avatar。

14.4　问题与思考

问题 1：如何自动编译生成序列化的代码

在用@JsonSerializable()标注的类里，每当修改类时，如添加或删除了某个属性，都需要执行 build 命令生成对应的代码。我们可以执行 watch 命令，让它监视项目文件的变化，然后自动执行 build 生成代码。

```
flutter pub run build_runner watch
```

watch 命令会一直保持运行。如果发现当前无法正常执行 watch 命令，可能是存在冲突，在命令后加上--delete-conflicting-outputs 选项，即可删除冲突。

问题 2：自动生成代码里的“_$XtoJson”有什么用

在自动生成的 user.g.dart 文件里，_$UserToJson()方法的作用是把交给它的 User 实例转换成 Map 类型的数据。在 User 类里可以添加 toJson()方法，返回值可以使用_$UserToJson()。

```
@JsonSerializable()
class User {
  ...
  Map<String, dynamic> toJson() => _$UserToJson(this);
}
```

这样，User 实例上就会包含一个 toJson()方法，用户调用时会得到一个 Map 数据。

14.5　整 理 项 目

在终端，在项目所在目录下，首先把当前分支切换到 master，然后合并 http 分支，再把 master 与 http 两个本地分支推送到项目的 origin 远程仓库里。

```
git checkout master
git merge http
git push origin master http
```

205

第三部分

Flutter 实践

实践之前所学，结合服务端应用接口，实现一些在真实的应用里经常会用到的界面。

第 15 章

内容列表

请求服务端应用的内容列表接口会得到一组列表数据，我们首先把它转换成一组特定类型的数据，然后准备一个简单的列表视图，以显示这组列表数据。

15.1　准备项目（list）

在终端，在项目所在目录下执行 git branch 命令，确定当前位于 master 分支。基于 master 分支创建一个新的分支 list，并切换到 list 分支上。

```
git checkout -b list
```

下面每完成一个任务，就在 list 分支上做一次提交。本章最后会把 list 分支合并到 master 分支上。

15.2　应　用　配　置

在应用里需要一些配置数据，可以把它们放在一个环境变量文件里，再准备一个可以读取环境变量的配置文件。

下面我们安装一个 flutter_dotenv，使用环境变量定义应用配置。

1．安装 flutter_dotenv

在终端，在项目所在目录下执行 pub add 命令，安装 flutter_dotenv 包。

```
flutter pub add flutter_dotenv
```

此时，pubspec.yaml 文件的 dependencies 下会列出刚才安装的 flutter_dotenv 包。

```
（文件：pubspec.yaml）
dependencies:
  ...
  flutter_dotenv: ^5.0.2
```

2．创建环境变量文件（.env）

在项目根目录下新建文件.env，定义一些环境变量，如 API_BASE_URL。

API_BASE_URL 对应的值是服务端应用接口的基本地址，这里暂时可以使用笔者提供的服务端应用接口，地址是：https://nid-node.ninghao.co。

```
（文件：.env）
API_BASE_URL=https://nid-node.ninghao.co
```

3．在源代码管理里忽略掉.env

如果.env 文件包含敏感数据，可以在项目代码仓库里把这个文件忽略掉。

```
（文件：.gitignore）
*.env
```

在项目根目录下的.gitignore 文件里添加*.env，会在项目的代码仓库里忽略掉名字是.env 结尾的文件。

4．添加应用资源

打开 pubspec.yaml 文件，找到 flutter 下的 assets，该属性下列出的就是应用里需要的静态资源，如图像、图标、字体文件等。在它下面添加一个新的项目，资源文件是.env。

```
（文件：pubspec.yaml）
flutter:
  ...
  assets:
    - .env
  ...
```

5．加载环境变量文件

打开 main.dart 文件，在文件顶部导入 flutter_dotenv 包，用 async 标记 main()函数。在 main()函数的 runApp()上执行 dotenv.load()，把 fileName 设置成".env"，这里的 dotenv 来自之前安装的 flutter_dotenv 包。

```
（文件：lib/main.dart）
...
import 'package:flutter_dotenv/flutter_dotenv.dart';
void main() async {
  await dotenv.load(fileName: '.env');
  runApp(App());
}
```

6．创建应用配置

为了方便使用环境变量里的值，可以创建一个应用配置。

新建一个文件（lib/app/app_config.dart），定义一个类，名字是 AppConfig，在类里添加静态 getter 方法，返回指定环境变量的值。

```
（文件：lib/app/app_config.dart）
import 'package:flutter_dotenv/flutter_dotenv.dart';
class AppConfig {
  static String get apiBaseUrl =>
      dotenv.get('API_BASE_URL', fallback: 'https://nid-node.ninghao.co');
}
```

上述代码中，dotenv.get()方法用于获取环境变量的值，只要把环境变量的名字告诉它即可。fallback 参数用于设置默认值，即如果未找到指定环境变量，dotenv.get()会返回默认认值。

209

7. 使用应用配置

打开 playground_http 文件，在文件顶部导入 app_config。

```
（文件：lib/playground/http/playground_http.dart）
import 'package:xb2_flutter/app/app_config.dart';
```

找到 getUser()方法，将接口的基本地址换成 AppConfig.apiBaseUrl 配置。

```
（文件：lib/playground/http/playground_http.dart）
class _PlaygroundHttpState extends State<PlaygroundHttp> {
  ...
  getUser() async {
    final uri = Uri.parse('${AppConfig.apiBaseUrl}/users/21');
    final response = await http.get(uri);
    ...
  }
}
```

8. 测试

打开编辑器的调试控制台，在模拟器上打开"练习"页面，单击"发送请求"按钮，执行 getUser 方法请求服务端的用户接口，如果能正常发送请求并获取用户数据，说明我们做的应用配置已经生效。

15.3 创建内容列表

15.3.1 任务：创建内容列表小部件（PostList）

1. 创建内容列表小部件（PostList）

在项目里创建一个显示内容列表用的小部件。

新建一个文件（lib/post/index/components/post_list.dart），定义一个小部件，名字是 PostList，暂时在小部件里用一个空白的 Container。

```
（文件：lib/post/index/components/post_list.dart）
import 'package:flutter/material.dart';
class PostList extends StatelessWidget {
  @override
  Widget build(BuildContext context) {
    return Container();
  }
}
```

2. 显示内容列表小部件

打开应用的"发现"页面，显示的是 PostIndex 小部件。它会根据当前标签项目显示对应的小部件，如和"最近"标签项目对应的是 PostIndexLatest 小部件，该小部件里使用的是之前创建的 PostList。

（文件：lib/post/index/components/post_index_latest.dart）

```
import 'package:flutter/material.dart';
import 'package:xb2_flutter/post/index/components/post_list.dart';

class PostIndexLatest extends StatelessWidget {
  @override
  Widget build(BuildContext context) {
    return Container(
      padding: EdgeInsets.all(16),
      child: PostList(),
    );
  }
}
```

现在，应用显示"发现"页面时，如果当前标签项目是"最近"，页面上就会显示 PostList
小部件里的内容。

3. 去掉页面背景颜色

打开 app_home 文件，找到 Scaffold 小部件，注释或删除之前设置的 backgroundColor
（背景颜色）参数。

（文件：lib/app/components/app_home.dart）

```
class _AppHomeState extends State<AppHome> {
  @override
  Widget build(BuildContext context) {
    return DefaultTabController(
      ...
      child: Scaffold(
        // backgroundColor: Colors.amber,
        appBar: showAppBar ? AppPageHeader() : null,
        ...
      );
  }
}
```

15.3.2　任务：定义并提供获取内容列表数据方法

1. 创建内容列表 model

内容列表界面需要的数据，请求列表数据用到的方法，以及相关的一些数据与方法，
可以统一放在一个 model 类里。

（文件：lib/post/index/post_index_model.dart）

```
import 'package:flutter/material.dart';
import 'package:http/http.dart' as http;
import 'package:xb2_flutter/app/app_config.dart';

class PostIndexModel extends ChangeNotifier {
  dynamic posts;
  getPosts() async {
    final uri = Uri.parse('${AppConfig.apiBaseUrl}/posts');
    final response = await http.get(uri);
```

```
    posts = response.body;
    notifyListeners();
  }
}
```

代码解析：

（1）定义 model 类。新建一个 post_index_model.dart 文件，在文件顶部导入 http 和 app_config，然后定义一个 PostIndexModel 类，让它继承自 ChangeNotifier。下面，我们创建一个 provider，提供该类的实例给小部件使用。

```
import 'package:flutter/material.dart';
import 'package:http/http.dart' as http;
import 'package:xb2_flutter/app/app_config.dart';

class PostIndexModel extends ChangeNotifier {

}
```

（2）添加表示内容列表数据的属性。在 PostIndexModel 类里面添加 posts 属性，表示内容列表数据，其属性类型暂时设置为 dynamic，后面需要重新定义它的类型。

```
dynamic posts;
```

（3）定义一个请求内容列表接口的方法，名字是 getPosts。首先用 http.get() 请求内容列表接口，然后把返回的主体数据赋给 posts 属性，再执行 notifyListeners()，通知监听者数据发生了变化。

```
getPosts() async {
  final uri = Uri.parse('${AppConfig.apiBaseUrl}/posts');
  final response = await http.get(uri);

  posts = response.body;
  notifyListeners();
}
```

2. 用 ChangeNotifierProvider 提供 PostIndexModel

通过在 PostIndex 里使用 ChangeNotifierProvider，提供一个 PostIndexModel 实例给小部件。这样，PostIndex 小部件的所有后代就都可以使用 PostIndexModel 实例里的内容。

```
（文件：lib/post/index/post_index.dart）
...
import 'package:provider/provider.dart';
import 'package:xb2_flutter/post/index/post_index_model.dart';

class PostIndex extends StatelessWidget {
  @override
  Widget build(BuildContext context) {
    return ChangeNotifierProvider(
      create: (_) => PostIndexModel(),
      child: TabBarView(
        ...
      ),
```

```
  );
 }
}
```

3. 在 PostList 里使用 PostIndexModel

在 PostList 小部件里使用 PostIndexModel 实例提供的值。

```
（文件：lib/post/index/components/post_list.dart）
import 'package:provider/provider.dart';
import 'package:xb2_flutter/post/index/post_index_model.dart';

class PostList extends StatelessWidget {
 @override
 Widget build(BuildContext context) {
   final model = context.watch<PostIndexModel>();
   print(model.posts);
   return Container();
 }
}
```

代码解析：

（1）在文件顶部导入 provider 和 post_index_model。

```
import 'package:provider/provider.dart';
import 'package:xb2_flutter/post/index/post_index_model.dart';
```

（2）读取 Provider 提供的值。在小部件的 build()方法里，使用 context.watch 方法读取 PostIndexModel 这个 provider 提供的值，把它交给 model，然后在控制台上输出 model 里 posts 属性的值。

```
final model = context.watch<PostIndexModel>();
print(model.posts);
```

读取 provider，除了可使用 context.watch()方法，还可以使用 Provider.of()方法。另外，如果小部件不需要监听读取的实例变化，可使用 context.read()代替 context.watch()方法。当 PostIndexModel 实例发生变化（执行 notifyListeners）时，PostList 小部件不会被重建。

4. 观察

在调试控制台观察，会发现输出的 posts 属性值是 null，因为现在还没有执行 getPosts() 请求获取内容列表数据。

15.3.3　任务：请求内容列表数据

可以在创建 PostIndexModel 类的实例时执行 getPosts()，也可以在执行带状态的小部件的 initState()方法时，执行 getPosts()，以获取内容列表数据。

1. 将 PostList 转换成带状态的小部件

打开 post_list.dart 文件，选中 PostList 小部件，按 Command+.快捷键，执行 Convert to StatefullWidget，把小部件转换成一个带状态的小部件。

```
（文件：lib/post/index/components/post_list.dart）
class PostList extends StatefulWidget {
 @override
 _PostListState createState() => _PostListState();
}
class _PostListState extends State<PostList> {
 ...
}
```

2. 在 initState()方法里请求内容列表数据

在 PostList 小部件的状态类里添加 initState()方法，在 Future.microtask()方法的回调参数里使用 context.read()读取 PostIndexModel 实例，然后执行 getPosts()请求内容列表数据。

```
（文件：lib/post/index/components/post_list.dart）
class _PostListState extends State<PostList> {
 @override
 void initState() {
   super.initState();
   Future.microtask(() {
     context.read<PostIndexModel>().getPosts();
   });
 }
 ...
}
```

3. 观察

保存文件，观察编辑器的调试控制台，我们会看到请求返回的内容列表数据（见图 15.1）。

现在，PostIndexModel 实例里的 posts 是 JSON 格式的，将其序列化后才能在应用里使用。后面可以定义一个 Post（内容）类，把获取的内容列表数据转换成一组 Post 类型的值。

图 15.1 在 VSCode 控制台输出请求返回的数据

15.3.4 任务：定义内容数据类型

请求返回的列表数据需要处理才能使用，首先把它转换成一组 Map 数据，然后把列表项目转换成某种特定类型的数据。

1. 观察内容列表接口返回的数据

首先用 Insomnia 或 Postman 客户端请求应用的服务端内容列表接口，然后观察返回的数据。接口地址：https://nid-node.ninghao.co/posts。

```
[
  {
    "id": 25,
    "title": "关山月",
```

```
    "content": "明月出天山，苍茫云海间",
    ...
    "user": {
      "id": 3,
      "name": "李白",
      "avatar": 1,
    },
    "totalComments": 37,
    "file": {
      "id": 25,
      "width": 3920,
      "height": 2614
    },
    "tags": [
      {
        "id": 7,
        "name": "日"
      },
      ...
    ],
    "totalLikes": 2,
    "liked": 0
  },
  {
    "id": 56,
    "title": "秋思",
    "content": "枯藤老树昏鸦，小桥流水人家。",
    ...
  },
  ...
]
```

在这组列表数据里，每个项目都是一个内容数据，里面包含 id、title、content、user、file 等。

2. 定义 Post 类

新建一个文件（lib/post/post.dart），根据请求接口获取的列表数据定义类型。输入 jsli，按 Tab 键，可快速得到一个数据类的定义。part 包含的文件是 post.g.dart，该文件下面会使用命令自动生成，类的名字设置为 Post。

```
（文件：lib/post/post.dart）
import 'package:json_annotation/json_annotation.dart';
part 'post.g.dart';

@JsonSerializable(explicitToJson: true)
class Post {
  int? id;
  String? title;
  String? content;
  PostUser? user;
  int? totalComments;
  PostFile? file;
```

```
  List<PostTag>? tags;
  int? totalLikes;
  int? liked;
  Post({
    this.id,
    this.title,
    this.content,
    this.user,
    this.totalComments,
    this.file,
    this.tags,
    this.totalLikes,
    this.liked,
  });
  factory Post.fromJson(Map<String, dynamic> json) {
    return _$PostFromJson(json);
  }
  Map<String, dynamic> toJson() => _$PostToJson(this);
}
```

在@JsonSerializable 中要把explicitToJson 设置成true，明确地调用该类型嵌套的toJson()
方法。

在 Post 类里添加一些属性和构造方法，以及 fromJson 工厂方法和 toJson()方法。在这
些属性里，user 的类型是 PostUser?，file 的类型是 PostFile?，tags 的类型是 List<PostTag>?。
接下来，我们需要具体定义这几个类型。

3．定义内容作者类（PostUser）

定义 PostUser 类，表示内容的作者。这里，avatar 属性的类型是 int，其值为 0 表示用
户未设置头像；其值为 1 表示用户已设置头像。

```
（文件：lib/post/post.dart）
@JsonSerializable(explicitToJson: true)
class PostUser {
  int? id;
  String? name;
  int? avatar;

  PostUser({
    this.id,
    this.name,
    this.avatar,
  });
  factory PostUser.fromJson(Map<String, dynamic> json) {
    return _$PostUserFromJson(json);
  }
  Map<String, dynamic> toJson() => _$PostUserToJson(this);
}
```

4．定义内容文件类（PostFile）

定义 PostFile 类，表示与内容相关的文件。

```
（文件：lib/post/post.dart）
@JsonSerializable(explicitToJson: true)
class PostFile {
  int? id;
  int? width;
  int? height;
  PostFile({
    this.id,
    this.width,
    this.height,
  });
  factory PostFile.fromJson(Map<String, dynamic> json) {
    return _$PostFileFromJson(json);
  }
  Map<String, dynamic> toJson() => _$PostFileToJson(this);
}
```

5. 定义内容标签类（PostTag）

定义 PostTag 类，表示与内容相关的标签。

```
（文件：lib/post/post.dart）
@JsonSerializable(explicitToJson: true)
class PostTag {
  int? id;
  String? name;
  PostTag({
    this.id,
    this.name,
  });
  factory PostTag.fromJson(Map<String, dynamic> json) {
    return _$PostTagFromJson(json);
  }
  Map<String, dynamic> toJson() => _$PostTagToJson(this);
}
```

6. 运行命令生成代码

在终端，在项目所在目录下，执行 pub run 命令：

```
flutter pub run build_runner build
```

上述命令会根据我们定义的内容数据类型，自动生成需要的代码。命令执行完成后，会发现 lib/post 目录里多了一个文件，名字是 post.g.dart，在这个文件里包含了自动生成的一些方法。

这些方法会在 post.dart 文件定义的类里用到，在定义这些类时，因为把@JsonSerializable 的 explicitToJson 设置成了 true，所以在自动生成的 toJson()方法里，如果有嵌套类型，会明确调用它的 toJson()方法。

15.3.5　任务：转换生成一组内容（Post）类型的数据

下面我们把请求内容列表接口得到的数据转换成一组 Post 类型的数据。

1. 转换响应数据

在 PostIndexModel 里面定义一个方法，把响应的数据转换成 List<Post>类型的数据，也就是一组 Post 数据。

```
（文件：lib/post/index/post_index_model.dart）
...
import 'package:xb2_flutter/post/post.dart';

class PostIndexModel extends ChangeNotifier {
  List<Post>? posts;
  List<Post> parsePosts(responseBody) {
    final List<Post> parsed = jsonDecode(responseBody)
      .map<Post>((item) => Post.fromJson(item))
      .toList();
    return parsed;
  }
  Future<List<Post>> getPosts() async {
    final uri = Uri.parse('${AppConfig.apiBaseUrl}/posts');
    final response = await http.get(uri);
    final parsed = parsePosts(response.body);
    posts = parsed;
    notifyListeners();
    return parsed;
  }
}
```

代码解析：

（1）在文件顶部导入 post。

```
import 'package:xb2_flutter/post/post.dart';
```

（2）定义转换方法。定义 parsePosts()方法，其作用是把提供的参数值转换成一组内容（Post）数据，参数是请求得到的响应主体 JSON 数据。

```
List<Post> parsePosts(responseBody) {
  final List<Post> parsed = jsonDecode(responseBody)
    .map<Post>((item) => Post.fromJson(item))
    .toList();
  return parsed;
}
```

在 parsePosts()方法里声明 parsed，类型是 List<Post>，值是用 jsonDecode 处理的 responseBody。首先将其转换为 JSON 数据，转换后的数据类型是 List<dynamic>。然后调用列表的 map 方法做一些处理，再用 toList()方法把处理后的内容转换成 List。

给 map 提供一个回调，其 item 参数值就是当前迭代的项目，返回的是 Post 数据。最后让 parsePosts()方法返回处理之后的 parsed。

（3）使用转换方法。请求成功后，首先声明一个 parsed，值为用 parsePosts()方法处理的响应主体。然后让 posts 等于转换后的 parsed，在执行 notifyListeners()以后，范围转换后的响应主体数据的数据类型是 List<Post>。

```
getPosts() async {
  final uri = Uri.parse('${AppConfig.apiBaseUrl}/posts');
  final response = await http.get(uri);
  final parsed = parsePosts(response.body);
  posts = parsed;
  notifyListeners();
  return parsed;
}
```

2．测试

重启应用调试控制台，在编辑器观察输出的内容（见图 15.2），会发现这次输出的 posts 值是一组"Instance of 'Post'"，即列表里每个项目都是 Post 类的一个实例。

3．使用内容数据的 toJson()方法

打开 post_list.dart 文件，找到这里输出的 model 里的 posts，这里我们用 model.posts!.forEach() 方法提供一个回调，接收一个 post 参数，在这个方法里可以在控制台输出 post，调用它的 toJson()方法。在 model.posts 的后面加上一个!，表示断言它的值不是 null。

```
（文件：lib/post/index/components/post_list.dart）
class _PostListState extends State<PostList> {
  ...
  @override
  Widget build(BuildContext context) {
    final model = context.watch<PostIndexModel>();
    model.posts!.forEach((post) {
      print(post.toJson());
    });
    ...
  }
}
```

这次在控制台输出的信息，就是每一个 Post 里的具体内容了（见图 15.3）。

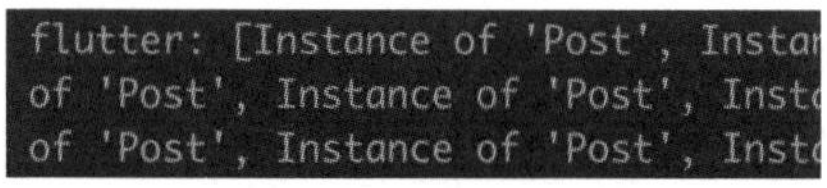

图 15.2　post 里的项目都是 Instance of 'Post'

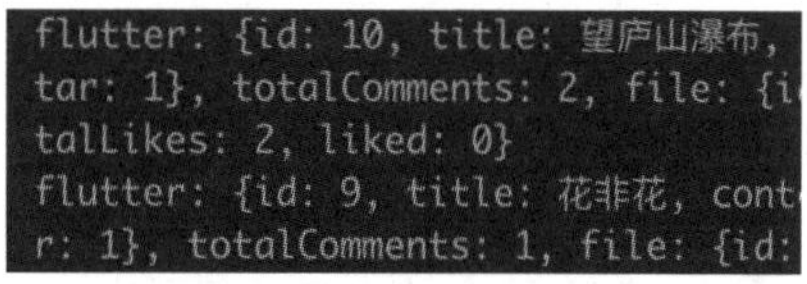

图 15.3　输出每个 Post 的具体内容

4．设置 getPosts 返回值的类型

在 initState 里执行 getPosts()方法，将鼠标指针悬停其上，系统会提示返回值类型是 dynamic。

打开 post_index_model 文件，设置 getPosts()方法的返回值类型是 Future，最终提供的数据的类型是 List<Post>。再回到 post_list.dart，将鼠标指针悬停在 getPosts()方法上，观察其返回值类型，现在会是 Future<List<Post>>。

```
（文件：lib/post/index/post_index_model.dart）
Future<List<Post>> getPosts() async {
  ...
}
```

15.3.6 任务：使用 ListView 构建内容列表视图

1. 构建内容列表视图

下面根据请求内容列表获取的数据，构建一个简单的可滚动显示的内容列表视图。

```
（文件：lib/post/index/components/post_list.dart）
class _PostListState extends State<PostList> {
  ...
  @override
  Widget build(BuildContext context) {
    final model = context.watch<PostIndexModel>();
    final posts = model.posts ?? [];
    final noContent = Center(
      child: Container(
        child: Text('暂无内容'),
      ),
    );
    final list = ListView.builder(
      itemCount: posts.length,
      itemBuilder: (context, index) {
        return Text(
          posts[index].title!,
          style: Theme.of(context).textTheme.headline6,
        );
      },
    );
    return posts.length == 0 ? noContent : list;
  }
}
```

代码解析：

（1）准备列表数据。声明一个 posts，值是 model 里的 posts，如果该 posts 是 null，就让 posts 等于一个空白的 List。

```
final model = context.watch<PostIndexModel>();
final posts = model.posts ?? [];
```

（2）在没有可显示的内容列表时，在页面上显示"暂无内容"。

```
final noContent = Center(
  child: Container(
    child: Text('暂无内容'),
  ),
);
```

（3）构建内容列表。用 ListView 的 builder 构建一个列表视图，ItemCount 是列表要显示的项目数量，这里就是 posts.length，即内容列表项目的个数。

```
final list = ListView.builder(
  itemCount: posts.length,
  itemBuilder: (context, index) {
```

```
    return Text(
      posts[index].title!,
      style: Theme.of(context).textTheme.headline6,
    );
  },
);
```

itemBuilder 参数的值是一个构建器，返回的是列表视图里的列表项目小部件。它支持 context 和 index 参数，这个 index 就是项目列表里的索引值。构建器 return 的暂时用一个 Text 小部件，显示的文字是 posts[index]，得到 posts 列表里的某个内容项目数据，再访问 Post 里的 title 属性，也就是内容标题。

（4）设置 build 的返回值。判断 posts.length 是否为 0，如果为 0，则表示当前没有可以显示的内容列表数据，就使用 noContent；如果不为 0，则表示当前内容列表有数据，就返回上面定义的列表视图（list）。

```
return posts.length == 0 ? noContent : list;
```

这里，也可以用"posts.isEmpty"替换"posts.length == 0"。

2．观察

观察"发现"页面，会显示一个列表视图（见图 15.4），每个列表项目都是一个 Text 小部件，显示的文字就是内容项目的标题。

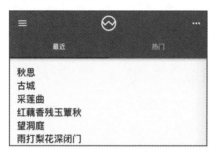

图 15.4　在页面上显示一组内容标题列表

15.4　整　理　项　目

在终端，在项目所在目录下，首先把当前分支切换到 master，然后合并 list 分支，再把 master 与 list 两个本地分支推送到项目的 origin 远程仓库里。

```
git checkout master
git merge list
git push origin master list
```

221

第16章

列表项目

内容列表用到的内容项目，可以单独定义成一个小部件。同时，这个内容列表项目又可以拆分成几个不同的小部件，每个小部件都有各自负责的事情。这样可以更方便维护应用界面。

16.1　准备项目（list-item）

在终端，在项目所在目录下执行 git branch 命令，确定当前位于 master 分支。基于 master 分支创建一个新的分支 list-item，并切换到该分支上。

```
git checkout -b list-item
```

下面每完成一个任务，就在 list-item 分支上做一次提交。本章最后会把 list-item 分支合并到 master 分支上。

16.2　定义列表项目

内容列表需要的项目可以单独定义成一个内容列表项目（PostListItem）小部件，还可以将其分成几个不同的小部件，以方便管理与维护应用。

16.2.1　任务：创建内容列表项目小部件（PostListItem）

1. 定义内容列表项目小部件

新建一个文件（lib/post/index/components/post_list_item.dart），定义一个小部件，名字是 PostListItem。

```
（文件：lib/post/index/components/post_list_item.dart）
import 'package:flutter/material.dart';
import 'package:xb2_flutter/post/post.dart';

class PostListItem extends StatelessWidget {
  final Post item;
  PostListItem({
    required this.item,
  });
```

```
@override
Widget build(BuildContext context) {
  return Container(
    padding: EdgeInsets.only(bottom: 16),
    child: Column(
      children: [
        Text(
          item.title!,
          style: Theme.of(context).textTheme.headline6,
        ),
      ],
    ),
  );
}
}
```

代码解析：

（1）在文件顶部导入 post，后续需要用到该文件里定义的 Post 类。

```
import 'package:xb2_flutter/post/post.dart';
```

（2）定义属性与参数。首先在小部件里添加 item 属性，类型是 Post，然后准备一个构造方法，支持必填参数 this.item。这样在使用小部件时必须要提供 item 参数，参数的值会赋给小部件的 item 属性。

```
final Post item;
PostListItem({
  required this.item,
});
```

（3）定义小部件界面。首先使用一个 Container，用 padding 参数设置容器边距，容器的子部件用一个 Column 小部件显示一列小部件，在其 children 里添加一个 Text 小部件，显示内容的标题（item.title!），并用 style 设置文字的样式。

```
@override
Widget build(BuildContext context) {
  return Container(
    padding: EdgeInsets.only(bottom: 16),
    child: Column(
      children: [
        Text(
          item.title!,
          style: Theme.of(context).textTheme.headline6,
        ),
      ],
    ),
  );
}
```

2．使用内容列表项目小部件

打开 post_list 文件，找到 ListView.builder() 里的 itemBuilder，把返回内容换成 PostListItem 小部件，同时提供一个 item 参数，值是 posts[index]，即一组内容里的某个内容项目。

223

```
（文件: lib/post/index/components/post_list.dart）
...
import 'package:xb2_flutter/post/index/components/post_list_item.dart'
...

class _PostListState extends State<PostList> {
  ...
  @override
  Widget build(BuildContext context) {
    ...
    final list = ListView.builder(
      itemCount: posts.length,
      itemBuilder: (context, index) {
        return PostListItem(item: posts[index]);
      },
    );
    ...
  }
}
```

3. 观察

观察模拟器，此时界面上仍会显示一组内容标题列表。这里，我们只是把内容列表要显示的内容项目单独放在一个小部件里。

16.2.2 任务：定义内容媒体小部件（PostMedia）

每个列表项目里都要显示内容相关的图像，这个内容图像可以单独放在一个小部件里，然后在内容列表项目（PostListItem）小部件里使用它们。

1. 定义内容媒体小部件

新建一个文件（lib/post/components/post_media.dart），定义 PostMedia 小部件。

```
（文件: lib/post/components/post_media.dart）
import 'package:flutter/material.dart';
import 'package:xb2_flutter/app/app_config.dart';
import 'package:xb2_flutter/post/post.dart';

class PostMedia extends StatelessWidget {
  final Post post;
  PostMedia({required this.post});
  @override
  Widget build(BuildContext context) {
    final fileId = post.file?.id;
    final imageUrl = '${AppConfig.apiBaseUrl}/files/$fileId/serve?size=medium';
    return Container(
      child: Image.network(imageUrl),
    );
  }
}
```

代码解析：

（1）导入需要的包 material、app_config 和 post。

```
import 'package:flutter/material.dart';
import 'package:xb2_flutter/app/app_config.dart';
import 'package:xb2_flutter/post/post.dart';
```

（2）添加属性与参数。为小部件提供一个 post 属性与参数，使用小部件时要提供 post 参数值，该值会赋给 post 属性。

```
final Post post;
PostMedia({required this.post});
```

（3）定义小部件界面。服务端应用接口提供了一个用于访问图像的接口，在小部件的 build() 方法里，根据内容项目里的文件 ID（file.id）组织图像地址。地址里要包含接口的基本地址（AppConfig.apiBaseUrl），然后是/files/$fileId/serve，这串字符里的$fileId 会被替换成在上面定义的 fileId 变量值，地址里可以用 size 查询符设置需要的图像尺寸（如 medium、large...）。

小部件 return 的是一个 Container，其 child 使用 Image.network() 把要显示的网络图像地址交给方法，这里就是上面准备好的 imageUrl。

```
@override
Widget build(BuildContext context) {
  final fileId = post.file?.id;
  final imageUrl = '${AppConfig.apiBaseUrl}/files/$fileId/serve?size=medium';
  return Container(
    child: Image.network(imageUrl),
  );
}
```

2．使用内容媒体小部件

打开 post_list_item 文件，在其 Column 里有一个 PostMedia 小部件，把 post 参数设置成 item。再用一个 SizedBox 小部件，在内容图像与标题之间添加间隔。

```
（文件: lib/post/index/components/post_list_item.dart）
import 'package:xb2_flutter/post/components/post_media.dart';
...

class PostListItem extends StatelessWidget {
  ...
  @override
  Widget build(BuildContext context) {
    return Container(
      child: Column(
        children: [
          PostMedia(post: item),
          SizedBox(
            height: 8,
          ),
          Text(
            ...
          ),
        ],
```

```
      ),
    );
  }
}
```

3．观察

在模拟器中观察内容列表视图，现在每个列表项目都会显示一张内容图像（见图 16.1）。

古城

图 16.1　在列表项目里显示内容图像

16.2.3　任务：定义内容头部小部件（PostHeader）

在内容列表项目的内容图像下可以用一个内容头部小部件显示标题、作者等信息。

1．定义内容头部小部件

新建一个文件（lib/post/components/post_header.dart），在文件里定义一个 PostHeader 小部件。

```
（文件：lib/post/components/post_header.dart）
import 'package:flutter/material.dart';
import 'package:xb2_flutter/post/post.dart';

class PostHeader extends StatelessWidget {
  final Post post;
  PostHeader({
    required this.post,
  });
  @override
  Widget build(BuildContext context) {
    return Container(
      child: Row(
        children: [
          Column(
            crossAxisAlignment: CrossAxisAlignment.start,
            children: [
              Text(
                post.title!,
                style: Theme.of(context).textTheme.headline6,
              ),
              Text(
                post.user!.name!,
              ),
            ],
          ),
        ],
      ),
    );
  }
}
```

代码解析：

（1）在文件顶部导入 material 和 post。

```
import 'package:flutter/material.dart';
import 'package:xb2_flutter/post/post.dart';
```

（2）添加属性与参数。小部件需要有一个 post 属性与参数，使用小部件时要提供 post 参数，参数值会赋给 post 属性。

```
final Post post;
PostMedia({required this.post});
```

（3）定义小部件界面。首先是一个 Container，其子部件 Row 用来显示一行小部件，交叉轴对齐设置为 CrossAxisAlignment.start。在 Row 小部件的 children 里使用一个 Column，再在 Column 的 children 里用两个 Text 小部件显示内容标题（post.title!）和作者名字（post.user!.name!）。

```
@override
Widget build(BuildContext context) {
  return Container(
    child: Row(
      children: [
        Column(
          crossAxisAlignment: CrossAxisAlignment.start,
          children: [
            Text(
              post.title!,
              style: Theme.of(context).textTheme.headline6,
            ),
            Text(
              post.user!.name!,
            ),
          ],
        ),
      ],
    ),
  );
}
```

2. 使用内容头部小部件

打开 post_list_item 文件，把 Column 里的 Text 小部件替换成 PostHeader 小部件，把它的 post 参数值设置成 item。

```
（文件：lib/post/index/components/post_list_item.dart）
...
import 'package:xb2_flutter/post/components/post_header.dart';

class PostListItem extends StatelessWidget {
...
  @override
  Widget build(BuildContext context) {
    return Container(
```

```
    ...
    child: Column(
      children: [
        PostMedia(post: item),
        SizedBox(
          height: 8,
        ),
        PostHeader(post: item),
      ],
    ),
  );
}
}
```

3. 观察

在模拟器中观察，现在内容项目里的标题与作者名字就是 PostHeader 小部件中的内容（见图 16.2）。

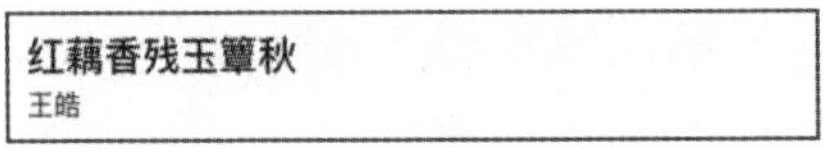

红藕香残玉簟秋
王皓

图 16.2　在 PostHeader 小部件里显示内容标题与作者名字

16.2.4　任务：定义用户头像小部件（UserAvatar）

在内容项目里要显示内容作者的头像，下面我们可以去定义一个用户头像小部件。

1. 定义用户头像小部件

新建一个文件（lib/user/components/user_avatar.dart），定义一个小部件，名字是UserAvatar。

```
（文件：lib/user/components/user_avatar.dart）
import 'package:flutter/material.dart';
import 'package:xb2_flutter/app/app_config.dart';
import 'package:xb2_flutter/post/post.dart';

class UserAvatar extends StatelessWidget {
  final PostUser user;
  final double size;
  UserAvatar({
    required this.user,
    this.size = 32,
  });
  @override
  Widget build(BuildContext context) {
    final userId = user.id;
    final avatarUrl =
      '${AppConfig.apiBaseUrl}/users/$userId/avatar?size=medium';
    return Container(
      width: size,
      height: size,
```

```
    child: CircleAvatar(
      backgroundImage: NetworkImage(avatarUrl),
    ),
  );
  }
}
```

代码解析：

（1）在文件顶部导入 material、app_config 和 post。

```
import 'package:flutter/material.dart';
import 'package:xb2_flutter/app/app_config.dart';
import 'package:xb2_flutter/post/post.dart';
```

（2）添加属性与参数。为小部件添加 user 和 size 属性，user 表示内容作者，size 表示头像大小。在构造方法里添加两个带名字的参数 this.user 和 this.size，其中 size 的默认值是 32，即如果使用小部件时未给出 size 参数，则默认其值为 32。

```
final PostUser user;
final double size;
UserAvatar({
  required this.user,
  this.size = 32,
});
```

（3）定义小部件界面。

服务端应用接口提供了一个访问头像用的接口，在小部件的 build() 方法里，根据内容项目的 user.id（用户 ID）组织好头像地址，地址里要包含接口的基本地址（AppConfig.apiBaseUrl）和/users/$userId/avatar，地址里可以用 size 查询符设置需要的头像尺寸（medium、large）。

小部件界面先用一个 Container 容器，用 width 与 height 设置容器的宽度与高度，都设置成 size 属性的值。Container 的 child 可以用一个 CircleAvatar（圆形头像）小部件，设置 backgroundImage，值可以是一个 NetworkImage，给它提供一个网络图像地址，这里用的就是在上面准备好的 avatarUrl。

```
@override
Widget build(BuildContext context) {
  final userId = user.id;
  final avatarUrl =
    '${AppConfig.apiBaseUrl}/users/$userId/avatar?size=medium';
  return Container(
    width: size,
    height: size,
    child: CircleAvatar(
      backgroundImage: NetworkImage(avatarUrl),
    ),
  );
}
```

2．使用用户头像小部件

打开 post_header 文件，在其 Row 小部件里使用 UserAvatar 小部件，把它的 user 设置成 post.user！再添加一个 SizedBox，把 width 设置成 16。在 Row 小部件里用 crossAxisAlignment

设置交叉轴对齐方式为 CrossAxisAlignment.start。

```
（文件：lib/post/components/post_header.dart）
...
import 'package:xb2_flutter/user/components/user_avatar.dart';

class PostHeader extends StatelessWidget {
  ...
  @override
  Widget build(BuildContext context) {
    return Container(
      child: Row(
        crossAxisAlignment: CrossAxisAlignment.start
        children: [
          UserAvatar(
            user: post.user!,
          ),
          SizedBox(width: 16),
          Column(
            ...
          ),
        ],
      ),
    );
  }
}
```

3．观察

观察应用界面，现在列表项目里面会显示内容作者的头像（见图 16.3）。

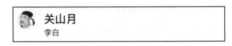

图 16.3　在列表项目里显示作者头像

16.2.5　任务：定义内容动作小部件（PostActions）

在内容项目里要显示内容的点赞数与评论数，这些也可以单独放在一个小部件里。

1．定义内容动作小部件

新建一个文件（lib/post/components/post_actions.dart），定义一个小部件，名字是 PostActions。

```
（文件：lib/post/components/post_actions.dart）
import 'package:flutter/material.dart';
import 'package:xb2_flutter/post/post.dart';

class PostActions extends StatelessWidget {
  final Post post;
  PostActions({
    required this.post,
  });
  @override
  Widget build(BuildContext context) {
    final likeAction = Row(
      children: [
```

```
            Icon(post.liked==0?Icons.favorite_border_outlined:Icons.favorite),
            if (post.totalLikes != 0)
              Container(
                padding: EdgeInsets.only(left: 4),
                child: Text('${post.totalLikes}'),
              ),
          ],
      );
      final commentAction = Row(
        children: [
          Icon(Icons.comment_outlined),
          if (post.totalComments != 0)
            Container(
              padding: EdgeInsets.only(left: 4),
              child: Text('${post.totalComments}'),
            ),
        ],
      );
      return Container(
        child: Row(
          children: [
            likeAction,
            SizedBox(width: 16),
            commentAction,
          ],
        ),
      );
    }
}
```

代码解析:

（1）在文件顶部导入 material 和 post。

```
import 'package:flutter/material.dart';
import 'package:xb2_flutter/post/post.dart';
```

（2）添加属性与参数。小部件需要一个post属性和post参数,使用小部件时要提供 post
参数,其值会赋给 post 属性。

```
final Post post;
PostMedia({required this.post});
```

（3）定义点赞动作。在小部件的 build()方法里声明 likeAction,值是一个点赞动作小
部件,作用是显示点赞小图标和点赞次数。实现点赞动作会在后面的章节里介绍。

通过一个 if 语句,判断该使用哪个点赞小图标。如果 post.liked 等于 0,说明用户未点
赞过当前内容,使用 Icons.favorite_border_outlined（空心心形）小图标;否则,说明用户
点赞过当前内容,使用 Icons.favorite（实心心形）小图标,并继续判断 post.totalLikes,如
果其值不为 0,就显示点赞次数。

```
final likeAction = Row(
  children: [
    Icon(post.liked==0?Icons.favorite_border_outlined : Icons.favorite),
    if (post.totalLikes != 0)
```

```
Container(
    padding: EdgeInsets.only(left: 4),
    child: Text('${post.totalLikes}'),
  ),
  ],
);
```

（4）定义评论动作。声明一个 commentAction，其值是一个评论动作小部件，作用是显示评论小图标和评论次数。

```
final commentAction = Row(
  children: [
    Icon(Icons.comment_outlined),
    if (post.totalComments != 0)
      Container(
        padding: EdgeInsets.only(left: 4),
        child: Text('${post.totalComments}'),
      ),
  ],
);
```

（5）定义小部件界面。在小部件里，build()方法会返回一个 Container，其 child 用 Row 显示一排小部件，在里面添加 likeAction 和 commentAction 属性，再用 SizedBox 添加间隔。

```
return Container(
  child: Row(
    children: [
      likeAction,
      SizedBox(width: 16),
      commentAction,
    ],
  ),
);
```

2. 使用内容动作小部件

打开 post_header 文件，在文件顶部导入 post_actions，然后在 Row 的 children 里使用刚才定义的 PostActions 小部件，post 参数值为 post。再用 Column 包装一个小部件，并设置 Expanded 属性，让 Column 小部件占用剩余的空间。

```
（文件：lib/post/components/post_header.dart）
...
import 'package:xb2_flutter/post/components/post_actions.dart';

class PostHeader extends StatelessWidget {
  ...
  @override
  Widget build(BuildContext context) {
    return Container(
      child: Row(
        ...
        children: [
          UserAvatar(
            ...
          ),
```

```
      ...
      Expanded(
        child: Column(
          ...
        ),
      ),
      PostActions(post: post),
    ],
  ),
  );
  }
}
```

3. 观察

观察应用界面，在内容项目里会显示内容的点赞次数和评论次数（见图 16.4）。

图 16.4 在列表项目里显示内容点赞次数和评论次数

16.3 问题与思考

问题 1：如何设置内容列表媒体的显示比例

我们可以给内容列表图像设置一个固定的显示比例，以避免在加载内容列表页面未显示图像前，列表项目会挤在一起，效果如图 16.5 所示。

打开 post_list_item 文件，在小部件的 build()方法里使用 aspectRatio，其值是内容图像的比例，如果内容图像的宽度小于高度，使用 3/4 比例显示，否则就使用 3/2 比例显示。

```
（文件：lib/post/index/components/post_list_item.dart）
class PostListItem extends StatelessWidget {
 ...
 @override
 Widget build(BuildContext context) {
 ...

 bool isPortrait = false;
 if (item.file!.width != null && item.file!.height != null) {
   isPortrait = item.file!.width! < item.file!.height!;
 }
 final aspectRatio = isPortrait ? 3 / 4 : 3 / 2;
 final postListItemMedia = Stack(
   fit: layout == PostListLayout.grid ? StackFit.expand : StackFit.loose,
   children: [
     AspectRatio(
       aspectRatio: aspectRatio,
       child: PostMedia(post: item),
     ),
     postListItemMediaMask,
```

```
    ],
  );
  ...
  }
}
```

上述代码中，给 postListItemMedia 里的 PostMedia 套上了一个 AspectRatio 小部件，以设置容器比例，aspectRatio 参数值设置为 aspectRatio。

问题 2：如何设置加载内容图像时的界面

加载网络图像需要时间，此时可以配置内容图像小部件要显示的内容。

（1）配置内容图像加载构建器。打开 post_media 文件，在 Image.network()里通过设置 loadingBuilder，返回加载图像时要显示的内容，这里显示的是一个带背景颜色的容器。

```
（文件：lib/post/components/post_media.dart）
Container(
  child: Image.network(
    imageUrl,
    fit: BoxFit.cover,
    loadingBuilder: (context, child, event) {
      if (event == null) return child;
      return Container(
        color: Colors.black12,
      );
    },
  ),
)
```

（2）重启应用调试，观察内容列表上的内容图像正在加载时的样子（见图 16.6）。

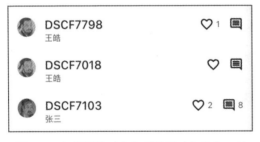

图 16.5 加载图像时内容项目暂时会挤在一起　　图 16.6 图像正在加载时会显示暗灰背景

16.4 整 理 项 目

在终端，在项目所在目录下，首先把当前分支切换到 master，然后合并 list-item 分支，再把 master 与 list-item 两个本地分支推送到项目的 origin 远程仓库里。

```
git checkout master
git merge list-item
git push origin master list-item
```

第 17 章

内容页面

本章我们来开发显示单个内容的页面。配置好应用的路由器，让应用响应系统的路由信息发生变化，当用户访问某个内容页面地址时，可以打开该内容页面并显示对应的内容。

17.1 准备项目（post）

在终端，在项目所在目录下执行 git branch 命令，确定当前位于 master 分支。基于 master 分支创建一个新的分支 post，并切换到 post 分支上。

```
git checkout -b post
```

下面每完成一个任务，就在 post 分支上做一次提交。本章最后会把 post 分支合并到 master 分支上。

17.2 开发单个内容页面

下面我们来学习开发显示单个内容的页面。

17.2.1 任务：处理单击内容列表项目图像

首先需要解决用户单击内容项目图像时，能够执行对应的方法"做"一些事情，那么如何实现呢？

1. 改造内容列表项目小部件

可以在内容图像小部件上叠加一个 InkWell 小部件，设置一个单击回调函数。

```
（文件：lib/post/index/components/post_list_item.dart）
class PostListItem extends StatelessWidget {
  ...

  @override
  Widget build(BuildContext context) {
    final postListItemMediaMask = Positioned.fill(
      child: Material(
        color: Colors.transparent,
```

```
      child: InkWell(
        splashColor: Colors.deepPurpleAccent.withOpacity(0.3),
        onTap: () {
          print('onTap postListItemMedia');
        },
      ),
    ),
  );
  final postListItemMedia = Stack(
    children: [
      PostMedia(post: item),
      postListItemMediaMask,
    ],
  );
  return Container(
    padding: EdgeInsets.only(bottom: 16),
    child: Column(
      children: [
        postListItemMedia,
        SizedBox(
          height: 8,
        ),
        PostHeader(post: item),
      ],
    ),
  );
 }
}
```

代码解析：

（1）定义内容列表项目媒体蒙版。打开 post_list_item 文件，在 build()方法里声明 postListItemMediaMask 小部件，该小部件要用在 Stack 小部件里并占满整个空间，所以其值是一个 Positioned.fill()。在 child 里用 Material 小部件显示 Material 风格，背景色设置为透明（Colors.transparent），它的 child 是一个 InkWell，单击回调函数是 onTap，显示溅墨动画效果，用 splashColor 设置溅墨动画效果的颜色。

```
final postListItemMediaMask = Positioned.fill(
  child: Material(
    color: Colors.transparent,
    child: InkWell(
      splashColor: Colors.deepPurpleAccent.withOpacity(0.3),
      onTap: () {
        print('onTap postListItemMedia');
      },
    ),
  ),
);
```

（2）定义内容列表项目媒体。定义 postListItemMedia，首先用一个 Stack 小部件，然后在其 children 里添加 PostMedia 和 postListItemMediaMask，后者是 Stack 的最后一个小部件，所以 Stack 的最上层就是该小部件。

```
final postListItemMedia = Stack(
  children: [
    PostMedia(post: item),
    postListItemMediaMask,
  ],
);
```

注意，在 postListItemMediaMask 里用 InkWell 设置了 onTap 单击回调函数，当用户单击内容媒体图像时，会执行该回调函数。

（3）定义小部件界面。把原来 Column 里用的 PostMedia，替换成 postListItemMedia。

```
return Container(
  padding: EdgeInsets.only(bottom: 16),
  child: Column(
    children: [
      postListItemMedia,
      SizedBox(
        height: 8,
      ),
      PostHeader(post: item),
    ],
  ),
);
```

2．测试

在模拟器中测试，现在单击内容列表项目里的内容图像，会有一种溅墨效果（见图 17.1），这是 InkWell 小部件提供的，溅墨颜色是 splashColor 参数设置的。

单击内容项目图像时，会执行 InkWell 里提供的回调函数，在控制台上输出一行文字（见图 17.2）。

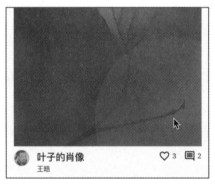

图 17.1　单击内容项目图像时的溅墨效果

图 17.2　单击内容项目后输出一行文字

17.2.2　任务：定义单个内容数据模型（PostShowModel）

下面我们来定义单个内容页面需要的数据模型，其中包含内容数据和获取内容数据的方法。

1. 定义单个内容数据模型

在项目里新建一个文件（lib/post/show/post_show_model.dart），定义一个类，名字是 PostShowModel，继承 ChangeNotifier 类。

```dart
（文件: lib/post/show/post_show_model.dart）
import 'dart:convert';
import 'package:flutter/material.dart';
import 'package:http/http.dart' as http;
import 'package:xb2_flutter/app/app_config.dart';
import 'package:xb2_flutter/post/post.dart';

class PostShowModel extends ChangeNotifier {
  Post? post;
  setPost(Post data) {
    post = data;
    notifyListeners();
  }
  Future<Post> getPostById(String postId) async {
    final uri = Uri.parse('${AppConfig.apiBaseUrl}/posts/$postId');
    final response = await http.get(uri);
    final responseBody = jsonDecode(response.body);
    final parsed = Post.fromJson(responseBody);

    post = parsed;
    notifyListeners();
    return parsed;
  }
}
```

代码解析：

（1）在文件顶部导入 http、app_config、post 等包。

```dart
import 'dart:convert';
import 'package:flutter/material.dart';
import 'package:http/http.dart' as http;
import 'package:xb2_flutter/app/app_config.dart';
import 'package:xb2_flutter/post/post.dart';
```

（2）添加数据与修改数据用的方法。在类里添加 post，表示内容数据，类型是 Post。定义修改数据用的 setPost()方法，设置 post 等于 data 参数的值，然后执行 notifyListeners()，通知监听者数据发生了变化。

```dart
Post? post;
setPost(Post data) {
  post = data;
  notifyListeners();
}
```

（3）定义请求获取内容数据的方法。

```dart
Future<Post> getPostById(String postId) async {
  final uri = Uri.parse('${AppConfig.apiBaseUrl}/posts/$postId');
  final response = await http.get(uri);
```

```
final responseBody = jsonDecode(response.body);
final parsed = Post.fromJson(responseBody);

post = parsed;
notifyListeners();
return parsed;
}
```

①　定义 getPostById()方法，作用是获取某个内容，返回值类型是 Future<Post>，该方法接收一个 String 类型的参数 postId，用 async 标记该方法。

②　在方法里声明 uri，值为用 Uri.parse 处理的单个内容接口地址，该地址首先是一个基本地址（AppConfig.apiBaseUrl），然后是/posts/$postId。其中，$postId 就是 getPostById()方法接收的 postId 参数值。

③　用 http.get()方法请求 uri 地址，请求成功后，用 jsonDecode 处理响应主体，把处理结果交给 responseBody，再用 Post.fromJson()把处理结果转换成 Post 类型的数据，交给 parsed。

④　设置模型里 post 属性值为 parsed，然后执行 notifyListeners()。这里也可以直接使用 setPost(parsed)，效果是一样的。

⑤　最后让方法返回 parsed。使用 getPostById 获取内容数据时，可以直接读取数据模型实例里 post 属性的值，也可以等待执行 getPostById 方法得到结果。

2．用 ChangeNotifierProvider 提供内容模型类实例

打开 app 文件，在 MultiProvider 里用 ChangeNotifierProvider 提供一个 PostShowModel 实例，类型为 PostShowModel，用 create 方法返回 PostShowModel 实例。这样，该小部件的所有后代都可以使用 PostShowModel 类的实例。

```
（文件：lib/app/app.dart）
...
import 'package:xb2_flutter/post/show/post_show_model.dart';
...

class _AppState extends State<App> {
  ...
  @override
  Widget build(BuildContext context) {
    return MultiProvider(
      providers: [
        ...
        ChangeNotifierProvider<PostShowModel>(
          create: (context) => PostShowModel(),
        ),
      ],
      ...
    );
  }
}
```

17.2.3 任务：单击内容项目图像时显示内容页面

单击内容列表项目里的内容图像后，会打开一个内容页面。单击内容项目图像以后，可设置应用的某些状态，根据这些状态我们可以在 Navigator 管理的页面列表里添加内容页面。

1. 在 AppModel 里添加资源 ID

打开 app_model 文件，先为其添加属性 resourceId，类型是 String?，表示资源的 ID。这里，资源指的是应用里的内容资源、用户资源等。再添加一个修改 resourceId 属性值的方法 setResourceId()，参数为 String 类型的 data，在方法里设置 resourceId 等于 data，然后执行 notifyListeners()。

```
（文件: lib/app/app_model.dart）
class AppModel extends ChangeNotifier {
  String pageName = '';
  String? resourceId;
  setResourceId(String data) {
    resourceId = data;
    notifyListeners();
  }
  ...
}
```

2. 单击内容列表项目图像设置应用状态

单击内容列表项目图像，修改应用状态，根据应用状态确定是否向页面列表添加内容页面。

```
（文件: lib/post/index/components/post_list_item.dart）
...
import 'package:provider/provider.dart';
import 'package:xb2_flutter/app/app_model.dart';

class PostListItem extends StatelessWidget {
  ...

  @override
  Widget build(BuildContext context) {
    final appModel = context.read<AppModel>();
    final postShowModel = context.read<PostShowModel>();
    final postListItemMediaMask = Positioned.fill(
      child: Material(
        ...
        child: InkWell(
          ...
          onTap: () {
            appModel.setPageName('PostShow');
            appModel.setResourceId('${item.id}');
            postShowModel.setPost(item);
```

```
        },
      ),
    ),
  );
  ...
  }
}
```

代码解析：

（1）打开 post_list_item 文件，在文件顶部导入 provider 和 app_model。

```
import 'package:provider/provider.dart';
import 'package:xb2_flutter/app/app_model.dart';
```

（2）在 build()方法里，读取之前用 Provider（ChangeNotifierProvider）提供的 AppModel
与 PostShowModel 实例。

```
@override
Widget build(BuildContext context) {
  final appModel = context.read<AppModel>();
  final postShowModel = context.read<PostShowModel>();
  ...
}
```

（3）设置内容项目媒体的单击回调函数。在单击回调函数 onTap 里，使用 appModel
中的 setPageName，设置 pageName 的值为 PostShow，使用 setResourceId 设置 resourceId
的值为 item.id（就是内容 ID）。

```
InkWell(
  ...
  onTap: () {
    appModel.setPageName('PostShow');
    appModel.setResourceId('${item.id}');
    postShowModel.setPost(item);
  },
)
```

这里，还可以使用 postShowModel 里的 setPost，修改实例里 post 属性的值为 item，内
容列表项目数据也是一个 Post 类型的数据，该数据就是内容页面中使用的数据。

3. 设置页面列表

在 Navigator 管理的页面列表里，根据应用状态决定是否要添加内容页面。

```
（文件：lib/app/router/app_router_delegate.dart）
...
import 'package:provider/provider.dart';
import 'package:xb2_flutter/post/show/post_show.dart';
import 'package:xb2_flutter/post/show/post_show_model.dart';

class AppRouterDelegate extends RouterDelegate<AppRouteConfiguration>
    with... {
  ...
  @override
  Widget build(BuildContext context) {
```

```
      final postShowModel = context.read<PostShowModel>();
      return Navigator(
        ...
        pages: [
          ...
          if (appModel.pageName == 'PostShow' && appModel.resourceId != null)
            MaterialPage(
              key: ValueKey('PostShow'),
              child: PostShow(
                appModel.resourceId!,
                post: postShowModel.post,
              ),
            ),
        ],
        ...
      );
    }
}
```

代码解析：

（1）打开 app_router_delegate 文件，在文件顶部导入需要的 provider、post_show 和 post_show_model 包。

```
import 'package:provider/provider.dart';
import 'package:xb2_flutter/post/show/post_show.dart';
import 'package:xb2_flutter/post/show/post_show_model.dart';
```

（2）在 build()方法里读取 Provider 提供的 PostShowModel，下面创建 PostShow 页面时会用到 PostShowModel 实例里的 post 数据。

```
@override
Widget build(BuildContext context) {
  final postShowModel = context.read<PostShowModel>();
  ...
}
```

（3）根据应用状态添加内容页面。在给 Navigator 提供的一组 pages 里，如果 appModel.pageName 等于 PostShow，且 appModel.resourceId 不等于 null，就添加一个内容页面。新建一个 MaterialPage，页面对应的小部件是 PostShow，创建小部件时需设置 postId 参数值，还需要设置 post 参数值为 postShowMode.post。下面会让 PostShow 小部件支持一个 post 参数。

```
return Navigator(
  ...
  pages: [
    ...
    if (appModel.pageName == 'PostShow' && appModel.resourceId != null)
      MaterialPage(
        key: ValueKey('PostShow'),
        child: PostShow(
          appModel.resourceId!,
          post: postShowModel.post,
```

```
      ),
    ),
  ],
  ...
);
```

在 PostShow 小部件里，可根据 postId 属性的值请求服务端接口获取需要的内容数据。如果 post 属性有值，也可以直接使用它。

4.改造 PostShow 小部件

打开 post_show 小部件，添加一个新属性 post，类型是 Post?。在构造方法里添加参数 this.post。小部件显示的内容这里可以先用 post 里的 title 属性的值。

```
（文件：lib/post/show/post_show.dart）
...
import 'package:xb2_flutter/post/post.dart';

class PostShow extends StatelessWidget {
  final String postId;
  final Post? post;
  PostShow(
    this.postId, {
    this.post,
  });
  @override
  Widget build(BuildContext context) {
    return Scaffold(
      ...
      body: Center(
        child: Text(
          post!.title!,
          ...
        ),
      ),
    );
  }
}
```

5.测试

在模拟器中测试，单击内容列表里的内容项目图像，会把 appModel 里的 pageName 修改成 postShow，把 resourceId 设置成当前被点的内容列表项目里的内容 ID。这两个状态发生变化后，页面列表也会发生变化。如图 17.3 所示是 PostShow 小部件，在小部件里会显示内容的标题。

图 17.3　在应用中显示的 PostShow 小部件

17.2.4　任务：定义内容页面主体小部件（PageShowMain）

我们可以把内容页面的主体放在一个单独的小部件里，在里面可以显示内容的图像、作者、标题、正文、标签列表。

1. 创建内容页面主体小部件

新建一个文件（lib/post/show/components/page_show_main.dart），在文件里定义一个小部件，名字是 PostShowMain，在小部件里添加一个属性，类型是 Post，名字是 post，添加一个构造方法，支持一个必填的参数 this.post。

```
（文件：lib/post/show/components/post_show_main.dart）
import 'package:flutter/material.dart';

class PostShowMain extends StatelessWidget {
  final Post post;
  PostShowMain({required this.post});
  @override
  Widget build(BuildContext context) {
    return Container(
    );
  }
}
```

2. 使用内容页面主体小部件

打开 post_show 小部件，先把 Scaffold 小部件的 appBar 参数去掉，然后把它的 body 参数值设置成一个 PostShowMain 小部件，并设置 PostShowMain 的 post 参数，值是 post!。

```
（文件：lib/post/show/post_show.dart）
...
import 'package:xb2_flutter/post/show/components/post_show_main.dart';

class PostShow extends StatelessWidget {
  ...
  @override
  Widget build(BuildContext context) {
    return Scaffold(
      body: PostShowMain(post: post!),
    );
  }
}
```

3. 定义内容页面主体小部件

回到 post_show_main，继续定义这个小部件，先在其中添加内容媒体（postMedia）和内容头部（postHeader）。内容媒体显示的是内容相关照片，内容头部里主要是内容作者、标题、点赞与评论等信息。

```
（文件：lib/post/show/components/post_show_main.dart）
...
import 'package:xb2_flutter/post/components/post_header.dart';
import 'package:xb2_flutter/post/components/post_media.dart';
import 'package:xb2_flutter/post/post.dart';

class PostShowMain extends StatelessWidget {
  ...
```

```
@override
Widget build(BuildContext context) {
  final closeButton = MaterialButton(
    onPressed: () {
      Navigator.maybePop(context);
    },
    child: Icon(
      Icons.close,
      size: 24,
      color: Colors.white60,
    ),
    color: Colors.black26,
    padding: EdgeInsets.all(4),
    shape: CircleBorder(),
    elevation: 0,
  );

  final postMedia = Stack(
    children: [
      PostMedia(post: post),
      Positioned(
        right: 0,
        top: 32,
        child: closeButton,
      ),
    ],
  );

  final postHeader = Container(
    padding: EdgeInsets.all(16),
    child: PostHeader(post: post),
  );

  final divider = Divider(
    height: 16,
    thickness: 1,
    indent: 16,
    endIndent: 16,
  );

  return SingleChildScrollView(
    child: Container(
      child: Column(
        crossAxisAlignment: CrossAxisAlignment.start,
        children: [
          postMedia,
          postHeader,
          divider,
        ],
      ),
    ),
  );
}
}
```

代码解析：

（1）设置小部件的界面结构。在 PostShowMain 小部件里，使用 SingleChildScrollView 小部件提供一个滚动视图，显示其子部件。它的 child 是一个 Container 容器，容器的 child 是一个 Column，用来显示一列小部件，交叉轴对齐方式为 CrossAxisAlignment.start，在它 的 children 里暂时先添加一个 postMedia。

```
return SingleChildScrollView(
  child: Container(
    child: Column(
      crossAxisAlignment: CrossAxisAlignment.start,
      children: [
        postMedia,
      ],
    ),
  ),
);
```

（2）定义内容媒体。在 build()方法里声明一个 postMedia，其值是一个 Stack 小部件，在它的 children 里添加一个 PostMedia，再添加一个小部件 Positioned（在 Stack 里定位的小部件），用 right 与 top 设置右边与顶部位置，它的 child 使用 Flutter 提供的 CloseButton 小部件。如果用户不满意该小部件的样式，也可以自行定义。这里，先把它的 child 设置成 closeButton，然后在下面定义这个 closeButton。

```
final closeButton = MaterialButton(
  ...
);

final postMedia = Stack(
  children: [
    PostMedia(post: post),
    Positioned(
      right: 0,
      top: 32,
      child: closeButton,
    ),
  ],
);
```

closeButton 关闭按钮用 MaterialButton 创建（效果参考图 17.4），该按钮的 child 是一个小图标，用 color 设置颜色，padding 设置边距，shape 设置形状，再把 elevation 设置成 0。在按钮的单击回调函数（onPressed）里执行 Navigator.MaybePop(context)，移除当前路由，这样单击按钮时可以显示上一个路由。

```
final closeButton = MaterialButton(
  onPressed: () {
    Navigator.maybePop(context);
  },
  child: Icon(
    Icons.close,
    size: 24,
```

```
    color: Colors.white60,
  ),
  color: Colors.black26,
  padding: EdgeInsets.all(4),
  shape: CircleBorder(),
  elevation: 0,
);
```

（3）定义内容头部与分隔线。首先在 build()方法里定义一个 postHeader，其值是一个 Container，用 padding 设置容器边距，容器的 child 是一个 PostHeader 小部件，其 post 参数值是 post。然后用 Divider 小部件生成一条分隔线。

```
final postHeader = Container(
  padding: EdgeInsets.all(16),
  child: PostHeader(post: post),
);
final divider = Divider(
  height: 16,
  thickness: 1,
  indent: 16,
  endIndent: 16,
);
```

在小部件 Column 的 children 里添加 postHeader 和 divider（效果参见图 17.5）。

```
Column(
  ...
  children: [
    postMedia,
    postHeader,
    divider,
  ],
)
```

图 17.4　在内容图像右上角显示关闭按钮　　　　图 17.5　内容页面

4．测试

在内容列表页面单击内容项目图像，可以打开一个内容页面，在页面上会显示内容图像、作者、内容标题，单击内容图像右上角的关闭按钮，可以回到内容列表页面。

17.2.5　任务：定义内容正文小部件（PostContent）

在内容页面需要显示内容的正文，下面再把这部分界面定义成一个单独的小部件。

1. 定义内容正文小部件

新建一个文件（lib/post/components/post_content.dart），定义一个小部件，名字是 PostContent，在小部件里添加 post 属性，类型是 Post。在构造方法里添加 this.post 参数。

```
（文件：lib/post/components/post_content.dart）
import 'package:flutter/material.dart';
import 'package:xb2_flutter/post/post.dart';

class PostContent extends StatelessWidget {
  final Post post;
  PostContent({
    required this.post,
  });

  @override
  Widget build(BuildContext context) {
    return Container(
      child: Text(
        post.content!,
        style: TextStyle(
          fontSize: 16,
          fontWeight: FontWeight.w300,
        ),
      ),
    );
  }
}
```

小部件的界面用一个 Container 容器，然后用一个 Text 显示 post.content!，属性值就是内容的正文内容。

2. 使用内容正文小部件

打开 post_show_main 文件，在 build()方法里定义 postContent，值是一个 Container，用 padding 设置边距，容器的 child 使用 PostContent 小部件，需要提供 post 参数，值为 post。在 Column 小部件的 children 里进行判断，如果 post.content 不等于 null，就再添加一个 postContent。

```
（文件：lib/post/show/components/post_show_main.dart）
...
import 'package:xb2_flutter/post/components/post_content.dart';

class PostShowMain extends StatelessWidget {
  ...
  @override
  Widget build(BuildContext context) {
    ...
    final postContent = Container(
      padding: EdgeInsets.all(16),
      child: PostContent(post: post),
    );
```

```
return SingleChildScrollView(
  child: Container(
    child: Column(
      ...
      children: [
        ...
        if (post.content != null) postContent,
      ],
    ),
  ),
);
}
}
```

3. 观察

打开一个内容页面进行观察，如果 post 的 content 属性有值，就会在内容页面上显示其正文内容（见图 17.6）。

图 17.6　在内容页面显示内容正文

17.2.6　任务：定义内容标签小部件（PostTags）

在内容页面上可以显示内容相关的标签列表，下面我们首先定义一个内容标签小部件，然后在内容主体小部件里用这个小部件显示内容的标签列表。

1. 定义内容标签小部件

在项目里新建一个文件（lib/post/components/post_tags.dart），定义一个小部件，名字是 PostTags。在小部件里添加一个属性，类型是 List<PostTag>，名字是 tags。在构造方法里添加一个带名字的必填参数 this.tags。

小部件界面先用一个 Container，它的 child 是用 Row 显示的一排小部件，接下来的 children 是一组小部件，这里用 tags.map()方法生成一组小部件，并调用 toList 把结果转换成一个列表。给 map 提供一个回调函数，参数为 tag，返回的是一个 Chip 小部件，它的 label 参数值是一个 Text，显示文字是 tag.name!（标签名字）。

```
（文件：lib/post/components/post_tags.dart）
import 'package:flutter/material.dart';
import 'package:xb2_flutter/post/post.dart';

class PostTags extends StatelessWidget {
  final List<PostTag> tags;
  PostTags({
```

```
   required this.tags,
 });
 @override
 Widget build(BuildContext context) {
   return Container(
     child: Row(
       children: tags.map((tag) {
         return Chip(label: Text(tag.name!));
       }).toList(),
     ),
   );
 }
}
```

2. 使用内容标签小部件

打开 post_show_main 文件，在 build()方法里定义 postTags，其值是一个 Container 小部件，用 padding 添加边距，小部件的 child 是刚才定义的 PostTags，设置 tags 参数值为 post.tags，如果 tags 是 null，提供一个空白的 List。

在 Column 小部件的 children 里判断，如果 post.tags 不等于 null，条件成立，就在这里添加一个 postTags。

```
（文件：lib/post/show/components/post_show_main.dart）
...
import 'package:xb2_flutter/post/components/post_tags.dart';

class PostShowMain extends StatelessWidget {
 ...
 @override
 Widget build(BuildContext context) {
   ...
   final postTags = Container(
     padding: EdgeInsets.all(16),
     child: PostTags(tags: post.tags ?? []),
   );
   return SingleChildScrollView(
     child: Container(
       child: Column(
         ...
         children: [
           ...
           if (post.tags != null) postTags,
         ],
       ),
     ),
   );
 }
}
```

3. 观察

观察内容页面，现在如果内容被打上标签，那么内容页面就会显示一个标签列表（见图 17.7）。

图 17.7　在内容页面显示内容标签列表

4．问题

如果内容页面有很多要显示的标签，那么超出设备宽度就会报错，后面我们会解决这个问题。

17.2.7　任务：配置路由器处理内容页面

首先用 Chrome 浏览器调试应用，然后单击内容项目图像，打开一个内容页面，你会发现页面的地址并没有变化，下面我们通过配置应用的路由器来解决这个问题。

1．修改路由配置信息

打开 app_route_configuration 文件，在这个自定义路由配置数据类型里添加一个新属性，类型是 String?，名字是 resourceId，表示资源 ID。再修改 home() 与 about() 构造方法，设置 resourceId 等于 null。

```
（文件：lib/app/router/app_route_configuration.dart）
class AppRouteConfiguration {
 final String pageName;
 final String? resourceId;
 AppRouteConfiguration.home()
    : pageName = '',
      resourceId = null;
 AppRouteConfiguration.about()
    : pageName = 'About',
      resourceId = null;
 AppRouteConfiguration.postShow(this.resourceId) : pageName = 'PostShow';
 ...
 bool get isPostShow => pageName == 'PostShow' && resourceId != null;
}
```

添加一个新的构造方法 AppRouteConfiguration.postShow()，让它支持参数 this.resourceId，设置 pageName 等于 PostShow。这样使用该构造方法创建路由配置时，就需要提供一个资源 ID 参数，其参数值会赋给 resourceId 属性，另外 pageName 属性值会被设置成 PostShow。

```
AppRouteConfiguration.postShow(this.resourceId) : pageName = 'PostShow';
```

定义 getter 方法，如果 pageName 等于 PostShow，且 resourceId 不等于 null，isPostShow 就返回 true。

```
bool get isPostShow => pageName == 'PostShow' && resourceId != null;
```

2. 配置路由信息解析器

在路由信息解析器中，修改解析路由信息与恢复路由信息的方法，处理内容页相关的路由信息。

```dart
(文件: lib/app/router/app_route_information_parser.dart)
class AppRouteInformationParser
  extends RouteInformationParser<AppRouteConfiguration> {
 // 解析路由信息
 @override
 parseRouteInformation(routeInformation) async {
   final uri = Uri.parse(routeInformation.location ?? '');
   ...
   if (uri.pathSegments.length == 2 && uri.pathSegments[0] == 'posts') {
     return AppRouteConfiguration.postShow(uri.pathSegments[1]);
   }
   return ...
 }
 // 恢复路由信息
 @override
 restoreRouteInformation(configuration) {
   ...
   if (configuration.isPostShow) {
     return RouteInformation(location: '/posts/${configuration.resourceId}');
   }
 }
}
```

代码解析：

（1）修改解析路由信息的方法。打开 app_route_information_parser，在 parseRouteInformation() 方法里声明一个 uri，值为 Uri.parse 处理的 routeInformation.location，如果其值是 null，就提供一个空白字符串。

接下来进行判断，如果 uri.pathSegment.length 等于 2，且 uri.pathSegments 的第一个项目值等于 posts，则返回使用 AppRouteConfiguration.postShow()构造方法创建的路由配置，resourceId 参数值设置成 uri.pathSegments 里第二个项目的值。

```dart
@override
parseRouteInformation(routeInformation) async {
  final uri = Uri.parse(routeInformation.location ?? '');
  ...
  if (uri.pathSegments.length == 2 && uri.pathSegments[0] == 'posts') {
    return AppRouteConfiguration.postShow(uri.pathSegments[1]);
  }
  return ...
}
```

（2）修改恢复路由信息的方法。在 restoreRouteInformation()方法里，如果 configuration.isPostShow 为 true，则返回一个路由信息（RouteInformation），将 location 设置成 '/posts/${configuration.resourceId}' 。

```dart
@override
restoreRouteInformation(configuration) {
```

```
...
if (configuration.isPostShow) {
  return RouteInformation(location: '/posts/${configuration.resourceId}');
}
}
```

3. 路由代理

打开 app_router_delegate 文件，在 setNewRoutePath()方法里进行判断，如果满足条件，就将 AppModel 里 setPageName()方法的 pageName 属性值设置成 PostShow，setResourceId() 方法的 resourceId 属性值设置成 configuration.resourceId。

```
（文件：lib/app/router/app_router_delegate.dart）
import 'package:flutter/material.dart';
import 'package:provider/provider.dart';
import 'package:xb2_flutter/app/app_model.dart';
import 'package:xb2_flutter/app/components/app_home.dart';
import 'package:xb2_flutter/app/router/app_route_configuration.dart';
import 'package:xb2_flutter/playground/routing/components/about.dart';
import 'package:xb2_flutter/post/show/post_show.dart';
import 'package:xb2_flutter/post/show/post_show_model.dart';

class AppRouterDelegate extends RouterDelegate<AppRouteConfiguration>
    with ... {
  ...
  // 设置新路由地址
  @override
  setNewRoutePath(configuration) async {
    ...
    if (configuration.isPostShow) {
      appModel.setPageName('PostShow');
      appModel.setResourceId('${configuration.resourceId}');
    }
  }

  // 当前路由配置
  @override
  get currentConfiguration {
    ...
    if (appModel.pageName == 'PostShow') {
      return AppRouteConfiguration.postShow(appModel.resourceId);
    }
  }
  ...
}
```

修改 currentConfiguration 方法，判断 appModel.pageName 是否等于 PostShow，如果等于，则返回的是用 AppRouteConfiguration.postShow()构造方法创建的路由配置数据。该构造方法中 resourceId 的参数值是 appModel.resourceId。

```
@override
get currentConfiguration {
```

```
...
if (appModel.pageName == 'PostShow') {
  return AppRouteConfiguration.postShow(appModel.resourceId);
}
}
```

4．测试

在浏览器上测试，单击内容列表里某个内容项目的内容图像，将打开对应内容页面，同时地址栏中的地址会发生变化，地址是在"/posts/"后接当前打开内容的 ID（见图 17.8）。

图 17.8　访问内容页面时地址栏的地址会有变化

17.2.8　任务：请求内容页面需要的数据

用 Chrome 浏览器调试应用，打开一个内容页面，再次刷新页面，页面上会显示错误，这是因为内容页面现在没有需要的内容数据。

我们之前从内容列表打开内容页面，会从内容列表里把一个内容数据交给该内容页面，但在直接访问内容页面时，就没有内容数据了。我们需要让内容页面自行请求服务端提供的内容接口，得到需要的内容数据。

1．定义"暂无内容"小部件

在项目里新建一个文件（lib/app/components/app_no_content.dart），定义一个小部件，名字是 AppNoContent。小部件界面先用一个 Center 小部件，它的 child 是一个 Container，容器的 child 是一个 Text，显示的文字为"暂无内容"。

```
（文件：lib/app/components/app_no_content.dart）
import 'package:flutter/material.dart';

class AppNoContent extends StatelessWidget {
  @override
  Widget build(BuildContext context) {
    return Center(
      child: Container(
        child: Text('暂无内容'),
      ),
    );
  }
}
```

2．改造 PostShow 小部件

我们可以把内容页面用的 PostShow 小部件转换成带状态的小部件（StatefulWidget）。创建小部件时，如果它的 post 属性没有值，可以请求服务端应用的内容接口，从而获取小部件需要的内容数据。

打开 post_show 文件，先把该小部件转换成一个带状态的小部件，选中小部件名字，按 Command+.快捷键，然后执行 Convert to StatefullWidget 命令。

```
（文件：lib/post/show/post_show.dart）
...
import 'package:provider/provider.dart';
import 'package:xb2_flutter/app/components/app_no_content.dart';
import 'package:xb2_flutter/post/show/post_show_model.dart';

class PostShow extends StatefulWidget {
  final String postId;
  final Post? post;
  ...
}
class _PostShowState extends State<PostShow> {
  @override
  void initState() {
    super.initState();
    if (widget.post == null) {
      context.read<PostShowModel>().getPostById(widget.postId);
    }
  }
  @override
  Widget build(BuildContext context) {
    Post? post = widget.post;
    if (widget.post == null) {
      post = context.watch<PostShowModel>().post;
    }
    return Scaffold(
      body: post != null ? PostShowMain(post: post) : AppNoContent(),
    );
  }
}
```

代码解析：

（1）在文件顶部导入 provider、app_no_content、post_show_model。

```
import 'package:provider/provider.dart';
import 'package:xb2_flutter/app/components/app_no_content.dart';
import 'package:xb2_flutter/post/show/post_show_model.dart';
```

（2）请求内容数据。在小部件的状态类里添加 initState()方法，在方法里进行 if 判断，如果 widget.post 等于 null，即 post 属性没有值，就使用 PostShowModel 里的 getPostsById 方法请求内容接口，以获取需要的数据。

```
@override
void initState() {
```

```
super.initState();
if (widget.post == null) {
  context.read<PostShowModel>().getPostById(widget.postId);
}
}
```

（3）定义小部件界面。首先在小部件的 build()方法里，声明一个 post，初值可以等于小部件的 post 属性值。然后进行 if 判断，如果 widget.post 等于 null，就让 post 等于 PostShowModel 实例的 post 属性，因为当小部件 post 属性没有值时，会请求服务端内容接口，得到内容数据后，会把它赋给 PostShowModel 实例的 post 属性。

修改 Scaffold 小部件 body 参数的值，判断 post 是否不等于 null，如果不等于 null，使用 PostShowMain 小部件；如果等于 null，使用 AppNoContent 小部件。也就是说，如果 post 有值，就显示内容数据；如果 post 没有值，就显示"暂无内容"。

```
@override
Widget build(BuildContext context) {
  Post? post = widget.post;
  if (widget.post == null) {
    post = context.watch<PostShowModel>().post;
  }
  return Scaffold(
    body: post != null ? PostShowMain(post: post) : AppNoContent(),
  );
}
```

3．测试

在浏览器中测试。打开一个内容页面并刷新，因为刷新后内容页面小部件的 post 属性没有值了，所以这时小部件会自己请求服务端的内容接口，得到需要的内容数据。

17.3　问题与思考

问题 1：如何解决内容页标签列表溢出问题

如果内容页上有很多要显示的标签，一行排不下，超出了设备宽度，界面就会报错（见图 17.9）。解决方法是把 Row 小部件换成 Wrap 小部件，当一行宽度不够用时，另起一行显示新的标签项目。

打开 post_tags 文件，找到小部件里的 Row，把它替换成 Wrap，在里面用 spacing 参数设置项目间隔，显示效果如图 17.10 所示。

```
（文件：lib/post/components/post_tags.dart）
Wrap(
  spacing: 8,
  children: [

  ],
)
```

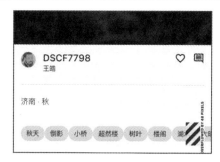

图 17.9　标签列表过长时会溢出　　　　　　图 17.10　用 Wrap 替代 Row 后的内容列表项目

问题 2：如何解决内容页刷新后返回应用首页的问题

用 Chrome 调试 Web 应用时，有时会出现刷新内容页却返回应用首页的情况。观察编辑器的调试控制台可看到提示"请求/posts/147 路由时未找到对应路由，所以使用'/'路由代替要访问的路由"，这就是为什么会在页面刷新后显示首页的原因。

错误原因：打开 app.dart 文件，在小部件返回界面里，我们对 initializing 进行过判断，如果为 true，返回 MaterialApp，在页面中间显示"初始化..."文本，其中未包含应用路由相关的信息。

```
（文件：lib/app.dart）
@override
Widget build(BuildContext context) {
  if (initializing) {
    return MaterialApp(
      ...
      home: Scaffold(
        body: Center(
          child: Text('初始化...'),
        ),
      ),
    );
  }
  return MultiProvider(
    ...
  );
}
```

解决方案：在应用里定义一个"初始化"页面，在特定状态下显示它。

（1）创建初始化页面。新建一个文件（lib/app/components/app_initialize. dart），定义一个 AppInitialize 小部件。

```
（文件：lib/app/components/app_initialize.dart）
import 'package:flutter/material.dart';

class AppInitialize extends StatelessWidget {
  @override
  Widget build(BuildContext context) {
    return Scaffold(
      body: Center(
```

257

```
        child: Text('初始化...'),
      ),
    );
  }
}
```

（2）添加应用状态。在 AppModel 里添加 initializing，默认值是 true，然后定义 setInitializing()方法，修改 initializing 数据的值。

```
（文件：lib/app/app_model.dart）
class AppModel extends ChangeNotifier {
  ...
  bool initializing = true;
  setInitializing(bool data) {
    initializing = data;
    notifyListeners();
  }
  ...
}
```

（3）改造 App。打开 app 文件，首先去掉之前在小部件 State 类里添加的 initializing，然后在 initialize()方法最后去掉之前用的 setState()，换成一个 appModel.setInitializing(false)，把 appModel 里的 initializing 数据值改成 false。再改造小部件界面，去掉判断 initializing 的那段代码，让小部件返回正常的应用界面。

```
（文件：lib/app.dart）
...
class _AppState extends State<App> {
  ...
  initialize() async {
    ...
    appModel.setInitializing(false);
  }
  ...

  @override
  Widget build(BuildContext context) {
    return MultiProvider(
      providers: [
        ...
      ],
      child: MaterialApp.router(
        ...
      ),
    );
  }
}
```

（4）修改应用页面列表。打开 app_router_delegate 文件，首先在文件顶部导入 app_initialize 小部件，然后修改 Navigator 的 pages，在第一个页面中判断 appModel.initializing，如果为 true，在页面列表里添加 AppInitialize 页面。

　　添加 AppHome 页面时，可以判断"!appModel.initializing"，如果应用不是初始化状态，就在页面列表里添加 AppHome 页面。

```
（文件：lib/app/router/app_router_delegate.dart）
...
import 'package:xb2_flutter/app/components/app_initialize.dart';

class AppRouterDelegate extends RouterDelegate<AppRouteConfiguration>
    with ... {
  ...
  @override
  Widget build(BuildContext context) {
   ...
    return Navigator(
     ...
      pages: [
        if (appModel.initializing)
          MaterialPage(
            key: ValueKey('AppInitialize'),
            child: AppInitialize(),
          ),
        if (!appModel.initializing)
          MaterialPage(
            key: ValueKey('AppHome'),
            child: AppHome(),
          ),
        ...
      ],
      ...
    );
  }
}
```

　　（5）测试。用 Chrome 浏览器调试应用，打开一个内容页面并刷新，发现仍能正常显示。

17.4　整 理 项 目

　　在终端，在项目所在目录下，首先把当前分支切换到 master，然后合并 post 分支，再把 master 与 post 两个本地分支推送到项目的 origin 远程仓库里。

```
git checkout master
git merge post
git push origin master post
```

第 18 章

验证身份

本章我们将准备一个用户登录页面，在用户输入用户名与密码后，请求服务端应用的登录接口将获取为用户签发的令牌。在后续验证用户身份接口时，需在请求里携带该令牌。

18.1　准备项目（auth）

在终端，在项目所在目录下执行 git branch 命令，确定当前位于 master 分支。基于 master 分支创建一个新的分支 auth，并切换到 auth 分支上。

```
git checkout -b auth
```

下面每完成一个任务，就在 auth 分支上做一次提交。本章最后，把 auth 分支合并到 master 分支上。

18.2　登 录 页 面

准备登录页面，包含输入用户名与密码的文本字段，以及一个"确定登录"按钮。还需要配置页面列表，在特定状态下显示该登录页面。

18.2.1　任务：添加用户登录页面

1. 改造 UserProfile

"用户"页面上显示的是 UserProfile 小部件，如果用户未登录，显示"请登录"信息；如果用户已登录，显示当前登录的用户信息，如用户名。

打开 user_profile 文件，改造一下这个小部件。

```
（文件: lib/user/profile/user_profile.dart）
...
import 'package:provider/provider.dart';
import 'package:xb2_flutter/app/app_model.dart';
import 'package:xb2_flutter/auth/auth_model.dart';

class UserProfile extends StatelessWidget {
  @override
```

```
Widget build(BuildContext context) {
  // 准备
  final appModel = context.read<AppModel>();
  final authModel = context.watch<AuthModel>();

  // 登录
  final login = TextButton(
    child: Text('请登录'),
    onPressed: () {
      appModel.setPageName('AuthLogin');
    },
  );

  // 用户
  final userProfile = TextButton(
    child: Text(authModel.name),
    onPressed: () {
      authModel.logout();
    },
  );

  return Container(
    color: Colors.white,
    height: double.infinity,
    width: double.infinity,
    child: Center(
      child: authModel.isLoggedIn ? userProfile : login,
    ),
  );
}
```

代码解析：

（1）在文件顶部导入 provider、app_model 和 auth_model。

```
import 'package:provider/provider.dart';
import 'package:xb2_flutter/app/app_model.dart';
import 'package:xb2_flutter/auth/auth_model.dart';
```

（2）准备 Provider 提供的值。在 build()方法里，准备需要的数据。把 AppModel 提供的值交给 appModel，把 AuthModel 提供的值交给 authModel。注意，这里读取 provider 的方法不一样，read 与 watch 方法不同的地方就是，watch 方法会监听变化，有变化就会重建该小部件。

```
Widget build(BuildContext context) {
  // 准备
  final appModel = context.read<AppModel>();
  final authModel = context.watch<AuthModel>();
  ...
}
```

（3）准备登录按钮。声明一个 login，其值是一个按钮，按钮文字是"请登录"，单击该按钮时会把 AppModel 实例里的 pageName 属性值设置成 AuthLogin。后面会配置 Navigator 管理的 pages，添加一个用户登录页面，添加依据是 AppModel 里 pageName 的值等于 AuthLogin。

```
// 登录
final login = TextButton(
  child: Text('请登录'),
  onPressed: () {
    appModel.setPageName('AuthLogin');
  },
);
```

（4）准备用户档案小部件。声明一个 userProfile，表示要显示的用户档案小部件，其值暂时是一个 TextButton，按钮文字是登录成功后的用户名，单击按钮时执行 authModel.logout()方法退出登录。

```
// 用户
final userProfile = TextButton(
  child: Text(authModel.name),
  onPressed: () {
    authModel.logout();
  },
);
```

（5）设置小部件界面。小部件的界面先用一个 Container 容器，容器的 child 是一个 Center 小部件，它的 child 对 authModel.isLoggedIn 进行判断，如果为 true，则使用 userProfile（用户档案）；如果为 false，则显示一个 login（登录按钮）小部件。

```
return Container(
  color: Colors.white,
  height: double.infinity,
  width: double.infinity,
  child: Center(
    child: authModel.isLoggedIn ? userProfile : login,
  ),
);
```

2．观察

打开"用户"页面，因为现在是未登录状态，所以用户页面会显示"请登录"按钮。

3．在页面列表里添加用户登录页面

打开 app_router_delegate，找到 Navigator 的 pages，在这组页面的最后判断 appModel.pageName 是否等于 AuthLogin，如果等于 AuthLogin，就在页面里添加一个登录页面，对应的小部件是 AuthLogin。

```
（文件：lib/app/router/app_router_delegate.dart）
...
import 'package:xb2_flutter/auth/login/auth_login.dart';

class AppRouterDelegate extends RouterDelegate<AppRouteConfiguration>
    with ... {
```

```
...
@override
Widget build(BuildContext context) {
  ...
  return Navigator(
    ...
    pages: [
      ...
      if (appModel.pageName == 'AuthLogin')
        MaterialPage(
          key: ValueKey('AuthLogin'),
          child: AuthLogin(),
        ),
    ],
    ...
  );
}
}
```

4. 修改用户登录小部件

打开 auth_login 文件，在小部件界面里使用 Scaffold，设置其 appBar 为 AppBar()，body 参数为 AuthLoginForm()。

```
（文件: lib/auth/login/auth_login.dart）
import 'package:flutter/material.dart';
import 'package:xb2_flutter/auth/login/components/auth_login_form.dart';

class AuthLogin extends StatelessWidget {
  @override
  Widget build(BuildContext context) {
    return Scaffold(
      appBar: AppBar(
        title: Text('用户登录'),
      ),
      body: AuthLoginForm(),
    );
  }
}
```

5. 测试

在模拟器中测试，打开"用户"页面，单击"请登录"按钮，将打开用户登录页面（见图 18.1）。

图 18.1 用户登录页面

18.2.2 任务：准备登录表单小部件（AuthLoginForm）

用户登录页面的主体是一个登录表单小部件，这个小部件可以提供用户登录时输入用户名与密码用的文本字段，还有请求登录用的按钮。

1．把登录表单小部件转换成带状态的小部件

打开 auth_login_form 文件，首先将其转换成 StatefullWidget 小部件，然后在 State 里添加两个 String?类型的属性，name 表示登录的用户名，password 表示用户密码，其值可以用文本字段来设置。再准备一个 formKey，下面交给登录表单小部件使用。

```
（文件：lib/auth/login/components/auth_login_form.dart）
class AuthLoginForm extends StatefulWidget {
 @override
  _AuthLoginFormState createState() => _AuthLoginFormState();
}
class _AuthLoginFormState extends State<AuthLoginForm> {
 String? name;
 String? password;

 final formKey = GlobalKey<FormState>();
 ...
}
```

2．准备登录表单小部件界面结构

准备登录表单小部件的界面结构，如 header、nameField 等。我们后面会重新定义它们。

```
（文件：lib/auth/login/components/auth_login_form.dart）
import 'package:flutter/material.dart';
import 'package:provider/provider.dart';
import 'package:xb2_flutter/auth/auth_model.dart';

...

class _AuthLoginFormState extends State<AuthLoginForm> {
 ...

 @override
 Widget build(BuildContext context) {
   final authModel = Provider.of<AuthModel>(context, listen: true);
   // 标题
   final header = Text('用户登录');
   // 用户
   final nameField = Text('用户');
   // 密码
   final passwordField = Text('密码');
   // 提交
   final submitButton = Text('确定登录');
   return Container(
     padding: EdgeInsets.all(16),
     child: Form(
       key: formKey,
       child: Column(
         mainAxisAlignment: MainAxisAlignment.center,
         crossAxisAlignment: CrossAxisAlignment.start,
         children: [
           header,
```

```
          nameField,
          passwordField,
          submitButton,
        ],
      ),
    ),
  );
  }
}
```

3. 观察

观察"登录"页面，现在页面上会显示一些文字（见图 18.2），下面我们要把这些文字替换成对应的页面。

4. 定义标题文字小部件（AppHeaderText）

新建一个文件（lib/app/components/app_header_text.dart），定义一个小部件，名字是 AppHeaderText，小部件里有个属性 data，类型是 String，在其构造方法里添加一个 this.data 参数。

```
（文件：lib/app/components/app_header_text.dart）
import 'package:flutter/material.dart';

class AppHeaderText extends StatelessWidget {
  final String data;
  AppHeaderText(this.data);
  @override
  Widget build(BuildContext context) {
    return Container(
      padding: EdgeInsets.only(bottom: 32),
      child: Text(
        data,
        style: TextStyle(
          fontWeight: FontWeight.w300,
          fontSize: 32,
        ),
      ),
    );
  }
}
```

5. 使用标题文字小部件

打开 auth_login_form 文件，首先在文件顶部导入 app_header_text，然后修改 header 的值为 AppHeaderText，参数值为"用户登录"，显示效果如图 18.3 所示。

```
（文件：lib/auth/login/components/auth_login_form.dart）
...
import 'package:xb2_flutter/app/components/app_header_text.dart';
...
class _AuthLoginFormState extends State<AuthLoginForm> {
  ...
  @override
```

265

```
Widget build(BuildContext context) {
  ...
  // 标题
  final header = AppHeaderText('用户登录');
  ...
}
}
```

标题
用户
密码
确定登录

用户登录

用户
密码
确定登录

图 18.2　登录页面　　　　　　图 18.3　使用 AppHeaderText 小部件后

6. 定义应用文本字段小部件（AppTextField）

新建一个文件（lib/app/components/app_text_field.dart），在文件里定义一个小部件，名字是 AppTextField，给它添加两个属性，labelText 是文本字段标签文字，onChanged 是文本字段变更回调。这个小部件里主要使用了 Flutter 的 TextFormField 小部件，

```
（文件：lib/app/components/app_text_field.dart）
import 'package:flutter/material.dart';

class AppTextField extends StatelessWidget {
  final String labelText;
  final ValueChanged<String>? onChanged;
  AppTextField({required this.labelText, this.onChanged});
  @override
  Widget build(BuildContext context) {
    return Container(
      padding: EdgeInsets.only(bottom: 32),
      child: TextFormField(
        decoration: InputDecoration(
          labelText: labelText,
        ),
        onChanged: onChanged,
        autovalidateMode: AutovalidateMode.onUserInteraction,
        validator: (value) {
          if (value == null || value.isEmpty) {
            return '请填写$labelText';
          }
          return null;
        },
      ),
    );
  }
}
```

7. 准备用户字段

打开 auth_login_form 文件，首先在文件顶部导入之前定义的 app_text_field，然后重新

设置 nameField，新建一个 AppTextField 小部件，设置标签文字，还有变更回调参数的值，在字段内容发生变化后，把变化后的内容赋给小部件 name 属性，显示效果如图 18.4 所示。

```
（文件：lib/auth/login/components/auth_login_form.dart）
...
import 'package:xb2_flutter/app/components/app_text_field.dart';
...
class _AuthLoginFormState extends State<AuthLoginForm> {
  ...
  @override
  Widget build(BuildContext context) {
    ...
    // 用户
    final nameField = AppTextField(
      labelText: '用户',
      onChanged: (value) {
        name = value;
      },
    );
    ...
  }
}
```

8. 定义应用密码字段小部件（AppPasswordField）

新建一个文件（lib/app/components/app_password_field.dart），定义一个小部件，名字是 AppPasswordField，给它添加两个属性，labelText 是文本字段标签文字，onChanged 是文本字段变更回调。该小部件里主要使用 Flutter 的 TextFormField 小部件，注意把它的 obscureText 设置成 true，使得通过该字段输入的内容不可见。

```
（文件：lib/app/components/app_password_field.dart）
import 'package:flutter/material.dart';

class AppPasswordField extends StatelessWidget {
  final String? labelText;
  final ValueChanged<String>? onChanged;

  AppPasswordField({
    this.labelText,
    this.onChanged,
  });

  @override
  Widget build(BuildContext context) {
    return Container(
      padding: EdgeInsets.only(bottom: 32),
      child: TextFormField(
        obscureText: true,
        decoration: InputDecoration(
          labelText: labelText ?? '密码',
        ),
        onChanged: onChanged,
```

```
      autovalidateMode: AutovalidateMode.onUserInteraction,
      validator: (value) {
        if (value == null || value.isEmpty) {
          return '请填写用户密码';
        }

        if (value.isNotEmpty && value.length < 6) {
          return '请设置 6 位以上的密码';
        }

        return null;
      },
    ),
  );
  }
}
```

9. 准备密码字段

打开 auth_login_form 文件，在文件顶部导入之前定义的 app_password_field，然后重新设置 passwordField 的值。新建 AppPasswordField 小部件，设置标签文字，变更回调参数的值。字段内容发生变化后，会把变化后的内容赋给小部件 password 属性，显示效果如图 18.5 所示。

```
（文件：lib/auth/login/components/auth_login_form.dart）
...
import 'package:xb2_flutter/app/components/app_password_field.dart';
...
class _AuthLoginFormState extends State<AuthLoginForm> {
  ...
  @override
  Widget build(BuildContext context) {
    ...
    // 密码
    final passwordField = AppPasswordField(
      onChanged: (value) {
        password = value;
      },
    );
    ...
  }
}
```

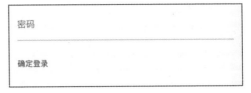

图 18.4　使用 AppTextField 后的页面效果　　图 18.5　使用 AppPasswordField 后的页面效果

10．定义应用按钮字段（AppButton）

新建一个文件（lib/app/components/app_button.dart），定义一个小部件，名字是 AppButton。小部件有两个属性，text 表示按钮显示的文字，是 String 类型；onPressed 是按钮单击回调函数。

```
（文件：lib/app/components/app_button.dart）
import 'package:flutter/material.dart';

class AppButton extends StatelessWidget {
  final String? text;
  final VoidCallback onPressed;
  AppButton({
    required this.onPressed,
    this.text,
  });
  @override
  Widget build(BuildContext context) {
    return Container(
      padding: EdgeInsets.only(bottom: 16),
      child: ElevatedButton(
        style: ElevatedButton.styleFrom(
          textStyle: TextStyle(fontSize: 20),
          minimumSize: Size(double.infinity, 60),
        ),
        child: Text('${text ?? '按钮'}'),
        onPressed: onPressed,
      ),
    );
  }
}
```

11．准备用户登录按钮

打开 auth_login_form 文件，在文件顶部导入之前定义的 app_button，重新设置 submitButton 的值，新建一个 AppButton 小部件，设置按钮的单击回调函数和按钮文字，显示效果如图 18.6 所示。

图 18.6　登录页面的"确定登录"按钮

```
（文件：lib/auth/login/components/auth_login_form.dart）
...
import 'package:xb2_flutter/app/components/app_button.dart';
...
class _AuthLoginFormState extends State<AuthLoginForm> {
  ...
  @override
  Widget build(BuildContext context) {
    ...
    // 提交
    final submitButton = AppButton(
      onPressed: () {},
      text: '确定登录',
```

```
  );
  ...
 }
}
```

18.3 请 求 登 录

准备与使用请求登录时用到的类型、数据和方法。

18.3.1 任务：定义用户登录相关类型（LoginData，Auth）

我们可以给请求登录时要提供的数据和请求登录成功以后得到的数据分别去定义各自的类型。

1. 新建 auth.dart 文件

新建一个文件（lib/auth/auth.dart），在文件顶部导入 json_annotation，然后用 part 包含 auth.g.dart 文件。

```
（文件：lib/auth/auth.dart）
import 'package:json_annotation/json_annotation.dart';
part 'auth.g.dart';
```

2. 定义登录数据类型（LoginData）

定义类 LoginData，表示请求登录时提供的数据，用@JsonSerializable 标注该类。请求用户登录接口需要提供 name 与 password，即登录用户名和密码。

```
（文件：lib/auth/auth.dart）
@JsonSerializable(explicitToJson: true)
class LoginData {
  String name;
  String password;

  LoginData({
    required this.name,
    required this.password,
  });

  factory LoginData.fromJson(Map<String, dynamic> json) {
    return _$LoginDataFromJson(json);
  }
  Map<String, dynamic> toJson() => _$LoginDataToJson(this);
}
```

3. 定义登录成功后返回的数据的类型（Auth）

在 auth.dart 文件里再定义一个类，名字是 Auth，表示请求登录成功后返回的响应主体数据，用@JsonSerializable 标注。该类里包含用户 ID（id）、用户名（name）以及给用户签

270

发的令牌（token）。

```
（文件：lib/auth/auth.dart）
@JsonSerializable(explicitToJson: true)
class Auth {
  int id;
  String name;
  String token;
  Auth({
    required this.id,
    required this.name,
    required this.token,
  });
  factory Auth.fromJson(Map<String, dynamic> json) {
    return _$AuthFromJson(json);
  }
  Map<String, dynamic> toJson() => _$AuthToJson(this);
}
```

4．执行编译命令

在终端，在项目所在目录下，执行如下命令：

```
flutter pub run build_runner build
```

命令执行成功后，会发现 lib/auth 下多了一个文件（auth.g.dart），该文件里有 auth.dart
需要的代码。

18.3.2　任务：自定义网络请求异常（HttpException）

我们可以根据需要定义不同类型的异常，这样在处理异时，可以先判断异常的类型再
去做相应的处理。例如，用 http 包提供的方法发送网络请求时，如果得到的不是正常的响
应，可以抛出一个特定类型的异常。

新建一个文件（lib/app/exceptions/http_exception.dart），定义一个类，名字是
HttpException，让它实现（implements）Exception 类。在类里首先添加一个 String 类型的
属性 message，表示异常信息，再添加一个参数 this.message。然后覆盖 toString()方法，返
回值是 "'HttpException: $message'"。

```
（文件：lib/app/exceptions/http_exception.dart）
class HttpException implements Exception {
  String message;
  HttpException(this.message);
  @override
  String toString() {
    return 'HttpException: $message';
  }
}
```

现在，当发送网络请求得到非正常响应数据时，就可以抛出一个 HttpException，抛出
这个异常时可以给其 message 参数提供一个值，描述发生的异常情况。

18.3.3　任务：定义身份验证模型（AuthModel）

身份验证相关的数据与方法可以放在 AuthModel 里面。

1．准备身份验证模型数据

打开 auth_model 文件，添加两个 String 类型的属性，userId 表示登录成功后的用户 ID，token 表示服务端给用户签发的令牌。再添加一个表示当前用户是否登录的 getter 方法，名字是 isLoggedIn，返回值为 token.isNotEmpty，如果 token 值不为空白，则返回 true，否则返回 false。

```
（文件：lib/auth/auth_model.dart）
class AuthModel extends ChangeNotifier {
  String userId = '';
  String name = '';
  String token = '';
  bool get isLoggedIn => token.isNotEmpty;
  ...
}
```

2．定义登录方法

下面定义 login 登录方法。

```
（文件：lib/auth/auth_model.dart）
import 'dart:convert';
import 'package:http/http.dart' as http;
import 'package:xb2_flutter/app/app_config.dart';
import 'package:xb2_flutter/app/exceptions/http_exception.dart';
import 'package:xb2_flutter/auth/auth.dart';

class AuthModel extends ChangeNotifier {
  ...

  Future<Auth> login(LoginData data) async {
    final uri = Uri.parse('${AppConfig.apiBaseUrl}/login');
    final response = await http.post(uri, body: data.toJson());
    final responseBody = jsonDecode(response.body);
    if (response.statusCode == 200) {
      final auth = Auth.fromJson(responseBody);
      userId = auth.id.toString();
      name = auth.name;
      token = auth.token;
      notifyListeners();
      return auth;
    } else {
      throw HttpException(responseBody['message'] ?? '网络请求出了点问题 😿');
    }
  }
  ...
}
```

代码解析：

（1）在文件顶部导入 dart:convert、http、app_config、http_exception 和 auth。

```
import 'dart:convert';
import 'package:http/http.dart' as http;
import 'package:xb2_flutter/app/app_config.dart';
import 'package:xb2_flutter/app/exceptions/http_exception.dart';
import 'package:xb2_flutter/auth/auth.dart';
```

（2）定义 login()方法。

login()方法返回一个 Future<Auth>，参数为 data，类型是 LoginData，用 async 标记该方法。

```
Future<Auth> login(LoginData data) async {
}
```

在 login()方法里，首先准备请求的登录接口地址，然后用 http.post()方法请求该地址。请求时把请求要带的数据交给 body 参数，对应值是 data.toJson()，因为 login()方法中 data 参数的类型是 LoginData，调用 toJson()方法可把它转换成 Map 数据。请求回来的主体数据用 jsonDecode 处理，处理结果交给 responseBody。

```
final uri = Uri.parse('${AppConfig.apiBaseUrl}/login');
final response = await http.post(uri, body: data.toJson());
final responseBody = jsonDecode(response.body);
```

判断响应状态码 response.statusCode 是否等于 200，如果不等于 200，抛出我们之前定义的 HttpException 异常，提供一个异常信息。如果 responseBody 里有 message，就用该属性值作为异常信息；如果没有值，就把异常信息设置成"网络请求出了点问题🌋"。

```
if (response.statusCode == 200) {
  ...
} else {
  throw HttpException(responseBody['message'] ?? '网络请求出了点问题 🌋');
}
```

如果请求得到正常响应，说明用户已登录成功，首先把 responseBody 交给 Auth.fromJson()，返回一个 Auth 类型的数据，名字叫 auth。然后设置 userId、name、token 等属性值，执行 notifyListeners()，最后让 login()方法返回 auth。

```
if (response.statusCode == 200) {
  final auth = Auth.fromJson(responseBody);
  userId = auth.id.toString();
  name = auth.name;
  token = auth.token;
  notifyListeners();
  return auth;
} else {
  ...
}
```

3. 定义退出登录的方法

修改 logout()方法，首先把 AuthModel 里的 userId、name、token 都设置成空白字符，然后执行 notifyListeners()。

```
（文件：lib/auth/auth_model.dart）
...
class AuthModel extends ChangeNotifier {
  ...
  logout() {
    userId = '';
    name = '';
    token = '';
    notifyListeners();
  }
}
```

18.3.4 任务：请求用户登录

单击"登录"页面上的"确定登录"按钮，执行 AuthLogin 里的 login()方法，请求登录。

1. 请求用户登录

请求用户登录代码如下。

```
（文件：lib/auth/login/components/auth_login_form.dart）
...
import 'package:xb2_flutter/app/app_model.dart';
import 'package:xb2_flutter/app/exceptions/http_exception.dart';
import 'package:xb2_flutter/auth/auth.dart';

class _AuthLoginFormState extends State<AuthLoginForm> {
  ...

  @override
  Widget build(BuildContext context) {
    ...
    final appModel = context.read<AppModel>();
    ...
    // 提交
    final submitButton = AppButton(
      onPressed: () async {
        formKey.currentState!.validate();

        try {
          await authModel.login(
            LoginData(
              name: name!,
              password: password!,
            ),
          );

          appModel.setPageName('');
        } on HttpException catch (e) {
          ScaffoldMessenger.of(context).showSnackBar(
            SnackBar(content: Text(e.message)),
          );
        }
```

```
    },
    text: '确定登录',
  );
  ...
 }
}
```

代码解析：

（1）打开 auth_login_form 文件，在文件顶部导入 app_model、http_exception、auth。

```
import 'package:xb2_flutter/app/app_model.dart';
import 'package:xb2_flutter/app/exceptions/http_exception.dart';
import 'package:xb2_flutter/auth/auth.dart';
```

（2）在小部件的 build()方法里，读取 AppModel 这个 Provider 提供的值。登录成功后要使用其 setPageName()方法修改 pageName 属性的值。

```
@override
Widget build(BuildContext context) {
  ...
  final appModel = context.read<AppModel>();
  ...
}
```

（3）定义"确定登录"按钮的单击回调函数。

找到 submitButton，设置其 onPressed 函数，并用 async 标记。在方法里，首先执行 formKey.currentState!.validate()方法验证表单数据，然后使用 try...catch 区块处理异常。在 try 区块里，执行 authModel.login()方法发送用户登录请求，参数是一个 LoginData 类型的数据，用于设置用户 name 和 password。在 catch 区块里设置 on HttpException，当出现 HttpException 异常时，显示一条提示信息。

```
// 提交
final submitButton = AppButton(
  onPressed: () async {
    formKey.currentState!.validate();

    try {
      await authModel.login(
        LoginData(
          name: name!,
          password: password!,
        ),
      );

      appModel.setPageName('');
    } on HttpException catch (e) {
      ScaffoldMessenger.of(context).showSnackBar(
        SnackBar(content: Text(e.message)),
      );
    }
  },
  text: '确定登录',
);
```

请求登录成功后，需要执行 AppModel 里的 setPageName()方法，把 pageName 属性值设置成一个空白字符串，以显示应用首页。因此重建页面列表后，列表里将只剩下首页。

2．测试登录

在模拟器中测试，在登录页面使用之前测试网络请求时创建的用户名和密码登录。如果还没有可用的账户，可以登录 https://nid-vue.ninghao.co 网站注册一个。

登录成功后，打开"用户"页面，页面上将显示当前登录的用户名称（见图 18.7）。

3．测试退出登录

单击登录成功后显示的用户名，将执行 authModel 里的 logout()方法退出登录。成功退出后，界面上又会显示"请登录"按钮，单击该按钮会打开登录页面。

4．测试错误的用户名

登录时输入一个错误的用户名，如"张三丰"，再随便输入一个密码，然后单击"确定登录"按钮。因为请求登录的用户在应用里不存在，服务端会给出一个异常响应，login()方法得到异常响应会抛出一个 HttpException 异常，在"确定登录"按钮的单击回调函数里处理这个异常，显示一条提示，提示内容就是 message 属性的值（见图 18.8）。

图 18.7　登录成功后在页面上显示用户名　　　图 18.8　登录时提供不存在的用户会显示提示信息

18.4　问题与思考

问题：能否不定义 LoginData 类型

可以。也可以直接让 AuthModel 里的 login()方法支持两个带名字的参数 name 与 password，它们的类型都是 String。

18.5　整 理 项 目

在终端，在项目所在目录下，首先把当前分支切换到 master，然后合并 auth 分支，再把 master 与 auth 两个本地分支推送到项目的 origin 远程仓库里。

```
git checkout master
git merge auth
git push origin master auth
```

第 19 章

状态管理

在实际应用中会创建很多 Provider，以提供各类内容给小部件使用，所以我们需要一套更好的方法来管理这些 Provider。同时，也需要解决这些 provider 之间的依赖问题。

19.1 准备项目（state-management_2）

在终端，在项目所在目录下执行 git branch 命令，确定当前位于 master 分支。基于 master 分支创建一个新的分支 state-management_2，并且切换到该分支上。

```
git checkout -b state-management_2
```

下面每完成一个任务，就在 state-management_2 分支上做一次提交。本章最后会把 state-management_2 分支合并到 master 分支上。

19.2 改造创建 Provider 的方式

改造创建 Provider 的方式分为两种，下面我们将进行详细介绍。

19.2.1 任务：使用 Provider 的 value 构造方法提供值

创建 Provider 时，可通过 create 方法创建并返回一个实例，也可以使用 value 构造方法直接提供一个值。

打开 app.dart 文件，在小部件的状态类里声明一个属性，类型是 AuthModel，名字是 authModel，其值是新建的 AuthModel 类实例。修改之前提供 AuthModel 与 AppModel 实例的 provider，用 ChangeNotifierProvider.value()构造方法提供。设置 value 参数，对应值是 ChangeNotifier 类实例。如果应用报错，就重启应用调试。

```
（文件：lib/app/app.dart）
class _AppState extends State<App> {
 final AppModel appModel = AppModel();
 final AuthModel authModel = AuthModel();

 @override
 Widget build(BuildContext context) {
  return MultiProvider(
```

```
  providers: [
    ChangeNotifierProvider.value(value: authModel),
    ChangeNotifierProvider.value(value: appModel),
    ...
  ],
  ...
);
}
}
```

上述代码中的两个 Provider 没有设置类型，但 Dart 可以推断出正确的类型。当然，也可以明确地设置要提供的类型。

```
ChangeNotifierProvider<AppModel>.value(value: appModel),
```

19.2.2　任务：在单独的文件里定义要提供的 Provider

在开发真实应用时，需要创建很多 Provider 为小部件提供不同的内容。如果把它们全部放在一个地方，会显得非常乱。最好的办法是创建多个 Provider 文件，每个文件里分别创建 Provider。

例如，应用里需要用 Provider 提供一些与内容（Post）相关的东西，这就可以创建一个 post_provider.dart 文件，在这个文件里创建与 Post 相关的 Provider。

1．去掉在 PostIndex 里创建的 Provider

之前我们在 PostIndex 小部件里创建了一个 Provider，现在把这个 Provider 删掉，直接让小部件的 build 返回 TabBarView 小部件。

```
（文件: lib/post/index/post_index.dart)
class PostIndex extends StatelessWidget {
  @override
  Widget build(BuildContext context) {
    return TabBarView(
      ...
    );
  }
}
```

2．创建 Provider 文件定义 Provider

在项目里新建一个文件（lib/post/post_provider.dart），在这个文件里创建两个 Provider，分别提供 PostShowModel 与 PostIndexModel。

在这个文件里再声明一个 Provider 列表，名字是 postProviders，把在上面创建的 postShowProvider 和 postIndexProvider 放在这个列表里。

```
（文件: lib/post/post_provider.dart)
import 'package:provider/provider.dart';
import 'package:xb2_flutter/post/index/post_index_model.dart';
import 'package:xb2_flutter/post/show/post_show_model.dart';

final postShowProvider = ChangeNotifierProvider<PostShowModel>(
```

```
  create: (context) => PostShowModel(),
);
final postIndexProvider = ChangeNotifierProvider(
  create: (_) => PostIndexModel(),
);
final postProviders = [
  postShowProvider,
  postIndexProvider,
];
```

3. 使用 Provider 文件里定义的 Provider

打开 app.dart 文件，首先导入之前创建的 post_provider，然后在 MultiProvider 的 providers 里使用 spread 操作符（...）把 postProviders 列表项目放到 providers 列表里。保存文件后重启应用调试，如果依然报错，可以先停止调试，再重新运行一次。

```
（文件：lib/app/app.dart）
...
import 'package:xb2_flutter/post/post_provider.dart';
...

class _AppState extends State<App> {
  ...
  @override
  Widget build(BuildContext context) {
    return MultiProvider(
      providers: [
        ...
        ...postProviders,
      ],
      ...
    );
  }
}
```

19.3　在用户设备上存取数据

在应用里，很多时候需要把一些数据存储在用户设备上，如用户选择的列表布局、用户令牌等。当启动应用时，再读取这些存储在用户设备上的数据。

19.3.1　任务：用 shared preferences 插件记住登录状态

在用户设备上存储数据，需要借助 shared preferences 插件。下面我们来安装该插件，让它记住用户的登录状态。这样，在应用启动时就可以读取存储数据，恢复用户的登录状态了。

1. 安装 shared_preferences

给项目安装 shared_preferences。在终端，在项目所在目录下，执行如下命令：

```
flutter pub add shared_preferences
```

安装插件后，会修改项目里的其他文件，如果应用报错，可以先停止运行调试，然后重新运行调试。

2．观察 pubspec.yaml 文件

打开 pubspec.yaml 文件，在 dependencies 下会列出刚才安装的 shared_preferences。

```
（文件: pubspec.yaml）
dependencies:
  ...
  shared_preferences: ^2.0.7
```

3．存储与删除用户的登录状态

存储用户的登录状态，其实就是存储用户登录成功后服务端给用户做出的响应主体数据，该数据里包含了服务端给用户签发的令牌。

打开 auth_model 文件，首先定义存储与删除用户状态的方法，然后改造 login()方法，让它存储用户的登录状态，再改造 logout()方法，删除用户的登录状态。

```
（文件: lib/auth/auth_model.dart）
...
import 'package:shared_preferences/shared_preferences.dart';

class AuthModel extends ChangeNotifier {
  ...
  storeAuth(Auth auth) async {
    final prefs = await SharedPreferences.getInstance();
    prefs.setString('auth', jsonEncode(auth));
  }

  removeAuth() async {
    final prefs = await SharedPreferences.getInstance();
    prefs.remove('auth');
  }

  Future<Auth> login(LoginData data) async {
    ...
    if (response.statusCode == 200) {
      final auth = Auth.fromJson(responseBody);
      ...
      storeAuth(auth);
      notifyListeners();

      return auth;
    } else {
      ...
    }
  }

  logout() {
    ...
    removeAuth();
    notifyListeners();
```

```
  }
}
```

代码解析：

（1）在文件顶部导入需要用的 shared_preferences。

```
import 'package:shared_preferences/shared_preferences.dart';
```

（2）定义存储登录状态的方法。

定义方法 storeAuth()，接收一个 Auth 类型的参数，名字是 auth，用 async 标记该方法。执行 SharedPreferences.getInstance()，获取一个 SharedPreferences 实例，交给 prefs，我们使用其方法存储与删除数据。

用 prefs.setString()存储一个字符串类型的值，第一个参数是给数据起的名字，这里是 auth，对应值是 jsonEncode 处理后的 auth 参数。这里，jsonEncode 会自动调用 auth 里的 toJson() 方法。

```
storeAuth(Auth auth) async {
  final prefs = await SharedPreferences.getInstance();
  prefs.setString('auth', jsonEncode(auth));
}
```

（3）定义删除登录状态的方法。在 app_model 里定义 removeAuth()方法，执行 prefs.remove()，把存储在用户设备上以 auth 为名字的数据删除。

```
removeAuth() async {
  final prefs = await SharedPreferences.getInstance();
  prefs.remove('auth');
}
```

（4）登录成功后，存储登录状态。修改 login()方法，用户登录成功后执行 storeAuth(auth)，在用户设备上存储 auth 数据。

```
Future<Auth> login(LoginData data) async {
  ...
  if (response.statusCode == 200) {
    final auth = Auth.fromJson(responseBody);
    ...
    storeAuth(auth);
    notifyListeners();
    return auth;
  } else {
    ...
  }
}
```

（5）退出登录时删除登录状态。执行 logout()方法时同步执行 removeAuth()，把存储在用户设备上 auth 名字的数据删除。

```
logout() {
  ...
  removeAuth();
  notifyListeners();
}
```

4．测试

打开"用户"页面，单击"登录"按钮，输入用户名与密码后，单击"确定登录"按钮。如果报错，可以先停止运行调试，重新运行一次。如果一切正常，登录成功后，会在用户设备上存储用户登录状态，也就是服务端响应回来的主体数据，里面有用户 id、name和给用户签发的 token。

19.3.2 任务：应用启动以后恢复登录状态

用户登录成功后，"用户"页面上会显示用户名字，即 AuthModel 里 name 属性的值。重启应用（按 Shift+Command+F5 快捷键），再次打开用户页面，不会再显示 AauthModel里 name 的值，因为它现在已经没有值了。应用启动后，可以让应用读取登录成功后存储在用户设备上的登录数据，恢复用户的登录状态。

1．定义设置用户登录状态的方法

打开 auth_model 文件，在 AuthModel 里定义 setAuth()方法，该方法接收一个 Auth 类型的参数，名字是 auth。在方法里设置 userId、name、token 属性的值，然后执行 notifyListeners()通知监听者。

```
（文件：lib/auth/auth_model.dart）
class AuthModel extends ChangeNotifier {
  ...
  setAuth(Auth auth) {
    userId = '${auth.id}';
    name = auth.name;
    token = auth.token;
    notifyListeners();
  }
  ...
}
```

2．恢复用户登录状态

在 app.dart 里，读取存储在用户设备上的登录状态数据，恢复用户的登录状态。

```
（文件：lib/app/app.dart）
import 'dart:convert';
import 'package:shared_preferences/shared_preferences.dart';
import 'package:xb2_flutter/auth/auth.dart';
...

class _AppState extends State<App> {
  ...
  bool initializing = true;
  initialize() async {
    final prefs = await SharedPreferences.getInstance();
    final hasAuth = prefs.containsKey('auth');
    if (hasAuth) {
      final auth = Auth.fromJson(
```

```
        jsonDecode(prefs.getString('auth')!),
      );
      authModel.setAuth(auth);
    }
    setState(() {
      initializing = false;
    });
  }

  @override
  void initState() {
    super.initState();
    initialize();
  }

  @override
  Widget build(BuildContext context) {
    if (initializing) {
      return MaterialApp(
        debugShowCheckedModeBanner: false,
        home: Scaffold(
          body: Center(
            child: Text('初始化...'),
          ),
        ),
      );
    }

    return MultiProvider(
      ...
    );
  }
}
```

代码解析：

（1）在文件顶部导入 dart:convert、shared_preferences 和 auth。

```
import 'dart:convert';
import 'package:shared_preferences/shared_preferences.dart';
import 'package:xb2_flutter/auth/auth.dart';
```

（2）添加表示应用初始化状态的属性。在 App 小部件的状态类里，添加一个 bool 类型的 initializing 属性，默认值是 false，用来表示应用的初始化状态，如果其值为 true，则表示应用正在做初始化，完成初始化后，可以把属性值设置成 false。

```
bool initializing = true;
```

（3）定义初始化方法。定义一个执行初始化任务的方法，名字是 initialize，用 SharedPreferences 提供的方法读取存储在设备上的 auth 数据，如果该数据存在，就执行 authModel.setAuth()，恢复用户登录状态。最后把 initializing 设置成 false，表示完成了初始化，因为是在 setState() 的回调里修改属性值，所以会重建该小部件。

```
initialize() async {
```

```
  final prefs = await SharedPreferences.getInstance();
  final hasAuth = prefs.containsKey('auth');
  if (hasAuth) {
    final auth = Auth.fromJson(
      jsonDecode(prefs.getString('auth')!),
    );
    authModel.setAuth(auth);
  }
  setState(() {
    initializing = false;
  });
}
```

（4）执行初始化。添加 initState()方法，在该方法中执行 initialize()方法。

```
@override
void initState() {
  super.initState();
  initialize();
}
```

（5）修改小部件界面。在 build()方法里，根据 initializing 的值决定要返回的小部件，如果 initializing 是 true，返回的 MaterialApp 小部件里将提供一个基本页面，居中显示"初始化..."文本，否则就返回正常的小部件。

```
@override
  Widget build(BuildContext context) {
    if (initializing) {
      return MaterialApp(
        debugShowCheckedModeBanner: false,
        home: Scaffold(
          body: Center(
            child: Text('初始化...'),
          ),
        ),
      );
    }
    return MultiProvider(
      ...
    );
  }
```

注意，如果这样做，在调试 Web 应用时，直接打开内容页会报错。本章最后我们再讨论解决方案。

3．测试

重启应用界面，开始会显示"初始化..."页面，如图 19.1 所示。执行 initialize()方法后，会把 initializing 修改成 false，这时应用就会显示正常的页面。

初始化...

图 19.1　应用在初始化时的页面

再次打开"用户"页面，会发现仍显示之前成功登录后的用户名字（见图 19.2）。因为重启应用后会读取存储在设备上的 auth 数据，执行 authModel 里的 setAuth()方法恢复用户登录状态。用户登录状态恢复后，authModel 里的 userId、name、token 就又有值了。

图 19.2　应用重启以后在用户页面仍然会显示用户名

19.4　使用代理 Provider 解决依赖

用 Provider 提供的内容可能会依赖另一些 Provider 提供的内容，解决 Provider 之间的依赖问题可以使用代理 Provider。

很多接口需要检查用户身份，这就需要在请求里包含一个特定的头部数据，带着登录成功以后服务端给用户签发的令牌。下面可以先准备一个 AppService，在里面创建一个专门用来请求服务端接口用的 Http 客户端，该客户端发送请求时，如果用户是登录状态，就在请求的头部里包含令牌。

AppService 创建 Http 客户端时需要知道用户令牌是什么。令牌的值应该在 AuthModel 的 token 属性里，也就是说，AppService 类依赖 AuthModel 里的 token，因此可以用一个代理 Provider 提供 AppService，在创建代理 Provider 时，可以说明它依赖的 Provider。

19.4.1　任务：定义应用服务与接口客户端（AppService 和 ApiHttpClient）

用户登录成功后，服务端会给用户签发一个令牌。后续再请求服务端应用接口时，在请求头部里会包含该令牌的值，服务端会据此判断当前请求是哪个用户发送的。

下面我们就来基于 http 包，自定义一个 Http 客户端。

1．自定义请求服务端接口用的 Http 客户端

在项目下新建一个文件（lib/app/app_service.dart），导入 material、http 和 auth_model。

```
（文件：lib/app/app_service.dart）
import 'package:flutter/material.dart';
import 'package:http/http.dart' as http;
import 'package:xb2_flutter/auth/auth_model.dart';

class ApiHttpClient extends http.BaseClient {
  final String token;
  ApiHttpClient({
    required this.token,
  });
  @override
  Future<http.StreamedResponse> send(http.BaseRequest request) {
```

```
    if (token.isNotEmpty) {
      request.headers.putIfAbsent('Authorization', () => 'Bearer $token');
    }
    return request.send();
  }
}
```

代码解析：

（1）创建 ApiHttpClient。在文件里定义一个类，名字是 ApiHttpClient，继承自 http.BaseClient，在类里声明一个 String 类型的属性 token，值为用户的令牌。在构造方法里添加参数 required this.token，创建类时必须要提供 token 参数的值。

```
class ApiHttpClient extends http.BaseClient {
  final String token;
  ApiHttpClient({
    required this.token,
  });
}
```

（2）在 ApiHttpClient 类里覆盖 send()方法，接收一个 request 参数，其值就是要发送的请求。在方法里进行判断，如果 token 有值，就在发送请求里添加头部数据，数据名字是 Authorization，对应值是 Bearer $token，最后返回 request.send()。

```
@override
Future<http.StreamedResponse> send(http.BaseRequest request) {
  if (token.isNotEmpty) {
    request.headers.putIfAbsent('Authorization', () => 'Bearer $token');
  }
  return request.send();
}
```

使用自定义 Http 客户端请求服务端接口时，创建客户端时如果提供了 token 的值，发送的请求头里就会包含一个名字是 Authorizaton 的头部数据，对应值是 Bearer 空格，然后是用户令牌。服务端应用收到请求后会从请求里提取用户令牌，验证令牌后就知道发送请求的用户是谁了。

2. 定义 AppService

在 app_service 里再定义一个类，名字是 AppService，添加一个 authModel 属性，创建 AppService 时要提供 authModel 参数，参数值赋给 authModel 属性。再添加一个属性，名字是 apiHttpClient，创建类时设置 apiHttpClient 的值，可以新建一个 ApiHttpClient。

创建自定义 Http 客户端时要设置 token 参数，对应值就是 authModel 里的 token，这个 authModel 就是 AppService 依赖的内容。下面我们用一个代理 Provider 提供 AppService，解决依赖问题。

```
（文件：lib/app/app_service.dart）
class AppService extends ChangeNotifier {
  final AuthModel authModel;
  late ApiHttpClient apiHttpClient;
  AppService({
```

```
    required this.authModel,
  }) {
    apiHttpClient = ApiHttpClient(token: authModel.token);
  }
}
```

19.4.2 任务：用 ChangeNotifierProxyProvider 解决依赖

下面来创建一个 Provider，提供之前定义的 AppService 给小部件使用。AppService 里有个依赖，就是 authModel，所以不能用普通的 Provider 提供它，可以使用 Proxy 类型的 Provider，解决 Provider 之间的依赖问题。

1. 创建 ChangeNotifierProxyProvider

新建一个文件（lib/app/app_provider.dart），用 ChangeNotifierProxyProvider()创建一个 Provider，如果要提供的内容有两个依赖，使用 ChangeNotifierProxyProvider2 创建该 Provider；如果有 3 个依赖，使用 ChangeNotifierProxyProvider3 创建该 Provider。

使用 ChangeNotifierProxyProvider 要设置两个类型，第一个类型就是依赖的 Provider，这里就是 AuthModel，第二个类型是要提供的内容，这里就是 AppService。

下面我们用 create 创建并返回一个 AppService，配置 update 方法的参数，它的第二个参数是 authModel，也就是 AppService 依赖的那个 Provider 的值，第三个参数（appService）是当前创建的这个 Provider 提供的值。如果 AppService 依赖的 AuthModel 发生了变化，就会执行这个 update 方法，这时我们可以新建一个 AppService，并提供一个 authModel 参数，参数的值就是变化之后的 authModel。

```
（文件：lib/app/app_provider.dart）
import 'package:provider/provider.dart';
import 'package:xb2_flutter/app/app_service.dart';
import 'package:xb2_flutter/auth/auth_model.dart';

final appServiceProvider = ChangeNotifierProxyProvider<AuthModel, AppService>(
  create: (context) => AppService(authModel: context.read<AuthModel>()),
  update: (context, authModel, appService) => AppService(authModel: authModel),
);
final appProviders = [
  appServiceProvider,
];
```

2. 在应用里添加 Provider

打开 app 文件，首先在文件顶部导入 app_provider，然后在 MultiProvider 的 providers 列表里，用 spread 操作符把 appProviders 里的项目放到 provider 列表里。注意，要放在 AuthModel 下，因为 appProviders 里的 appServiceProvider 依赖 AuthModel 这个 Provider。

```
（文件：lib/app/app.dart）
...
import 'package:xb2_flutter/app/app_provider.dart';
...
```

```
class _AppState extends State<App> {
  ...

  return MultiProvider(
    providers: [
      ChangeNotifierProvider.value(value: authModel),
      ...
      ...appProviders,
    ],
    ...
  );
}
}
```

19.4.3　任务：改造 PostIndexModel 用 apiHttpClient 发送请求

在内容列表模型里有个 getPosts()方法，可以请求内容列表接口。我们可以改造这个内容列表数据模型，让 getPosts()方法使用 AppService 里的 apiHttpClient 发送请求。这样如果用户是登录状态，就会在请求里包含用户令牌，服务端内容列表接口会根据令牌判断发送请求的用户是谁，从而做出不一样的响应，如在列表项目里包含表示当前用户是否赞过（liked）该内容的数据，如果赞过，列表项目里的 liked 属性值就会是 1；如果没有赞过，该属性的值就会是 0。

1．改造 PostIndexModel

打开 post_index_model 文件，首先在文件顶部导入 app_service。然后声明一个属性，类型是 AppService，名字是 appService。再添加参数 this.appService 与 this.posts。修改 getPosts 方法，请求内容列表接口时用 appService.apiHttpClient 提供的 get()方法。

```
（文件: lib/post/index/post_index_model.dart）
...
import 'package:xb2_flutter/app/app_service.dart';

class PostIndexModel extends ChangeNotifier {
  ...
  final AppService appService;
  PostIndexModel({
    required this.appService,
    this.posts,
  });
  ...
  Future<List<Post>> getPosts() async {
    ...
    final response = await appService.apiHttpClient.get(uri);
    ...
  }
}
```

2. 用 ChangeNotifierProxyProvider 提供 PostIndexModel

现在因为 PostIndexModel 依赖 Provider 里面提供的 AppService，所以要用代理 Provider 提供 PostIndexModel。

```
（文件：lib/post/post_provider.dart）
...
import 'package:xb2_flutter/app/app_service.dart';

...

final postIndexProvider =
  ChangeNotifierProxyProvider<AppService, PostIndexModel>(
 create: (context) => PostIndexModel(appService: context.read<AppService>()),
 update: (context, appService, postIndexModel) {
   return PostIndexModel(
     appService: appService,
     posts: postIndexModel?.posts,
   );
 },
);
...
```

3. 测试

确定现在是登录状态，打开内容列表，观察列表项目的点赞状态，如果当前用户没有赞过列表项目里的内容，就会显示空心的心形小图标（见图 19.3）。

我们还没在 Flutter 应用里实现点赞内容功能，现在如果想改变对某个内容的点赞状态，可以使用一个 Web 应用，地址是 http://nid-vue.ninghao.co（宁皓网独立开发者训练营里使用 Vue 框架开发的一个前端应用）。登录网站后，单击内容项目的点赞小图标，改变内容的点赞状态，然后回到 Flutter 应用，重新启动应用调试，再观察内容的点赞状态，用户赞过这个内容，就会显示实心的心形小图标（见图 19.4）。

图 19.3　用户未赞过的内容会显示空心的心形图标　　图 19.4　用户赞过的内容会显示实心的心形图标

19.5　整 理 项 目

在终端，在项目所在目录下，首先把当前分支切换到 master，然后合并 state-management_2 分支，再把 master 与 state-management_2 两个本地分支推送到项目的 origin 远程仓库里。

```
git checkout master
git merge state-management_2
git push origin master state-management_2
```

第 20 章

点赞内容

用户登录后，如果单击内容列表项目或内容页面上的点赞图标，会切换当前用户对该内容的点赞状态。

20.1　准备项目（like）

在终端，在项目所在目录下执行 git branch 命令，确定当前位于 master 分支。基于 master 分支创建一个新的分支 like，并切换到 like 分支上。

```
git checkout -b like
```

下面每完成一个任务，就在 like 分支上做一次提交。本章最后会把 like 分支合并到 master 分支上。

20.2　点赞内容相关操作

下面我们来学习点赞内容相关操作。

20.2.1　任务：使用 GestureDetector 处理手势动作

单击内容动作（PostActions）里的心形小图标，执行点赞或者取消点赞的动作，我们可以先用一个 GestureDetector 处理小图标的单击手势。

1. 修改点赞动作

打开 post_actions 文件，找到 likeAction，用 GestureDetector 包装 Icon 小部件，再把 GestureDetector 的 onTap 单击回调函数设置成 onTapLikeAction()方法。这样，单击心形小图标时就会执行 onTapLikeAction 方法。

```
（文件：lib/post/components/post_actions.dart）
class PostActions extends StatelessWidget {
  ...

  @override
  Widget build(BuildContext context) {
    onTapLikeAction() {
```

```
    print('onTapLikeAction');
  }

  final likeAction = Row(
    children: [
      GestureDetector(
        child: Icon(post.liked == 0
            ? Icons.favorite_border_outlined
            : Icons.favorite),
        onTap: onTapLikeAction,
      ),
      if (post.totalLikes != 0)
        Container(
          ...
          child: Text('${post.totalLikes}'),
        ),
    ],
  );
  ...
  }
}
```

定义一个 onTapLikeAction()方法，在控制台输出"onTapLikeAction"文字。

```
onTapLikeAction() {
  print('onTapLikeAction');
}
```

2．测试

打开编辑器的调试控制台，单击内容项目或内容页面上的点赞小图标，控制台会输出
"onTapLikeAction"。因为这个心形小图标在一
个 GestureDetector 小部件里，我们设置监听了
它的单击手势，因此当发生类似动作手势时，就
会执行 onTapLikeAction()方法，在控制台输出
"onTapLikeAction"（见图 20.1）。

图 20.1　在控制台输出"onTapLikeAction"

20.2.2　任务：定义点赞内容模型

创建一个点赞内容用的数据模型，在里面添加一个请求点赞接口用的方法。

1．定义点赞内容模型（LikeCreateModel）

在项目里新建一个文件（lib/like/create/like_create_model.dart），定义一个类
LikeCreateModel，继承自 ChangeNotifier。创建该类实例时，需要提供 appService，因为请
求点赞接口时需要使用 appService 里 apiHttpClient 提供的方法发送请求，以在请求头部包
含用户令牌。

在 LikeCreateModel 里添加 createUserLikePost()方法，请求内容点赞接口。

```
（文件: lib/like/create/like_create_model.dart）
import 'dart:convert';
```

```
import 'package:flutter/material.dart';
import 'package:xb2_flutter/app/app_config.dart';
import 'package:xb2_flutter/app/app_service.dart';
import 'package:xb2_flutter/app/exceptions/http_exception.dart';

class LikeCreateModel extends ChangeNotifier {
  final AppService appService;
  LikeCreateModel({
    required this.appService,
  });

  createUserLikePost(int postId) async {
    final uri = Uri.parse('${AppConfig.apiBaseUrl}/posts/$postId/like');
    final response = await appService.apiHttpClient.post(uri);
    final responseBody = jsonDecode(response.body);

    if (response.statusCode == 201) {
      notifyListeners();
    } else {
      throw HttpException(responseBody['message']);
    }
  }
}
```

2. 改进 HttpException

网络请求出现异常情况时，会抛出一个 HttpException。下面我们来改进该异常。

给 message 提供一个默认值。当抛出异常时未提供 message 值，就给出默认的异常信息 "网络请求出了点问题 🌋 "。

```
（文件：lib/app/exceptions/http_exception.dart）
class HttpException implements Exception {
  late String message;
  HttpException(String? message) {
    this.message = message ?? '网络请求出了点问题 🌋 ';
  }
  @override
  String toString() {
    return 'HttpException: $message';
  }
}
```

20.2.3 任务：定义取消点赞模型

创建一个取消点赞用的数据模型，在里面添加一个取消点赞内容接口用的方法。

在项目里新建一个文件（lib/like/destroy/like_destroy_model.dart），定义类 LikeDestroyModel，继承自 ChangeNotifier。创建类的实例时，需要提供一个 appService，因为在请求取消点赞接口时，需使用 appService 里 apiHttpClient 提供的方法发送网络请求，以在请求头部包含用户令牌。

在模型里定义 deleteUserLikePost()方法，请求服务端提供的取消内容点赞用的接口。该方法接收一个 postId 参数，它的值就是要取消点赞内容的 ID 。

```
（文件：lib/like/destroy/like_destroy_model.dart）
import 'dart:convert';
import 'package:flutter/material.dart';
import 'package:xb2_flutter/app/app_config.dart';
import 'package:xb2_flutter/app/app_service.dart';
import 'package:xb2_flutter/app/exceptions/http_exception.dart';

class LikeDestroyModel extends ChangeNotifier {
  final AppService appService;
  LikeDestroyModel({
    required this.appService,
  });

  deleteUserLikePost(int postId) async {
    final uri = Uri.parse('${AppConfig.apiBaseUrl}/posts/$postId/like');
    final response = await appService.apiHttpClient.delete(uri);
    final responseBody = jsonDecode(response.body);

    if (response.statusCode == 200) {
      notifyListeners();
    } else {
      throw HttpException(responseBody['message']);
    }
  }
}
```

20.2.4　任务：定义提供点赞的 Provider

1. 定义 Provider

新建一个文件（lib/like/like_provider.dart），创建两个 Provider，给小部件提供 LikeCreateModel 与 LikeDestroyModel，因为它们都需要 AppService 依赖，所以可以使用 ChangeNotifierProxyProvider 提供。

定义一个 likeProviders，值是一个 Provider 列表，把创建的 likeCreateProvider 与 likeDestroyProvider 放到列表里。

```
（文件：lib/like/like_provider.dart）
import 'package:provider/provider.dart';
import 'package:xb2_flutter/app/app_service.dart';
import 'package:xb2_flutter/like/create/like_create_model.dart';
import 'package:xb2_flutter/like/destroy/like_destroy_model.dart';

final likeCreateProvider =
    ChangeNotifierProxyProvider<AppService, LikeCreateModel>(
  create: (context) => LikeCreateModel(
    appService: context.read<AppService>(),
  ),
```

```
update: (context, appService, likeCreateModel) =>
   LikeCreateModel(appService: appService),
);

final likeDestroyProvider =
   ChangeNotifierProxyProvider<AppService, LikeDestroyModel>(
 create: (context) => LikeDestroyModel(
   appService: context.read<AppService>(),
 ),
 update: (context, appService, likeCreateModel) =>
   LikeDestroyModel(appService: appService),
);

final likeProviders = [
 likeCreateProvider,
 likeDestroyProvider,
];
```

2. 使用 Provider

打开 app.dart 文件，首先在文件顶部导入 like_provider，然后在 MultiProvider 的 providers 列表里，把 likeProviders 列表展开放到这个 Providers 列表里。

```
（文件：lib/app/app.dart）
...
import 'package:xb2_flutter/like/like_provider.dart';

...
class _AppState extends State<App> {
 ...
 @override
 Widget build(BuildContext context) {
   ...
   return MultiProvider(
    providers: [
     ...
     ...likeProviders,
    ],
    ...
   );
 }
}
```

20.2.5　任务：处理用户点赞动作

在内容动作里可以处理用户的点赞动作。

1. 导入所需文件

在文件顶部导入 provider、http_exception 和 like_create_model。

```
（文件：lib/post/components/post_actions.dart）
import 'package:provider/provider.dart';
```

```
import 'package:xb2_flutter/app/exceptions/http_exception.dart';
import 'package:xb2_flutter/like/create/like_create_model.dart';
```

2. 定义修改点赞状态与数量的方法

在 PostActions 里先添加 increaseTotalLikes()方法,使内容的点赞次数加1。再定义 liked()方法,修改用户对内容的点赞状态,即把 post.liked 设置为 1,表示用户已经点赞过该内容,最后执行 increaseTotalLikes(),增加内容的点赞次数。

```
（文件: lib/post/components/post_actions.dart)
class PostActions extends StatelessWidget {
  ...
  increaseTotalLikes() {
    post.totalLikes = post.totalLikes! + 1;
  }
  liked() {
    post.liked = 1;
    increaseTotalLikes();
  }
}
```

3. 读取点赞 Provider

在小部件的 build()方法里,读取 LikeCreateModel 这个 Provider 提供的值。

```
（文件: lib/post/components/post_actions.dart)
class PostActions extends StatelessWidget {
  ...
  @override
  Widget build(BuildContext context) {
    final likeCreateModel = context.watch<LikeCreateModel>();
    ...
  }
}
```

4. 点赞内容

编辑 build()方法里定义的 onTapLikeAction,判断 post.liked 是否等于 0,如果等于 0,说明用户未点赞过该内容,这时可以发送请求点赞内容。

执行 LikeCreateModel 里的 createUserLikePost()方法,可以点赞指定内容,成功后再执行一次 liked()方法,修改用户对该内容的点赞状态,增加内容的点赞次数。如果请求出了问题,用 SnackBar 显示提示信息。

```
（文件: lib/post/components/post_actions.dart)
class PostActions extends StatelessWidget {
  ...
  @override
  Widget build(BuildContext context) {
    ...
    onTapLikeAction() async {
      if (post.liked == 0) {
        try {
          await likeCreateModel.createUserLikePost(post.id!);
          liked();
```

```
    } on HttpException catch (e) {
      ScaffoldMessenger.of(context).showSnackBar(
        SnackBar(content: Text(e.message)),
      );
    }
  }
  ...
}
}
```

5. 测试

在模拟器中测试，找一个还未被当前登录用户点赞过的内容，单击心形小图标，请求点赞接口后会改变点赞状态，同时点赞数量也会有变化（见图 20.2）。

图 20.2　点赞后图标与点赞数量会发生变化

20.2.6　任务：处理用户取消点赞动作

在内容动作（PostActions）里再处理一下用户的取消点赞动作。

1. 导入所需文件

打开 post_actions 文件，在文件顶部导入 like_destroy_model。

```
（文件：lib/post/components/post_actions.dart）
import 'package:xb2_flutter/like/destroy/like_destroy_model.dart';
```

2. 定义修改点赞状态与数量的方法

decreaseTotalLikes()方法可以减少内容被点赞的次数。先使用 unliked()方法，把 post.liked 设置成 0，表示用户未赞过该内容，然后执行 decreaseTotalLikes()方法，减少内容被点赞的次数。

```
（文件：lib/post/components/post_actions.dart）
class PostActions extends StatelessWidget {
  ...
  decreaseTotalLikes() {
    post.totalLikes = post.totalLikes != 0 ? post.totalLikes! - 1 : 0;
  }
  unliked() {
    post.liked = 0;
    decreaseTotalLikes();
  }
  ...
}
```

3. 读取取消点赞 Provider

在小部件的 build()方法里，读取 LikeDestroyModel 这个 provider 提供的值。

```
（文件：lib/post/components/post_actions.dart）
class PostActions extends StatelessWidget {
```

```
...
@override
Widget build(BuildContext context) {
  final likeDestroyModel = context.watch<LikeDestroyModel>();
  ...
}
}
```

4. 取消点赞内容

修改 onTapLikeAction，在 post.liked 等于 0 时，添加一个 else 区块，如果用户已赞过当前内容，则执行 onTapLikeAction 时要请求取消点赞。

执行 likeDestroyModel.deleteUserLikePost(post.id!)后，再执行 unliked()方法，以修改用户的点赞状态并减少内容被点赞的次数。

```
（文件：lib/post/components/post_actions.dart）
class PostActions extends StatelessWidget {
  ...
  @override
  Widget build(BuildContext context) {
    ...
    final likeDestroyModel = context.watch<LikeDestroyModel>();
    onTapLikeAction() async {
      if (post.liked == 0) {
        ...
      } else {
      try {
        await likeDestroyModel.deleteUserLikePost(post.id!);
        unliked();
      } on HttpException catch (e) {
        ScaffoldMessenger.of(context).showSnackBar(
          SnackBar(content: Text(e.message)),
        );
      }
    }
  }
  ...
}
}
```

5. 测试

在模拟器中测试，找到一个被当前用户点赞过的内容，单击实心心形小图标，将取消点赞内容，小图标会再次变为空心的心形图标，同时点赞数量自动减少 1（见图 20.3）。

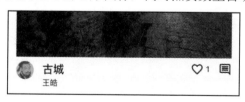

图 20.3　取消点赞效果

20.3　问题与思考

问题 1：服务端如何得知点赞当前内容的用户

发送点赞或取消点赞请求的时候，用的都是 AppService 里的 apiHttpClient 客户端，它在发送请求时会在请求头部携带服务端给用户签发的令牌，服务端根据令牌的值即可判断当前点赞或取消点赞的用户是谁。

问题 2：用户未登录时点赞内容，会发生什么

如果用户在应用里退出登录，那么在用户发送点赞请求时就不会包含用户的令牌，服务端应用会做出一个异常响应，我们在应用里处理这种异常情况，得到异常响应，就会在应用里使用 SnackBar 显示提示信息。

20.4　整 理 项 目

在终端，项目所在目录的下面，首先把当前分支切换到 master，然后合并一下 like 分支，再把 master 与 like 这两个本地分支推送到项目的 origin 这个远程仓库里。

```
git checkout master
git merge like
git push origin master like
```

第 21 章

列表布局

本章我们来给内容列表准备两种布局视图——堆叠布局（stack）与网格布局（grid），用户可以随意选择待使用的内容列表布局形式。

21.1　准备项目（post-list-layout）

在终端，项目所在目录的下面，执行 git branch，确定当前是在 master 分支上，然后基于这个分支创建一个新的分支并且切换到这个分支上，名字叫 post-list-layout。下面每完成一个任务以后就在这个分支上做一次提交，本章的最后我们会把这个分支合并到 master 分支上。

```
git checkout -b post-list-layout
```

21.2　内容列表布局

下面我们来学习内容列表布局的相关操作。

21.2.1　任务：准备热门内容列表

打开"发现"页面的"最近"标签时，可以显示最近发布的内容列表。打开"热门"标签时，可以显示另一种排序方式的内容列表。

1. 修改获取内容列表的方法

打开 post_index_model 文件，请求内容列表数据时会执行 getPosts()方法。当前请求的地址是/posts，可以通过 sort 查询符设置内容列表的排序方式（这些排序方式都是在服务端应用里规定好的）。

```
（文件：lib/post/index/post_index_model.dart）
class PostIndexModel extends ChangeNotifier {
  ...
  Future<List<Post>> getPosts({required String sort}) async {
    final uri = Uri.parse('${AppConfig.apiBaseUrl}/posts?sort=$sort');
    ...
  }
}
```

默认情况下，sort 查询符的值会是 latest，请求内容列表接口地址可以得到一组最近发布的内容，如果把 sort 查询符的值设置成 most_comments，获取到的就是按评论数量排序的一组内容。

首先给 getPosts()方法添加一个 sort 参数，表示要使用的排序方式。然后在请求的接口地址里，把 sort 查询符的值设置成$sort。现在使用 getPosts()方法时要提供一个排序方式参数（sort）。

2. 改造内容列表小部件

打开 post_list 文件，首先在小部件里添加一个属性，类型是 String?，名字是 sort，然后在构造方法里添加 this.sort 参数。现在使用 PostList 小部件时，需要提供 sort 参数，参数的值会赋给 sort 属性。

在小部件状态类的 initState()方法里执行 getPosts()方法获取内容列表数据时，要提供一个 sort 参数，其值设置成 widget.sort，也就是 PostList 小部件 sort 属性的值。如果 sort 属性值是 null，就把 getPosts()方法中 sort 参数的值设置成 latest。

```
（文件：lib/post/index/components/post_list.dart）
class PostList extends StatefulWidget {
  final String? sort;
  PostList({
    this.sort,
  });
  ...
}

class _PostListState extends State<PostList> {
  @override
  void initState() {
    super.initState();
    Future.microtask(() {
      context.read<PostIndexModel>().getPosts(
          sort: widget.sort ?? 'latest',
        );
    });
  }
  ...
}
```

3. 准备热门内容列表小部件

打开 post_index_popular 文件，首先在文件顶部导入 post_list，然后设置小部件的界面。用一个 Container，用 padding 设置边距，容器 child 是一个 PostList()小部件，将其 sort 参数值设置成 most_comments。

```
（文件：lib/post/index/components/post_index_popular.dart）
import 'package:flutter/material.dart';
import 'package:xb2_flutter/post/index/components/post_list.dart';

class PostIndexPopular extends StatelessWidget {
  @override
  Widget build(BuildContext context) {
```

```
    return Container(
      padding: EdgeInsets.all(16),
      child: PostList(
        sort: 'most_comments',
      ),
    );
  }
}
```

4．测试

重启应用调试，在模拟器中测试。现在"最近"标签页面会显示最近发布的一组内容。再打开"热门"标签，会显示一组按评论数量排序的内容。

21.2.2　任务：准备内容列表布局相关数据与方法

1．导入所需文件

打开 post_index_model 文件，在文件顶部导入 shared_preferences，下面要用到其中的方法来存储用户选择使用的列表布局。

```
（文件：lib/post/index/post_index_model.dart）
import 'package:shared_preferences/shared_preferences.dart';
```

2．定义内容列表布局 enum

定义一个 enum 表示内容列表布局，PostListLayout.stack 表示堆叠布局，PostListLayout.grid 表示网格布局。

```
（文件：lib/post/index/post_index_model.dart）
enum PostListLayout {
  stack,
  grid,
}
```

3．添加表示列表布局的数据

在 PostIndexModel 里添加一个属性，类型是 PostListLayout?，名字是 layout，默认值是 PostListLayout.stack。再定义一个修改该属性的方法 setLayout()。

```
（文件：lib/post/index/post_index_model.dart）
...
class PostIndexModel extends ChangeNotifier {
  ...
  PostListLayout? layout = PostListLayout.stack;
  ...
  setLayout(PostListLayout data) {
    layout = data;
    notifyListeners();
  }
  ...
}
```

4．定义存储内容列表布局用的方法

定义一个设置与存储列表布局的方法 storeLayout()，在方法里先执行 setLayout()，以存储 layout 数据的值，然后用 SharedPreferences 提供的 setString()方法，在用户设备上存储一个名字是 postListLayout 的数据，数据值就是列表布局的名字。

```
（文件：lib/post/index/post_index_model.dart）
class PostIndexModel extends ChangeNotifier {
 ...
 storeLayout(PostListLayout data) async {
   setLayout(data);
   final prefs = await SharedPreferences.getInstance();
   prefs.setString('postListLayout', data.toString());
 }
 ...
}
```

因为 storeLayout()方法接收的 data 参数是 enum 类型（PostListLayout），所以使用 setString()存储字符串类型数据时要调用 data.toString()，将 enum 转换成字符串类型的值。

21.2.3 任务：设置与存储内容列表布局

1．导入所需文件

打开 app_page_header_actions_more 文件，在文件顶部导入 provider 和 post_index_model。

```
（文件：lib/app/components/app_page_header_actions_more.dart）
import 'package:provider/provider.dart';
import 'package:xb2_flutter/post/index/post_index_model.dart';
```

2．读取 PostIndexModel

在小部件的 build()方法里，读取 PostIndexModel 这个 provider 提供的值，将其交给 postIndexModel。

```
（文件：lib/app/components/app_page_header_actions_more.dart）
class AppPageHeaderActionsMore extends StatelessWidget {
 @override
 Widget build(BuildContext context) {
   final postIndexModel = context.watch<PostIndexModel>();
   ...
 }
}
```

3．修改弹出菜单项目，并存储用户选择的列表布局

在 PopupMenuButton 小部件里，用 PopupMenuItem 添加两个菜单项目，修改菜单项目的小图标、颜色和项目值。第一个项目值（value）是 PostListLayout.stack，第二个项目值是 PostListLayout.grid。

选择弹出菜单项目后，会执行 PopupMenuButton 里 onSelected 指定的方法，该方法接收的参数类型是 PostListLayout 这个 enum，在方法里可以执行 postIndexModel 的 storeLayout()方法，以存储用户选择的内容列表布局。

```
（文件：lib/app/components/app_page_header_actions_more.dart）
class AppPageHeaderActionsMore extends StatelessWidget {
 @override
 Widget build(BuildContext context) {
  ...
   return PopupMenuButton(
    ...
    onSelected: (PostListLayout value) {
     postIndexModel.storeLayout(value);
     print('popupMenuButton: onSelected $value');
    },
    itemBuilder: (context) => [
     PopupMenuItem(
       child: Icon(
        Icons.view_agenda_outlined,
        color: postIndexModel.layout == PostListLayout.stack
          ? Theme.of(context).primaryColor
          : Colors.black,
       ),
       value: PostListLayout.stack,
     ),
     PopupMenuItem(
       child: Icon(
        Icons.grid_view,
        color: postIndexModel.layout == PostListLayout.grid
          ? Theme.of(context).primaryColor
          : Colors.black,
       ),
       value: PostListLayout.grid,
     ),
    ],
   );
 }
}
```

4．测试

打开调试控制台，单击"更多"小图标，再选择网格小图标，控制台会输出 PostListLayout.grid。

再试一下这个弹出菜单（见图 21.1），注意当前被选择菜单项目的小图标颜色是应用主题里的 primaryColor，这次选择第一个菜单项目，控制台输出的将是 PostListLayout.stack。

图 21.1　单击弹出菜单里的菜单项目

21.2.4　任务：准备网格内容列表

在内容列表小部件里准备两种布局视图的内容列表，即用堆叠布局显示的列表和用网格布局显示的列表，然后根据用户选择的内容列表布局，决定用哪种布局视图。

1．准备堆叠布局列表

打开 post_list 文件，在小部件界面里准备一个堆叠布局视图的列表，把之前的 list 修改成 stackList。

```
（文件：lib/post/index/components/post_list.dart）
...
class _PostListState extends State<PostList> {
  ...
  @override
  Widget build(BuildContext context) {
    ...
    final stackList = ListView.builder(
      itemCount: posts.length,
      itemBuilder: (context, index) {
        return PostListItem(item: posts[index]);
      },
    );
    ...
  }
```

2．准备网格布局列表

在 stackList 下，声明一个 gridList，表示使用网格布局的内容列表。列表视图可以用 Flutter 提供的 GridView.builder()生成，itemCount 是列表项目的数据，gridDelegate 可以配置网格的样式，itemBuilder 用来创建并返回列表项目小部件。

```
（文件：lib/post/index/components/post_list.dart）
class _PostListState extends State<PostList> {
  ...
  @override
  Widget build(BuildContext context) {
    ...
    final gridList = GridView.builder(
      itemCount: posts.length,
      gridDelegate: SliverGridDelegateWithFixedCrossAxisCount(
        crossAxisCount: 2,
        crossAxisSpacing: 16,
        mainAxisSpacing: 16,
      ),
      itemBuilder: (context, index) {
        return PostListItem(
          item: posts[index],
        );
      },
    );
    ...
  }
}
```

3．根据列表布局返回对应的列表视图

首先声明一个 postList，默认等于 stackList，然后判断 model.layout 是否等于

PostListLayout.grid，如果是网格列表布局，就让 postList 等于 gridList。最后在返回里使用 postList 表示的小部件。

```
（文件：lib/post/index/components/post_list.dart）
...
class _PostListState extends State<PostList> {
 ...
 @override
 Widget build(BuildContext context) {
  ...
  Widget postList = stackList;
  if (model.layout == PostListLayout.grid) {
   postList = gridList;
  }
  return posts.length == 0 ? noContent : postList;
 }
}
```

4．测试

在模拟器中，打开页面顶部的弹出菜单，选择网格菜单项目，这样就会把内容列表的布局设置成 PostListLayout.grid，页面上显示的是用 GirdView.builder()构建的一组网格视图。读者会发现内容项目上面会出现一些警告（见图 21.2），这是因为网格项目的空间装不下现在的内容项目，后面我们会解决这个问题。

图 21.2 网格项目溢出

21.2.5 任务：准备多种布局的内容列表项目

内容列表项目小部件可以根据用户选择的内容列表布局做一些调整。

1．改造内容列表项目

改造内容列表项目的代码如下。

```
（文件：lib/post/index/components/post_list_item.dart）
...
import 'package:xb2_flutter/post/index/post_index_model.dart';

class PostListItem extends StatelessWidget {
 ...
 final PostListLayout layout;
 PostListItem({
  ...
  this.layout = PostListLayout.stack,
 });
```

```
@override
Widget build(BuildContext context) {
  ...

  final postListItemMedia = Stack(
    fit: layout == PostListLayout.grid ? StackFit.expand : StackFit.loose,
    ...
  );

  final stackListItem = Container(
    padding: EdgeInsets.only(bottom: 16),
    child: Column(
      children: [
        postListItemMedia,
        SizedBox(
          height: 8,
        ),
        PostHeader(post: item),
      ],
    ),
  );

  final gridListItem = Container(
    child: postListItemMedia,
  );

  Widget postListItem = stackListItem;
  if (layout == PostListLayout.grid) {
    postListItem = gridListItem;
  }
  return postListItem;
  }
}
```

代码解析：

（1）打开 post_list_item 文件，在文件顶部导入 post_index_model，后面会用到该包里定义的 PostListLaytout 这个 enum。

```
import 'package:xb2_flutter/post/index/post_index_model.dart';
```

（2）添加列表布局属性与参数。为 PostListItem 小部件添加一个 layout 属性与参数，在小部件里通过 layout 属性值调整内容项目的显示。

```
class PostListItem extends StatelessWidget {
  ...
  final PostListLayout layout;
  PostListItem({
    ...
    this.layout = PostListLayout.stack,
  });
  ..
}
```

（3）修改列表项目媒体。在 postListItemMedia 的 Stack 小部件里设置 fit 参数，对应值由内容列表布局决定。在 PostListLayout.grid 布局中，fit 值等于 StackFit.expand，其他布局中等于 StackFit.loose。

```
final postListItemMedia = Stack(
 fit: layout == PostListLayout.grid ? StackFit.expand : StackFit.loose,
 ...
);
```

（4）准备堆叠布局用的项目。给小部件 build()方法返回的内容起个名字，叫作 stackListItem，用作堆叠布局里使用的列表项目小部件。

```
final stackListItem = Container(
 ...
 child: Column(
  children: [
   postListItemMedia,
   ...
   PostHeader(post: item),
  ],
 ),
);
```

（5）准备网格布局用的项目。在 build()方法里声明一个 gridListItem，值就是要在网格布局的内容列表里使用的列表项目界面。

```
final gridListItem = Container(
 child: postListItemMedia,
);
```

（6）根据列表布局决定列表项目界面。声明 postListItem，用来表示列表项目小部件界面，最终返回的就是该 postListItem。默认先让它等于 stackListItem，然后判断 layout 属性值，如果等于 PostListLayout.grid，postListItem 就等于 gridListItem。

```
Widget postListItem = stackListItem;
if (layout == PostListLayout.grid) {
 postListItem = gridListItem;
}
return postListItem;
```

2. 修改内容媒体小部件

打开 post_media 文件，在这个内容图像小部件里把 image.network()的 fit 参数设置成 BoxFit.cover。

```
（文件: lib/post/components/post_media.dart）
class PostMedia extends StatelessWidget {
 ...
 @override
 Widget build(BuildContext context) {
  ...
  return Container(
   child: Image.network(
    imageUrl,
```

```
        fit: BoxFit.cover,
      ),
    );
  }
}
```

3. 修改网格列表里用的列表项目

打开 post_list 文件，修改 GridView.builder 里 itemBuilder 返回的 PostListItem，将其 layout 设置成 PostListLayout.grid。

```
（文件：lib/post/index/components/post_list.dart）
class _PostListState extends State<PostList> {
  ...
  @override
  Widget build(BuildContext context) {
    ...
    final gridList = GridView.builder(
      ...
      itemBuilder: (context, index) {
        return PostListItem(
          item: posts[index],
          layout: PostListLayout.grid,
        );
      },
    );
    ...
  }
}
```

4. 测试

打开弹出菜单，选择使用网格布局，观察使用网格布局时内容列表的样子（见图 21.3）。

5. 改进

在修复改进章节中，我们会改进这个内容列表的网格布局。

21.2.6 任务：恢复内容列表布局

创建 PostList 小部件时，可以恢复用户之前选择的内容列表布局。

1. 恢复内容列表布局

恢复内容列表布局代码如下。

图 21.3　用网格布局显示的内容列表

```
（文件：lib/post/index/components/post_list.dart）
...
import 'package:shared_preferences/shared_preferences.dart';
...
```

```
class _PostListState extends State<PostList> {
  restoreLayout() async {
    final prefs = await SharedPreferences.getInstance();
    final data = prefs.getString('postListLayout');
    if (data != null) {
      PostListLayout layout = PostListLayout.values.firstWhere((item) {
        return item.toString() == data;
      });
      context.read<PostIndexModel>().setLayout(layout);
    }
  }

  @override
  void initState() {
    ...
    // 恢复布局
    restoreLayout();
  }
  ...
}
```

代码解析：

（1）打开 post_list 文件，在文件顶部导入 shared_preferences。

```
import 'package:shared_preferences/shared_preferences.dart';
```

（2）定义恢复列表布局用的方法。在小部件 State 类里定义 restoreLayout() 方法，用以读取存储在用户设备上名字是 postListLayout 的数据。如果该数据有值，首先可根据这个字符串类型的值，得到 PostListLayout 这个 enum 里的对应的项目，再把结果赋给 layout。然后执行 PostIndexModel 里的 setLayout()，以设置内容列表布局。

```
restoreLayout() async {
  final prefs = await SharedPreferences.getInstance();
  final data = prefs.getString('postListLayout');
  if (data != null) {
    PostListLayout layout = PostListLayout.values.firstWhere((item) {
      return item.toString() == data;
    });
    context.read<PostIndexModel>().setLayout(layout);
  }
}
```

（3）执行恢复列表布局用的方法。在 initState() 方法里，执行 restoreLayout()。

```
@override
void initState() {
  ...
  // 恢复布局
  restoreLayout();
}
```

2. 修改 PostIndexModel

打开 post_index_model 文件，去掉给 layout 属性设置的值，然后在构造方法里添加

this.layout 参数，把参数的默认值设置成 PostListLayout.stack。

```
（文件：lib/post/index/post_index_model.dart）
class PostIndexModel extends ChangeNotifier {
 ...
 PostListLayout? layout;
 PostIndexModel({
  ...
  this.layout = PostListLayout.stack,
 });
 ...
}
```

3．修改 postIndexProvider

打开 post_provider，修改 postIndexProvider，在 update 参数对应的方法里返回 PostIndexModel 实例时，设置 layout 参数值是 postIndexModel?.layout。

```
（文件：lib/post/post_provider.dart）
final postIndexProvider =
   ChangeNotifierProxyProvider<AppService, PostIndexModel>(
 ...
 update: (context, appService, postIndexModel) {
  return PostIndexModel(
   ...
   layout: postIndexModel?.layout,
  );
 },
);
```

4．测试

重启应用调试，读者会发现，内容列表仍然会使用之前用户选择的列表布局。这是因为创建 PostList 小部件时，首先会从用户设备里读取当初存储的列表布局名字，然后根据该值恢复内容列表布局。

21.3　问题与思考

问题：如何创建不规则的网格视图

使用 flutter_staggered_grid_view 包可以创建不规则显示的网格视图。

（1）安装 flutter_staggered_grid_view 包。

在终端，在项目所在目录下执行如下命令：

```
flutter pub add flutter_staggered_grid_view
```

（2）改造内容列表小部件里的网格列表。

打开 post_list.dart 文件，首先在文件顶部导入 flutter_staggered_grid_view。然后用 StaggeredGridView.countBuilder()构建需要的网格列表（gridList）。

crossAxisCount 用来设置在交叉轴上显示的项目个数，corssAxisSpacing 用来设置交叉轴上项目之间的间隔，mainAxisSpacing 用来设置主轴上项目之间的间隔。itemCount 参数值是要显示的列表项目个数，itemBuilder 返回的是列表项目小部件。staggeredTileBuilder返回的是列表项目占用的空间，在这个构建器里，会根据内容相关图像的 width 与 height，设置项目要占用的空间。

```
（文件：lib/post/index/components/post_list.dart）
...
import 'package:flutter_staggered_grid_view/flutter_staggered_grid_view.dart';
...

class _PostListState extends State<PostList> {
  ...
  @override
  Widget build(BuildContext context) {
    ...
    final gridList = StaggeredGridView.countBuilder(
      crossAxisCount: 2,
      crossAxisSpacing: 8,
      mainAxisSpacing: 8,
      itemCount: posts.length,
      itemBuilder: (context, index) {
        return PostListItem(
          item: posts[index],
          layout: PostListLayout.grid,
        );
      },
      staggeredTileBuilder: (index) {
        final post = posts[index];

        int crossAxisCount = 1;
        double mainAxisCount = 1;

        bool isPortrait = false;

        if (post.file!.width != null && post.file!.height != null) {
          isPortrait = post.file!.width! < post.file!.height!;
        }
        if (isPortrait) {
          mainAxisCount = 1.5;
        }
        return StaggeredTile.count(crossAxisCount, mainAxisCount);
      },
    );

    ...
  }
}
```

（3）观察。在"发现"页面，首先把列表布局切换成网格布局，然后观察用StaggeredGridView.countBuilder()构建的网格布局（见图21.4）。

图 21.4　用 StaggeredGridView 构建的网格布局内容列表

21.4　整 理 项 目

在终端，在项目所在目录下，首先把当前分支切换到 master，然后合并 post-list-layout 分支，再把 master 与 post-list-layout 两个本地分支推送到项目的 origin 远程仓库里。

```
git checkout master
git merge post-list-layout
git push origin master post-list-layout
```

第 22 章

发布内容表单

本章我们将在"添加"页面准备一个发布内容用的表单。用户输入内容的标题与正文后，单击"发布"按钮，将发送一个创建内容的请求。

22.1 准备项目（post-create）

在终端，在项目所在目录下执行 git branch 命令，确定当前位于 master 分支。基于 master 分支创建一个新的分支 post-create，并切换到该分支上。

```
git checkout -b post-create
```

下面每完成一个任务，就在 post-create 分支上做一次提交。本章最后会把 post-create 分支合并到 master 分支上。

22.2 创建并发布内容

下面我们一起来学习创建并发布内容相关操作。

22.2.1 任务：定义创建内容数据模型（PostCreateModel）

创建内容时需要的数据和方法可以放在一个数据模型里。

1. 创建内容数据模型

在项目下新建一个文件（lib/post/create/post_create_model.dart），导入 dart:convert、material、app_config、app_service 和 http_exception。在文件里定义一个类，名字是 PostCreateModel，继承自 ChangeNotifier。

```
（文件：lib/post/create/post_create_model.dart）
import 'dart:convert';
import 'package:flutter/material.dart';
import 'package:xb2_flutter/app/app_config.dart';
import 'package:xb2_flutter/app/app_service.dart';
import 'package:xb2_flutter/app/exceptions/http_exception.dart';
class PostCreateModel extends ChangeNotifier {
}
```

2．属性与参数

这个模型需要使用 AppService 里的 Http 客户端请求创建内容接口，可以让 AppService 这个 Provider 作为类的一个属性，后面再使用代理 Provider 解决依赖问题。

```
（文件：lib/post/create/post_create_model.dart）
class PostCreateModel extends ChangeNotifier {
  final AppService appService;
  PostCreateModel({
    required this.appService,
  });
}
```

3．添加数据

请求创建内容接口时，首先需要提供内容的标题与正文，用 title 表示标题，用 content 表示正文。然后再添加一个 loading，表示加载状态，请求接口时可以先把它的值设置成 true，请求完成后再把它的值设置成 false。

```
（文件：lib/post/create/post_create_model.dart）
class PostCreateModel extends ChangeNotifier {
  ...
  String? title;
  String? content;
  bool loading = false;
  setTitle(String? data) {
    title = data;
  }
  setContent(String? data) {
    content = data;
  }
  setLoading(bool data) {
    loading = data;
    notifyListeners();
  }
}
```

4．重置方法

定义一个 reset()方法，把 title 与 content 属性的值都设置成 null。

```
（文件：lib/post/create/post_create_model.dart）
class PostCreateModel extends ChangeNotifier {
  ...
  reset() {
    title = null;
    content = null;
  }
}
```

5．定义请求创建内容用的方法

定义一个请求创建内容用的方法，返回值是 Future<int>，名字是 createPost，用 async 标记该方法。创建内容后，服务端响应里会包含 insertId，其值就是新创建的内容 ID，可以让 createPost() 方法最终返回这个内容 ID。

```
（文件: lib/post/create/post_create_model.dart）
class PostCreateModel extends ChangeNotifier {
 ...
 Future<int> createPost() async {
   final uri = Uri.parse('${AppConfig.apiBaseUrl}/posts');
   final response = await appService.apiHttpClient.post(uri, body: {
     'title': title,
     'content': content,
   });
   final responseBody = jsonDecode(response.body);
   if (response.statusCode == 201) {
     final postId = responseBody['insertId'];
     return postId;
   } else {
     throw HttpException(responseBody['message']);
   }
 }
}
```

发送创建内容请求时，用的是 appService.apiHttpClient.post()，该方法可以发送一个 post 类型的 http 请求，将请求里带的数据赋给 body 参数，可以提供一个对象，分别设置 title 与 content，即要创建的内容标题和正文内容。这里，要在创建内容的请求里提供的数据格式是服务端应用的创建内容接口规定的。

请求获取的响应主体用 jsonDecode 处理，如果成功创建了内容，响应状态码会是 201，这时可以让 createPost() 方法返回新创建的内容 ID。如果请求出现问题或得到异常响应，可以抛出一个 HttpException。

6. 定义 Provider 提供创建内容数据模型

打开 post_provider，创建一个 Provider 用于提供创建内容数据模型。首先声明一个 postCreateProvider，其值可以新建一个 ChangeNotifierProxyProvider，第一个类型依赖的是 AppService 这个 Provider，第二个类型是要提供的 PostCreateModel。再分别设置 create、update 方法，返回一个 PostCreateModel 实例。然后在 postProviders 里添加一个 postCreateProvider。

```
（文件: lib/post/post_provider.dart）
...
import 'package:xb2_flutter/post/create/post_create_model.dart';
...

final postCreateProvider =
   ChangeNotifierProxyProvider<AppService, PostCreateModel>(
 create: (context) => PostCreateModel(appService: context.read<AppService>()),
 update: (context, appService, postCreateModel) {
   return PostCreateModel(
     appService: appService,
   );
 },
);
```

```
final postProviders = [
  ...
  postCreateProvider,
];
```

22.2.2 任务：改进 AppTextField 自定义小部件

1. 添加新的属性与参数

打开 app_text_field 文件，这是一个自定义文本字段，用于创建内容页面。之前这个小部件里只有 labelText 和 onChanged 属性，我们再给它添加几个新的属性与参数。

controller 表示文本字段需要用的文本编辑控制器，canValidate 表示是否验证文本字段内容，isMultiline 表示是否要使用多行文本字段，enabled 表示是否启用文本字段。

```
（文件：lib/app/components/app_text_field.dart）
import 'package:flutter/material.dart';

class AppTextField extends StatelessWidget {
  final String labelText;
  final ValueChanged<String>? onChanged;
  final TextEditingController? controller;
  final bool canValidate;
  final bool isMultiline;
  final bool enabled;
  AppTextField({
    required this.labelText,
    this.onChanged,
    this.controller,
    this.canValidate = true,
    this.isMultiline = false,
    this.enabled = true,
  });
  ...
}
```

2. 改造应用文本字段界面

之前准备的新属性，如 controller、enabled、keyboardType、maxLines 等，大部分要用在小部件的 extFormField 里。如果 isMultiline 是 true，keyboardType 的值就会是 TextInputType.multiline，即可以输入多行文本字段。

```
（文件：lib/app/components/app_text_field.dart）
class AppTextField extends StatelessWidget {
  ...
  @override
  Widget build(BuildContext context) {
    TextInputType? keyboardType;

    if (isMultiline) {
      keyboardType = TextInputType.multiline;
```

316

```
      }

      return Container(
        padding: EdgeInsets.only(bottom: 32),
        child: TextFormField(
          controller: controller,
          enabled: enabled,
          keyboardType: keyboardType,
          maxLines: isMultiline ? null : 1,
          decoration: InputDecoration(
            labelText: labelText,
          ),
          onChanged: onChanged,
          autovalidateMode: canValidate
              ? AutovalidateMode.onUserInteraction
              : AutovalidateMode.disabled,
          validator: (value) {
            if (value == null || value.isEmpty) {
              return '请填写$labelText';
            }
            return null;
          },
        ),
      );
    }
}
```

使用自定义文本字段时,如果 isMultiline 为 true,则表示要使用多行文本,此时 maxLines 的值应为 null, 即不限制文本行数;如果 isMultiline 为 false, 则 maxLines 的值应为 1, 表示只能在文本字段里输入一行文字。

```
maxLines: isMultiline ? null : 1,
```

TextFormField 小部件的 autovalidateMode 用于设置自动验证模式。如果 canValidate 属性是 true, 就采用 AutovalidateMode.onUserInteraction 模式, 即在用户交互时验证数据;如果 canValidate 是 false, 就采用 AutovalidateMode.disabled 模式, 即禁用自动验证。

```
autovalidateMode: canValidate
    ? AutovalidateMode.onUserInteraction
    : AutovalidateMode.disabled,
```

22.2.3　任务：重新定义异常

我们可以先在应用里定义一个基本异常,再让其他异常继承这个基本异常。这样,在处理异常时可以处理这个基本异常,也可以处理某个特定类型的异常。

1. 创建应用异常

新建一个文件(lib/app/exceptions/app_exception.dart),定义一个类,名字是 AppException 类, 让它实现(implements)Exception。在该类里面添加一个 message 属性、一个可选 message

参数和一个 toString()方法。在 toString()方法里使用 this.runtimeType，得到的就是该类的名字。

```
（文件：lib/app/exceptions/app_exception.dart）
class AppException implements Exception {
  final String message;
  AppException([this.message = '']);
  String toString() {
    return '${this.runtimeType}: $message';
  }
}
```

2. 定义验证异常

当验证表单字段出现问题时，可以抛出一个验证异常。

新建一个文件（lib/app/exceptions/validate_exception.dart），定义一个 ValidateException 类，继承自 AppException，验证数据出问题时可以抛出该异常。

```
（文件：lib/app/exceptions/validate_exception.dart）
import 'package:xb2_flutter/app/exceptions/app_exception.dart';

class ValidateException extends AppException {
  ValidateException([
    String message = '未通过数据验证。',
  ]) : super(message);
}
```

创建该异常时会执行 super(message)，即调用父类的构造方法。ValidateException 继承自 AppException，所以这里调用的是 AppException 的构造方法。

3. 修改 HttpException

打开 http_exception 文件，首先在文件顶部导入 app_exception，然后让 HttpException 类继承自 AppException，去掉 message 属性，修改构造方法，去掉方法主体，方法有个可选的参数，类型是 String，名字叫 message，默认值是"网络请求出了点问题 🛑"，创建这个类实例时执行 super(message)。最后再把 toString()方法删除，因为它继承的 AppException 里已经有 toString()方法了。

```
（文件：lib/app/exceptions/http_exception.dart）
import 'package:xb2_flutter/app/exceptions/app_exception.dart';

class HttpException extends AppException {
  HttpException([
    String message = '网络请求出了点问题 🛑',
  ]) : super(message);
}
```

22.2.4　任务：准备创建内容页面（PostCreate）

"添加"页面会显示 PostCreate 小部件。为页面提供一个创建内容用的表单，并单独放在一个小部件里。

1．准备创建内容表单小部件

新建一个文件（lib/post/create/components/post_create_form.dart），定义一个 StatefullWidget，名字是 PostCreateForm，然面再回来具体定义这个小部件。

```
（文件：lib/post/create/components/post_create_form.dart）
import 'package:flutter/material.dart';

class PostCreateForm extends StatefulWidget {
  @override
  _PostCreateFormState createState() => _PostCreateFormState();
}

class _PostCreateFormState extends State<PostCreateForm> {
  @override
  Widget build(BuildContext context) {
    return Container(
      child: Text('PostCreateForm'),
    );
  }
}
```

2．使用创建内容表单小部件

打开 post_create 文件，首先在文件顶部导入 post_create_form。然后修改小部件界面，用 SingleChildScrollView 小部件包装 Container 容器，容器 child 是一个 SafeArea，它的 child 是一个 PostCreateForm 小部件。

```
（文件：lib/post/create/post_create.dart）
...
import
'package:xb2_flutter/post/create/components/post_create_form.dart';

class PostCreate extends StatelessWidget {
  @override
  Widget build(BuildContext context) {
    return SingleChildScrollView(
      child: Container(
        padding: EdgeInsets.all(16),
        child: SafeArea(
          child: PostCreateForm(),
        ),
      ),
    );
  }
}
```

22.2.5　任务：定义创建内容表单小部件（PostCreateForm）

创建内容表单小部件里包含一个内容标题字段、一个内容正文字段，以及一个提交发布内容请求用的按钮。

1. 导入所需文件

打开 post_create_form 文件，导入 provider、app_button、app_text_field 和 post_create_model。

```
（文件：lib/post/create/components/post_create_form.dart）
...
import 'package:provider/provider.dart';
import 'package:xb2_flutter/app/components/app_button.dart';
import 'package:xb2_flutter/app/components/app_text_field.dart';
import 'package:xb2_flutter/post/create/post_create_model.dart';
```

2. 准备属性

在小部件的 State 类里准备几个属性。formKey 会在 Form 小部件里用到，canValidate 默认值是 true，再创建两个文本编辑控制器 titleFieldController 和 contentFieldController，交给标题字段与内容字段使用。

```
（文件：lib/post/create/components/post_create_form.dart）
class _PostCreateFormState extends State<PostCreateForm> {
  // 表单 key
  final formKey = GlobalKey<FormState>();
  // 是否自动验证
  bool canValidate = true;
  // 文本编辑控制器
  final titleFieldController = TextEditingController();
  final contentFieldController = TextEditingController();
  ...
}
```

3. 读取 PostCreateModel

在 build()方法的一开始，读取 PostCreateModel 这个 provider 提供的值，把它赋给 postCreateModel。

```
（文件：lib/post/create/components/post_create_form.dart）
class _PostCreateFormState extends State<PostCreateForm> {
  ...
  @override
  Widget build(BuildContext context) {
    final postCreateModel = context.watch<PostCreateModel>();
    ...
  }
}
```

4. 准备标题字段

声明 titleField，其值是一个 AppTextField，即之前自定义的一个文本字段小部件。设置标签文本（labelText），把 titleFieldController 赋给 controller 参数，enabled 参数的值是 "!postCreateModel.loading"，这样如果 PostCreateModel 里 loading 为 true，就会禁用该文本字段；如果为 false，就会启动该文本字段。canValidate 参数的值是 canValidate。

```
（文件：lib/post/create/components/post_create_form.dart）
class _PostCreateFormState extends State<PostCreateForm> {
  ...
```

```
 @override
 Widget build(BuildContext context) {
  ...
  // 标题字段
  final titleField = AppTextField(
   labelText: '标题',
   controller: titleFieldController,
   enabled: !postCreateModel.loading,
   canValidate: canValidate,
   onChanged: (value) {
    postCreateModel.setTitle(value);
   },
  );
  ...
 }
}
```

给 onChanged 提供一个方法，在变更回调函数里执行 postCreateModel.setTitle()，修改 PostCreateModel 里 title 属性的值。也就是这个标题字段里的内容发生变化以后，把变化后的内容赋给 PostCreateModel 里的 title 属性。

5. 准备正文字段

继续声明正文字段，名字是 contentField，新建一个 AppTextField，把 isMultiline 设置成 true，这样可以在字段里输入多行文字，当字段内容发生变化时，会执行 postCreateModel.setContent()，把变化后的内容赋给 PostCreateModel 里的 content 属性。

```
（文件：lib/post/create/components/post_create_form.dart）
class _PostCreateFormState extends State<PostCreateForm> {
 ...
 @override
 Widget build(BuildContext context) {
  ...
  // 正文字段
  final contentField = AppTextField(
   labelText: '正文',
   controller: contentFieldController,
   enabled: !postCreateModel.loading,
   canValidate: canValidate,
   isMultiline: true,
   onChanged: (value) {
    postCreateModel.setContent(value);
   },
  );
  ...
 }
}
```

6. 准备提交按钮

准备一个提交创建内容请求用的按钮，名字是 submitButton。新建一个 AppButton，在按钮的单击回调函数中判断 postCreateModel.loading，如果其值是 true，单击回调就是 null；

如果其值是 false，单击回调就是 submitCreatePost 方法。

执行请求创建内容时，postCreateModel.createPost()会把 loading 设置成 true，这时提交按钮的单击回调就会是 null，按钮就会变成禁用状态。

```
（文件：lib/post/create/components/post_create_form.dart）
class _PostCreateFormState extends State<PostCreateForm> {
  ...
  @override
  Widget build(BuildContext context) {
    ...
    // 提交创建内容
    submitCreatePost() async {}

    // 提交按钮
    final submitButton = AppButton(
      text: '发布',
      onPressed: postCreateModel.loading ? null : submitCreatePost,
    );
    ...
  }
}
```

7. 修改 AppButton

这里 AppButton 的 onPressed 参数会提示错误，原因是现在这个 onPressed 参数的值不能是 null。打开 app_button 文件，找到 onPressed，在 VoidCallback 后加上一个 "?"，表示属性值可以是 null。

```
（文件：lib/app/components/app_button.dart）
class AppButton extends StatelessWidget {
  ...
  final VoidCallback? onPressed;
  ...
}
```

8. 组织小部件界面

小部件界面可以先用一个 Form 小部件，key 设置成 formKey。这个 Form 的 child 用一个 Column 显示一列小部件，再把 titleField、contentField 和 submitButton 放到 Column 的 children 里。

```
（文件：lib/post/create/components/post_create_form.dart）
class _PostCreateFormState extends State<PostCreateForm> {
  ...

  return Form(
    key: formKey,
    child: Column(
      mainAxisAlignment: MainAxisAlignment.center,
      crossAxisAlignment: CrossAxisAlignment.start,
      children: [
        titleField,
```

```
            contentField,
            submitButton,
          ],
        ),
      );
    }
  }
```

9. 测试

在模拟器中打开"添加"页面，会显示两个文本字段和一个提交按钮。现在这个提交按钮还有文本字段都是正常状态，可以正常使用（见图 22.1）。

打开 post_create_model 文件，修改 loading 的值，让它等于 true。此时，文本字段还有按钮都会变成禁用状态（见图 22.2）。

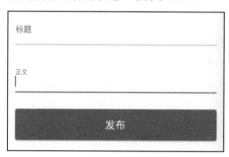

图 22.1　内容发布界面

图 22.2　禁用状态的内容发布界面

也就是说，通过 PostCreateModel 的 loading 属性，可以设置表单是否可用。

测试完毕，再把 loading 默认值改回原来的 false。

22.2.6　任务：发布内容

单击"添加"页面上的提交按钮验证表单数据，验证通过后请求服务端接口创建新的内容。内容发布成功后，清理表单字段里填写的数据。

1. 导入所需文件

打开 post_create_form 文件，在顶部导入 app_exception 和 validate_exception。

```
（文件：lib/post/create/components/post_create_form.dart）
...
import 'package:xb2_flutter/app/exceptions/app_exception.dart';
import 'package:xb2_flutter/app/exceptions/validate_exception.dart';
...
```

2. 定义验证方法

在 build()里定义一个 validate()，用来验证表单字段数据。如果提交的表单字段数据未通过数据验证，就抛出一个 ValidateException 异常。

```
（文件：lib/post/create/components/post_create_form.dart）
class _PostCreateFormState extends State<PostCreateForm> {
```

```
...
@override
Widget build(BuildContext context) {
  ...
  // 验证
  validate() {
    final isValid = formKey.currentState!.validate();
    if (!isValid) {
      throw ValidateException();
    }
  }
  ...
}
```

3．定义重置方法

内容发布成功后，可以重置相关数据，把文本编辑器里的内容设置成空白字符；也可以执行文本编辑控制器里的 clear()，如 titleFieldController.text.clear()，以清除文本字段的内容。执行 postCreateModel.reset()会把 PostCreateModel 里的 title 与 content 值设置成 null。

```
（文件：lib/post/create/components/post_create_form.dart）
class _PostCreateFormState extends State<PostCreateForm> {
  ...
  @override
  Widget build(BuildContext context) {
    ...
    // 重置
    reset() {
      setState(() {
        titleFieldController.text = '';
        contentFieldController.text = '';
        canValidate = false;
        postCreateModel.reset();
      });
    }
    ...
  }
}
```

4．定义提交创建内容用的方法

单击提交按钮会执行 submitCreatePost 方法，其中是一组 try…catch…finally 语句，try 里是要做的事情，在 catch 里处理发生的异常，在 finally 里做最后的处理。

```
（文件：lib/post/create/components/post_create_form.dart）
class _PostCreateFormState extends State<PostCreateForm> {
  ...
  @override
  Widget build(BuildContext context) {
    ...
    // 提交创建内容
    submitCreatePost() async {
```

```
    try {
      validate();
      postCreateModel.setLoading(true);
      final postId = await postCreateModel.createPost();
      print(postId);
      ScaffoldMessenger.of(context).showSnackBar(
        SnackBar(content: Text('内容发布成功！')),
      );
      reset();
    } on AppException catch (e) {
      ScaffoldMessenger.of(context).showSnackBar(
        SnackBar(content: Text(e.message)),
      );
    } finally {
      postCreateModel.setLoading(false);
    }
  }
  ...
}
}
```

代码解析：

（1）在 try 里面执行 validate()，验证表单字段数据。

```
validate();
```

（2）执行 postCreateModel.setLoading(true)，把 PostCreateModel 里的 loading 设置成 true，这时表单字段与提交按钮会变成禁用状态。接着执行 postCreateModel.createPost()，发送创建内容的请求。如果成功发布内容，该方法会返回新内容的 ID，把它赋给 postId，并在控制台输出该 postId。

```
postCreateModel.setLoading(true);
final postId = await postCreateModel.createPost();
print(postId);
```

（3）内容发布成功后，会在页面上显示一条提示信息。

```
ScaffoldMessenger.of(context).showSnackBar(
    SnackBar(content: Text('内容发布成功！')),
);
```

（4）执行在上面定义的 reset()，重置相关的数据。

```
reset();
```

（5）catch 到 AppException 异常，可以在页面上显示异常信息。

```
on AppException catch (e) {
  ScaffoldMessenger.of(context).showSnackBar(
    SnackBar(content: Text(e.message)),
  );
```

（6）最终，把 PostCreateModel 里的 loading 设置成 false。

```
finally {
    postCreateModel.setLoading(false);
}
```

5. 测试

在模拟器中，打开"添加"页面，直接单击"发布"按钮，会给出错误提示"请填写标题"（见图22.3）。输入标题与正文，再次单击"发布"按钮（见图22.4），会提示"内容发布成功!"（见图22.5）。在编辑器的调试控制台会输出新发布的内容的ID。

图 22.3 未通过数据验证会提示错误信息   图 22.4 输入标题与正文以后单击"发布"按钮

图 22.5 内容发布成功后会显示提示

22.3 问题与思考

问题：在哪里查看新发布的内容

虽然我们现在可以通过"添加"页面发布新的内容，但如果该内容没有相关图像，是无法显示的。在后面的章节我们会继续完善"添加"页面，可以在上面选择内容相关的图像，发布内容后，可以上传选择的图像，并让图像与新发布的内容关联在一起。这时，再在浏览器中访问 https://nid-vue.ninghao.co/manage/post，就可以看到新发布的内容了。

22.4 整 理 项 目

在终端，在项目所在目录下，首先把当前分支切换到 master，然后合并 post-create 分支，再把 master 与 post-create 两个本地分支推送到项目的 origin 远程仓库里。

```
git checkout master
git merge post-create
git push origin master post-create
```

第 23 章

选择并上传文件

本章我们将在"添加"页面准备一个选择图像文件用的小部件，用户通过它可以选择设备里的图像文件。

用户选择图像，并设置标题与正文后，单击"提交"按钮，会发布新的内容。继续请求上传选择的图像，服务端会将新上传的文件与指定的内容关联在一起。

23.1　准备项目（file-upload）

在终端，在项目所在目录下执行 git branch 命令，确定当前位于 master 分支。基于 master 分支创建一个新的分支 file-upload，并切换到该分支上。

```
git checkout -b file-upload
```

下面每完成一个任务，就在 file-upload 分支上做一次提交。本章最后会把 file-upload 分支合并到 master 分支上。

23.2　选　择　文　件

借助 file_picker 插件可以选择用户设备上的文件。

23.2.1　任务：安装文件选择器插件（file_picker）

在应用里上传文件，首先需要选择要上传的文件，这里我们给应用安装一个 file_picker 插件。

1. 安装 file_picker

在终端，在项目所在目录下，执行如下命令：

```
flutter pub add file_picker
```

安装 file_picker 插件后，需要重新编译运行应用。注意，编译时会额外执行命令，安装应用在不同平台的依赖。例如，因为笔者用的是 iOS 模拟器，所以会执行 pod install。执行时可能会遇到问题（主要是网络问题），多试几次即可。用户也可以在终端，在项目所在目录下手工执行 pod install 命令，以安装 iOS 应用的依赖。

2. 观察 pubspec.yaml

命令执行完成后打开 pubspec.yaml，发现 dependencies 下已列出了 file_picker 依赖。

```
dependencies:
  ...
  file_picker: ^5.2.5
```

23.2.2　任务：选择照片应用里的图像文件

1. 在照片应用里添加照片

设备模拟器的照片（Photo）应用里会包含一些默认图片，我们可以把个人计算机上的照片直接拖到这个照片应用里（见图 23.1）。

2. 在设备相册里选择图像文件

新建一个文件（lib/post/create/components/post_create_media.dart），定义一

图 23.1　直接拖放照片到 iOS 模拟器的照片应用里

个 StatefullWidget，名字是 PostCreateMedia，添加一个选择文件用的按钮。

```
（文件：lib/post/create/components/post_create_media.dart）
import 'package:file_picker/file_picker.dart';
import 'package:flutter/material.dart';

class PostCreateMedia extends StatefulWidget {
  @override
  _PostCreateMediaState createState() => _PostCreateMediaState();
}

class _PostCreateMediaState extends State<PostCreateMedia> {
  @override
  Widget build(BuildContext context) {
    return Container(
      child: TextButton(
        child: Text('选择文件'),
        onPressed: () async {
          FilePickerResult? result = await FilePicker.platform.pickFiles(
            type: FileType.image,
          );
          if (result != null) {
            print(result.files.first);
          }
        },
      ),
    );
  }
}
```

代码解析：

（1）在"选择文件"按钮的单击回调函数里，需要执行 FilePicker.platform.pickFiles() 选择文件，把 type 设置成 FileType.image，之后用户就可以直接从设备相册里选择图像文件了。

```
onPressed: () async {
  FilePickerResult? result = await FilePicker.platform.pickFiles(
    type: FileType.image,
  );
  ...
},
```

（2）方法返回的是选择结果，首先给它起名为 result，然后判断其值是否为 null，如果不等于 null，即如果用户确定选择了文件，就在控制台输出选择文件里的第一个文件。

```
if (result != null) {
  print(result.files.first);
}
```

3．在创建内容表单里使用创建内容媒体小部件

打开 post_create_form 文件，首先在文件顶部导入 post_create_media，然后在 Column 的 children 里新建一个 PostCreateMedia 小部件。

```
（文件：lib/post/create/components/post_create_form.dart）
...
import 'package:xb2_flutter/post/create/components/post_create_media.dart';
...
class _PostCreateFormState extends State<PostCreateForm> {
  ...
  @override
  Widget build(BuildContext context) {
    ...
    return Form(
      key: formKey,
      child: Column(
        ...
        children: [
          PostCreateMedia(),
          titleField,
          ...
        ],
      ),
    );
  }
}
```

4．测试

单击"选择文件"按钮，在相册里选择一个图像文件。选择文件后，控制台会输出被选择文件的相关信息，如文件路径、名字、尺寸等（见图 23.2）。

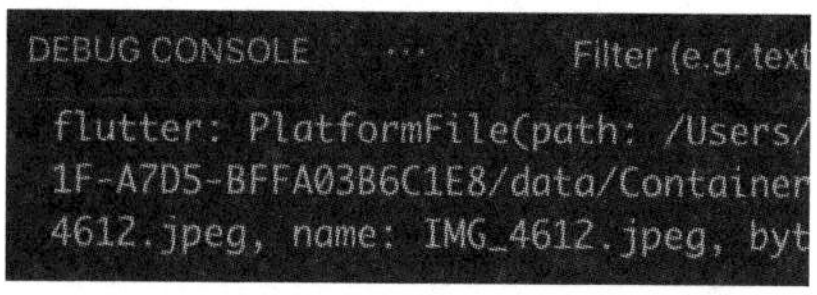

图 23.2　在控制台上输出被选文件相关数据

23.3 上 传 文 件

23.3.1 任务：准备上传文件用的请求

在之前定义的客户端接口（ApiHttpClient）里，添加一个专门用来上传内容相关图像文件的方法。

1. 导入所需文件

打开 app_service 文件，在文件顶部导入 file_picker、http_parser 和 app_config。

```
（文件: lib/app/app_service.dart）
...
import 'package:file_picker/file_picker.dart';
import 'package:http_parser/http_parser.dart';
import 'package:xb2_flutter/app/app_config.dart';
...
```

2. 定义上传内容图像用的方法

在 ApiHttpClient 里定义一个上传内容图像用的方法 updateImage()，用于提供上传的图像文件（file）和文件内容 Id（postId）。这里，file 的类型是 PlatformFile，就是通过 file_picker 选择的文件。

```
（文件: lib/app/app_service.dart）
...
import 'package:file_picker/file_picker.dart';
import 'package:http_parser/http_parser.dart';
import 'package:xb2_flutter/app/app_config.dart';

class ApiHttpClient extends http.BaseClient {
  ...
  Future<http.StreamedResponse> uploadImage({
    required PlatformFile file,
    required int postId,
  }) async {
    final uri = Uri.parse('${AppConfig.apiBaseUrl}/files?post=$postId');
    final request = http.MultipartRequest('POST', uri);
    request.headers.putIfAbsent('Authorization', () => 'Bearer $token');
    final multipartFile = await http.MultipartFile.fromPath(
      'file',
      file.path,
      contentType: MediaType('image', file.extension ?? 'jpg'),
    );
    request.files.add(multipartFile);
    return request.send();
  }
}
```

代码解析：

（1）首先准备上传文件请求。uri 是上传内容图像的接口地址，该地址由服务端应用提供。然后准备一个 MultipartRequest 类型的请求，上传文件时需要发送这样的请求，把创建的请求交给 request，后续再配置它。

```
final uri = Uri.parse('${AppConfig.apiBaseUrl}/files?post=$postId');
final request = http.MultipartRequest('POST', uri);
```

（2）设置请求头部数据。服务端的上传图像接口会检查用户身份，所以在请求里添加 Authorization 头部，包含当前用户的令牌。

```
request.headers.putIfAbsent('Authorization', () => 'Bearer $token');
```

（3）准备请求数据。首先在上传文件请求里添加需要上传的文件，这里用 http.MultipartFile.fromPath() 创建一个 MultipartFile，该方法的第一个参数是字段名字，这里设成 file，这是服务端接口规定的；然后提供一个 file.path，即文件路径；再设置 contentType（内容类型），告诉服务端接口待上传文件是什么类型的文件。

```
final multipartFile = await http.MultipartFile.fromPath(
  'file',
  file.path!,
  contentType: MediaType('image', file.extension ?? 'jpg'),
);
```

（4）在请求中添加文件。执行 request.files.add() 方法，把 multipartFile 交给它，意思就是在这个 request 的 files 里添加一个要上传的文件。

```
request.files.add(multipartFile);
```

（5）发送上传文件请求。返回执行 request.send() 方法后得到的结果。

```
return request.send();
```

23.3.2　任务：定义上传文件需要的相关数据与方法

1. 导入所需文件

打开 post_create_model 文件，在文件顶部导入 file_picker。

```
（文件：lib/post/create/post_create_model.dart）
import 'package:file_picker/file_picker.dart';
```

2. 定义表示选择文件的数据

首先在 PostCreateModel 里添加一个表示当前选择的文件数据，名字是 selectedFile，类型是"PlatformFile?"，然后定义一个修改数据用的方法 setSelectedFile()。

```
（文件：lib/post/create/post_create_model.dart）
class PostCreateModel extends ChangeNotifier {
  ...
  PlatformFile? selectedFile;
  ...
  setSelectedFile(PlatformFile? data) {
```

```
  selectedFile = data;
  notifyListeners();
 }
 ...
}
```

3．重置

在 reset()方法里，把 selectedFile 设置成 null。

（文件：lib/post/create/post_create_model.dart）
```
reset() {
 ...
 selectedFile = null;
}
```

4．定义上传文件用的方法

在 PostCreateModel 里定义 createFile()方法，该方法中用 appService.apiHttpClient.uploadImage()请求上传选择的图像文件。文件上传成功后，服务端的响应状态码是 201。

（文件：lib/post/create/post_create_model.dart）
```
Future<bool> createFile({required int postId}) async {
 final response = await appService.apiHttpClient.uploadImage(
  postId: postId,
  file: selectedFile!,
 );
 if (response.statusCode == 201) {
  return true;
 } else {
  throw HttpException('上传文件失败了。');
 }
}
```

23.3.3　任务：定义选择图像文件小部件（PostCreateMedia）

用户选择内容图像后，在页面上显示被选择的图像。

1．导入所需文件

打开 post_create_media 文件，导入 dart:io、provider 和 post_create_model。

（文件：lib/post/create/components/post_create_media.dart）
```
import 'dart:io';
import 'package:provider/provider.dart';
import 'package:xb2_flutter/post/create/post_create_model.dart';
```

2．读取 PostCreateModel

在 build()里读取 PostCreateModel 这个 provider 提供的值，把它交给 postCreateModel。

（文件：lib/post/create/components/post_create_media.dart）
```
class _PostCreateMediaState extends State<PostCreateMedia> {
 @override
 Widget build(BuildContext context) {
  final postCreateModel = context.read<PostCreateModel>();
```

```
    ...
  }
}
```

3．定义选择文件的方法

在 build()里定义 selectFile()方法，用于选择设备相册里的图像文件。

```
（文件：lib/post/create/components/post_create_media.dart）
selectFile() async {
  FilePickerResult? result = await FilePicker.platform.pickFiles(
    type: FileType.image,
  );
  if (result != null) {
    postCreateModel.setSelectedFile(result.files.first);
  }
}
```

4．图像占位符小部件

用户未选择图像文件时，在界面上显示一个图像占位符。

```
（文件：lib/post/create/components/post_create_media.dart）
final imagePlaceholder = AspectRatio(
  aspectRatio: 3 / 2,
  child: Container(
    decoration: BoxDecoration(
      color: Colors.black12,
      borderRadius: BorderRadius.circular(10),
    ),
    child: Icon(
      Icons.add_a_photo_outlined,
      size: 56,
      color: Colors.black12,
    ),
  ),
);
```

5．图像占位符蒙版小部件

单击图像占位符小部件时，选择图像文件。准备一个图像占位符蒙版小部件，单击它时，如果 postCreateModel.loading 不为 true，就执行 selectFile()方法选择图像文件。

```
（文件：lib/post/create/components/post_create_media.dart）
final imagePlaceholderMask = Positioned.fill(
  child: InkWell(
    borderRadius: BorderRadius.circular(20),
    splashColor: Colors.deepPurpleAccent.withOpacity(0.3),
    onTap: postCreateModel.loading ? null : selectFile,
  ),
);
```

6．被选图像小部件

如果当前已经选择了图像文件，根据被选择的这个图像文件的路径，创建一个图像（Image），我们在这个 Image 的外层套一个 ClipRRect，主要是为了给这个图像添加一个圆角效果。

```
（文件：lib/post/create/components/post_create_media.dart）
final selectedImage = postCreateModel.selectedFile != null
   ? ClipRRect(
       borderRadius: BorderRadius.circular(10),
       child: Image.file(
         File(
           postCreateModel.selectedFile!.path!,
         ),
       ),
     )
   : null;
```

7．定义小部件的界面

PostCreateMedia 小部件的 build()方法最终返回的值可以先用一个 Container，它的 child 用一个 Stack 小部件，在 children 里面添加一个 imagePlaceholder 和一个 imagePlaceholderMask，在它们之间，如果当前有选择的图像文件，再添加一个 selectedImage。

```
（文件：lib/post/create/components/post_create_media.dart）
class _PostCreateMediaState extends State<PostCreateMedia> {
 @override
 Widget build(BuildContext context) {
   ...
   return Container(
     padding: EdgeInsets.symmetric(vertical: 24),
     child: Stack(
       alignment: Alignment.center,
       children: [
         imagePlaceholder,
         if (selectedImage != null) selectedImage,
         imagePlaceholderMask,
       ],
     ),
   );
 }
}
```

8．测试

在模拟器上测试，打开"添加"页面，用户未选择图像文件前，页面会显示图像占位符 imagePlaceholder（见图 23.3）。单击图像占位符，在相册里选择一个图像文件，被选择的图像会显示在应用界面上（见图 23.4）。

图 23.3　显示图像占位符　　　　　　　　　　图 23.4　显示图像文件

23.3.4 任务：使用进度指示器（CircularProgressIndicator）

发布内容时，如果把 PostCreateModel 里的 loading 设置成 true，可以在 PostCreateMedia 小部件上显示一个进度指示器。

1. 添加进度指示器

打开 post_create_media 文件，声明一个 indicator，如果 PostCreateModel 里的 loading 不为 true，该 indicator 将使用 CircularProgressIndicator 小部件，并用 strokeWidth 设置描边大小。

在 Stack 小部件的 children 里，在 imagePlaceholderMask 下判断 indicator 是否等于 null，如果不等于 null，就添加一个 indicator。

```
（文件：lib/post/create/components/post_create_media.dart）
class _PostCreateMediaState extends State<PostCreateMedia> {
 @override
 Widget build(BuildContext context) {
  ...

  final indicator = postCreateModel.loading
    ? CircularProgressIndicator(
        strokeWidth: 2,
      )
    : null;
  return Container(
    padding: EdgeInsets.symmetric(vertical: 24),
    child: Stack(
      alignment: Alignment.center,
      children: [
        ...
        imagePlaceholderMask,
        if (indicator != null) indicator,
      ],
    ),
  );
 }
}
```

2. 测试

打开 post_create_model 文件，把 loading 的值改为 true，此时 PostCreateMedia 里会显示一个进度指示器（见图 23.5）。测试完毕后，再把 loading 默认值改成 false。

图 23.5 加载状态时会显示进度指示器

23.3.5 任务：用选择的文件名称作为内容默认标题

选择了要上传的图像文件以后，可以用文件的名字作为内容默认的标题。

1．选择文件后设置内容标题

打开 post_create_form 文件，在 build()方法里判断是否 postCreateModel.SelectedFile 不等于 null 且 postCreateModel.title 等于 null。

```
（文件：lib/post/create/components/post_create_form.dart）
class _PostCreateFormState extends State<PostCreateForm> {
  ...

  @override
  Widget build(BuildContext context) {
    ...
    // 选择文件后设置标题
    if (postCreateModel.selectedFile != null && postCreateModel.title == null){
      final title = postCreateModel.selectedFile!.name.split('.')[0];
      titleFieldController.text = title;
      postCreateModel.setTitle(title);
    }
    ...
  }
}
```

代码解析：

满足条件后可以得到被选择文件的标题，把它交给 title。用字符串的 split()方法按点（.）把一个字符串拆分成一个列表，列表里第一个项目是文件名字，第二个项目是文件扩展名（如 JPG）。

```
final title = postCreateModel.selectedFile!.name.split('.')[0];
```

得到标题内容后，设置 titleFieldController.text 为 title。titleFieldController 是标题字段使用的文本编辑控制器，用于控制文本字段显示的内容。再次执行 postCreateModel.setTitle()，把 title 交给该方法，此时 PostCreateModel 里 title 的值就是被选择文件的名字。

```
titleFieldController.text = title;
postCreateModel.setTitle(title);
```

2．测试

在模拟器中测试，选择相册里的一个图像文件，发现标题字段里面的值就是被选择图像文件的名字（见图 23.6）。

图 23.6　标题字段会自动显示被选择文件的名字

23.3.6　任务：提示是否保留未发布内容

在"添加"页面，用户选择内容图像或输入标题与正文后，如果选择打开其他页面，将给出一个弹窗，提示用户是否保留当前输入的内容。

1. 判断当前是否输入了待发布内容数据

打开 post_create_model 文件，定义 hasData()，如果 title、content 或 selectedFile 不为 null，即如果它们有值，则 hasData()将返回 true，否则返回 false。

```
（文件：lib/post/create/post_create_model.dart）
class PostCreateModel extends ChangeNotifier {
 ...
 bool hasData() {
   return title != null || content != null || selectedFile != null
       ? true
       : false;
 }
 ...
}
```

通过上述方法，可以判断用户是否在"添加"页面输入了要发布的内容。

2. 单击底部导航栏时给出提示信息

如果当前打开的是"添加"页面，且当前有待发布内容，单击底部导航栏切换到其他页面时，需要显示一个对话框，提示用户是否保留当前正在编辑的内容。

打开 lib/app/components/app_home.dart 文件，修改单击底部导航栏项目的处理方法 onTapAppBottomNavigationBarItem。

（1）在文件顶部导入 provdier 和 post_create_model。

```
（文件：lib/app/components/app_home.dart）
import 'package:provider/provider.dart';
import 'package:xb2_flutter/post/create/post_create_model.dart';
...
```

（2）在 onTapAppBottomNavigationBarItem()方法里读取 PostCreateModel 这个 provider 提供的值，交给 postCreateModel。

```
void onTapAppBottomNavigationBarItem(int index) async {
  final postCreateModel = context.read<PostCreateModel>();
  ...
}
```

（3）准备一个弹窗对话小部件，交给 retainDataAlertDialog。对话窗口的标题是一个 Text 小部件，显示文字"是否保留未发布的内容？"。actions 的值是一组动作小部件，这里是两个文本按钮（TextButton），单击"否"按钮时执行 Navigator.Of (context).pop(false)，给 pop()提供的 false 是传递的值，这样显示对话框时，如果单击"是"按钮，返回值就是 pop 方法的值，也就是 false。单击"是"按钮时执行同样的方法，但给 pop()提供的值是 true。

```
void onTapAppBottomNavigationBarItem(int index) async {
  ...
  final retainDataAlertDialog = AlertDialog(
    title: Text('是否保留未发布的内容？'),
    actions: [
      TextButton(
        onPressed: () {
          Navigator.of(context).pop(false);
```

```
      },
      child: Text('否'),
    ),
    TextButton(
      onPressed: () {
        Navigator.of(context).pop(true);
      },
      child: Text('是'),
    ),
  ],
);
...
}
```

（4）通过判断条件显示弹窗对话。使用 if 语句进行判断，如果当前显示的是"添加"（currentAppBottomNavigationBarItem == 1），同时有未发布的内容数据（postCreateModel.hasData()），就使用 showDialog()显示一个对话窗口，用 builder 返回上面准备好的 retainDataAlertDialog 小部件。

```
void onTapAppBottomNavigationBarItem(int index) async {
  ...
  if (currentAppBottomNavigationBarItem == 1 && postCreateModel.hasData()) {
    final retainDataResult = await showDialog(
      context: context,
      builder: (context) => retainDataAlertDialog,
    );
    if (retainDataResult == null) {
      return;
    }
    if (!retainDataResult) {
      postCreateModel.reset();
    }
  }
  ...
}
```

关闭对话窗口后会得到一个结果，首先把这个结果交给 retainDataResult。然后再进行判断，如果结果的值是 null，直接返回，什么也不做。如果结果的值是 false（单击弹窗的"否"按钮），执行 PostCreateModel 里的 reset()，重置要发布的内容数据。

3. 恢复之前保留的内容

打开 post_create_form 文件，在初始化小部件状态类时恢复相关的内容数据。添加 initState()方法，读取 PostCreateModel 这个 provider 里的 title 和 content，如果其值不是 null，设置文本编辑控制器 text 属性的值，这样在标题与内容字段上，就会显示之前保留的 title 与 content 的值。

```
（文件: lib/post/create/components/post_create_form.dart）
class _PostCreateFormState extends State<PostCreateForm> {
  ...
  @override
  void initState() {
    super.initState();
    final title = context.read<PostCreateModel>().title;
```

```
    final content = context.read<PostCreateModel>().content;
    if (title != null) {
      titleFieldController.text = title;
    }
    if (content != null) {
      contentFieldController.text = content;
    }
  }
  ...
}
```

4. 测试

在模拟器中测试，首先选择一个图像文件，设置内容标题和正文。然后单击其他导航栏项目，因为当前打开的底部导航栏项目是"添加"，并且有要发布的内容数据，所以会提示一个对话框，询问用户是否要保留未发布的内容（见图 23.7）。

单击"否"按钮，会执行 PostCreateModel 里的 reset()，清理相关数据（title、content 与 selectedFile）。单击"是"按钮，再打开"添加"页面，发现标题与正文字段上会显示之前未发布的内容标题与正文内容。

图 23.7　离开内容发布界面时提示是否保留未发布的内容

23.3.7　任务：创建内容后上传文件

在"添加"页面选择图像，输入标题与正文，单击"发布"按钮，会请求创建一个新的内容，得到新内容 ID 后，可以再请求上传图像文件。

1. 发布内容后上传图像文件

打开 post_create_form 文件，修改 submitCreatePost() 方法，在 postCreateModel.createPost() 下，执行 postCreateModel.createFile() 上传文件，给它提供一个 postId 参数，其值就是文件相关内容 ID，这里就是上面创建内容后得到的内容的 ID。

```
（文件: lib/post/create/components/post_create_form.dart）
class _PostCreateFormState extends State<PostCreateForm> {
  ...
  @override
  Widget build(BuildContext context) {
    ...
    // 提交创建内容
    submitCreatePost() async {
      try {
        ...
        final postId = await postCreateModel.createPost();
        await postCreateModel.createFile(postId: postId);
        ...
      } on AppException catch (e) {
        ...
```

339

```
      } finally {
        ...
      }
    }
    ...
  }
}
```

2. 测试

首先在"添加"页面选择一个图像文件，然后设置标题和正文，再单击"发布"按钮。发布内容时，会在图像上显示一个进度指示器，表单字段和发布按钮会变成禁用状态（见图23.8），操作成功后会提示内容发布成功。

3. 查看新发布的内容

通过浏览器访问 https://nid-vue.ninghao.co，用户登录后，在用户菜单里选择"管理"选项（见图23.9），此时管理页面上会显示刚才在移动应用里新发布的内容（见图23.10）。

图 23.8　正在发布时按钮会变成禁用状态

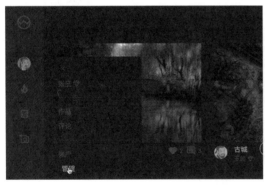

图 23.9　在 Web 应用的用户菜单里选择"管理"

图 23.10　显示通过移动端发布的内容

注意，通过 https://nid-vue.ninghao.co 访问的前端应用，跟我们用 Flutter 开发的应用不是一回事，这个前端应用是在宁皓网的独立开发者训练营里使用 Vue 框架开发的。

23.4　整理项目

在终端，在项目所在目录下，首先把当前分支切换到 master，然后合并 file-upload 分支，再把 master 与 file-upload 两个本地分支推送到项目的 origin 远程仓库里。

```
git checkout master
git merge file-upload
git push origin master file-upload
```

第 24 章

主题样式

本章我们首先将在应用主题里设置一些基本的颜色，然后再定制一些常用的小部件需要的主题样式。

24.1　准备项目（theme）

在终端，在项目所在目录下执行 git branch 命令，确定当前位于 master 分支。基于 master 分支创建一个新的分支 theme，并切换到 theme 分支上。

```
git checkout -b theme
```

下面每完成一个任务，就在 theme 分支上做一次提交。本章最后会把 theme 分支合并到 master 分支上。

24.2　设置主题样式

MaterialApp 会给后代提供默认的主题样式。例如，AppBar 小部件会使用应用主题里 appBarTheme 设置的主题样式。用户也可以自己定制主题样式，覆盖原有的主题样式。

24.2.1　任务：设置主题颜色

1. 设置应用主题

前面 6.2.4 节中我们已经学习过如何设置应用主题。打开 app.dart 文件，观察 MaterialApp. router()，其中 theme 与 darkTheme（暗色主题）的值都是 ThemeData。在 AppTheme 里，我们定义了两个静态属性（light 与 dark），以返回主题需要的主题数据（ThemeData）。

```
（文件：lib/app/app.dart）
class _AppState extends State<App> {
  ...
  @override
  Widget build(BuildContext context) {
    ...
    return MultiProvider(
      ...
      child: MaterialApp.router(
```

```
        ...
        theme: AppTheme.light,
        darkTheme: AppTheme.dark,
        ...
      ),
    );
  }
}
```

2．定义主题颜色

在 AppTheme 里可以定义一些颜色，这些颜色会在应用主题里用到。

```
（文件：lib/app/themes/app_theme.dart）
const primaryColor = Color(0xff6e64ef);
const primaryColorDark = Color(0xff6e64ef);

const secondaryColor = Color(0xfff0d64d);
const secondaryColorDark = Color(0xfff0d64d);

const primaryTextColor = Color(0xff000000);
const primaryTextColorDark = Color(0xffb1b1b1);

const secondaryTextColor = Color(0xff585858);
const secondaryTextColorDark = Color(0xff585858);

const primaryBackgroundColor = Colors.white;
const primaryBackgroundColorDark = Color(0xff222222);
```

上面定义了两个版本的主要颜色（primary）与次要颜色（secondary），名字里带 Dark 后缀的是给暗色主题准备的颜色。Flutter 中提供了一套 Material 风格的颜色，通过 Colors 就可以得到（Colors.blue，Colors.yellow ...）。

能否使用自己的颜色呢？当然可以，使用 Flutter 提供的 Color 来创建这些颜色即可。在一般的图形设计工具里，通过颜色选择器可以得到用十六进制（Hex）表示的颜色，其值是 6 个字符，如 6e64ef。先在颜色值前加上 0xff（ff 表示完全不透明），然后交给 Color，就可以得到该颜色，如 Color(0xff**6e64ef**)。

3．设置主题颜色

修改在 AppTheme 里准备的 ThemeData，使用之前定义的颜色。在 light 主题里，把 primaryColor 设置成 primaryColor。之前如果设置过 accentColor，需要先删掉，因为 Flutter 会用 colorScheme 里的 secondary 代替 accentColor。

在 colorScheme 里，先用 ColorScheme.light()得到一个适合在亮色主题下使用的配色方案，这里可以覆盖其中一些配色，如覆盖 primary（主要）和 secondary（次要）。再把 scaffoldBackgroundColor（页面背景颜色）设置成 primaryBackgroundColor。

在 dark 主题里，使用我们定义的带 Dark 后缀的颜色，如把主题的 primaryColor 设置成 primaryColor**Dark**。

```
（文件：lib/app/themes/app_theme.dart）
class AppTheme {
```

```
// 亮色主题
static ThemeData light = ThemeData(
  primaryColor: primaryColor,
  colorScheme: ColorScheme.light(
    primary: primaryColor,
    secondary: secondaryColor,
  ),
  scaffoldBackgroundColor: primaryBackgroundColor,
);

// 暗色主题
static ThemeData dark = ThemeData(
  primaryColor: primaryColorDark,
  colorScheme: ColorScheme.dark(
    primary: primaryColorDark,
    secondary: secondaryColorDark,
  ),
  scaffoldBackgroundColor: primaryBackgroundColorDark,
);
}
```

4. 删除 UserProfile 里的容器背景颜色

打开 user_profile 文件，把之前给 Container 设置的 color 参数删除，让用户档案页面使用页面背景颜色（scaffoldBackgroundColor）。

```
（文件：lib/user/profile/user_profile.dart）
class UserProfile extends StatelessWidget {
  @override
  Widget build(BuildContext context) {
    ...
    return Container(
      // color: Colors.white,
      ...
    );
  }
}
```

5. 测试

重启应用调试，观察应用界面，切换 iOS 模拟器的暗色模式（按 Shift+Command+A 快捷键），再观察界面样式的变化。

24.2.2　任务：设置图标主题（IconThemeData）

在应用主题里设置小图标的主题，包括小图标默认颜色（color）、尺寸（size）和不透明度（opacity）。

1. 定义图标主题

打开 app_theme 文件，定义两个小图标主题 iconTheme 与 iconThemeDark，它们的值都是 IconThemeData()，设置图标主题数据里的 color（颜色）。

```
（文件：lib/app/themes/app_theme.dart）
// 图标主题
const iconTheme = IconThemeData(
  color: Colors.black,
);
const iconThemeDark = IconThemeData(
  color: secondaryTextColorDark,
);
```

2. 设置图标主题

在 AppTheme 的亮色主题数据里，设置 iconTheme 的值是 iconTheme。同样，设置暗色主题里的图标主题是 iconThemeDark。

```
（文件：lib/app/themes/app_theme.dart）
class AppTheme {
  // 亮色主题
  static ThemeData light = ThemeData(
    ...
    iconTheme: iconTheme,
  );
  // 暗色主题
  static ThemeData dark = ThemeData(
    ...
    iconTheme: iconThemeDark,
  );
}
```

3. 观察

重启应用调试，切换系统暗色模式，观察内容列表项目里小图标的颜色（见图 24.1）。

图 24.1　暗色与亮色主题小图标样式对比

注意，应用栏和底部导航栏里的图标未受到应用图标主题的影响，因为它们有着各自的主题样式。后续再来修改它们的主题样式。

24.2.3　任务：设置文本主题（TextTheme）

在 Flutter 应用里显示的文字会受到应用文本主题的影响，我们可以分别定义不同级别的标题（headline1～headline6）文本样式，还有子标题（subtitle1、subtitle2），主体文字（bodyText1、bodyText2）以及说明文字（caption）的文本样式。这些文本样式会用在不同的小部件里，它们的值都是 TextStyle。

1. 定义文本主题

在 app_theme 里，定义两个文本主题 textTheme 与 textThemeDark，它们的值是一个
TextTheme，这里暂时只定制 bodyText1 与 bodyText2 的文本样式。

```
（文件：lib/app/themes/app_theme.dart）
// 文本主题
const textTheme = TextTheme(
 bodyText1: TextStyle(
   color: primaryTextColor,
 ),
 bodyText2: TextStyle(
   color: secondaryTextColor,
 ),
);

const textThemeDark = TextTheme(
 bodyText1: TextStyle(
   color: primaryTextColorDark,
 ),
 bodyText2: TextStyle(
   color: secondaryTextColorDark,
 ),
);
```

2. 设置文本主题

在 AppTheme 里，设置 light 与 dark 的 textTheme。

```
（文件：lib/app/themes/app_theme.dart）
class AppTheme {
 // 亮色主题
 static ThemeData light = ThemeData(
   ...
   textTheme: textTheme,
 );

 // 暗色主题
 static ThemeData dark = ThemeData(
   ...
   textTheme: textThemeDark,
 );
}
```

3. 使用文本主题样式

小部件可以使用文本主题里的文本样式，打开 post_content 文件，找到小部件的 Text，
之前我们设置了文本样式（style），现在来新建一个 TextStyle，并设置文本样式的 color，
对应值引用文本主题下 bodyText1 里的 color。

```
（文件：lib/post/components/post_content.dart）
class PostContent extends StatelessWidget {
 ...
 @override
```

```
Widget build(BuildContext context) {
  return Container(
    child: Text(
      post.content!,
      style: TextStyle(
        ...
        color: Theme.of(context).textTheme.bodyText1!.color,
      ),
    ),
  );
}
}
```

如果这个内容正文文本需要的样式正是 bodyText2 文本样式，可将 style 参数值设成 Theme.of(context).textTheme.bodyText2。例如：

```
child: Text(
  post.content!,
  style: Theme.of(context).textTheme.bodyText2,
),
```

4．测试

打开内容页面，切换到系统暗色模式，观察页面上显示的内容正文样式（见图 24.2）。

图 24.2　暗色与亮色主题内容正文样式对比

24.2.4　任务：设置应用栏主题（AppBarTheme）

AppBar 小部件会用到应用主题里的 appBarTheme 设置的主题样式。

1．定义应用栏主题

在 app_theme 文件里定义两个应用栏主题 appBarTheme 与 appBarThemeDark，其值是一个新建的 AppBarTheme。在应用栏主题里，设置应用栏的阴影高度（elevation）、背景颜色（backgroundColor）、图标主题（iconTheme），以及标题文本样式（titleTextStyle）与工具栏文本样式（toolbarTextStyle）。

```
（文件：lib/app/themes/app_theme.dart）
// 应用栏主题
const appBarTheme = AppBarTheme(
  elevation: 1,
  backgroundColor: Colors.white,
  iconTheme: IconThemeData(
    color: Colors.black,
  ),
```

```
  titleTextStyle: TextStyle(
    color: Colors.black,
    fontSize: 20,
  ),
  toolbarTextStyle: TextStyle(
    color: Colors.black,
  ),
);

const appBarThemeDark = AppBarTheme(
  elevation: 1,
  backgroundColor: Color(0xff2e2e2e),
  iconTheme: IconThemeData(
    color: Colors.grey,
  ),
  titleTextStyle: TextStyle(
    color: Colors.grey,
    fontSize: 20,
  ),
  toolbarTextStyle: TextStyle(
    color: Colors.grey,
  ),
);
```

titleTextStyle 设置的文本样式会影响应用栏 title 指定小部件的文本样式。
toolbarTextStyle 设置的是工具栏上的文本样式，如应用栏 actions 里小部件的文本样式。

注意，在旧版本 Flutter 里，AppBarTheme 使用 textTheme 设置应用栏上的文本样式，
新版本 Flutter 则使用 titleTextStyle 与 toolbarTextStyle 设置文本样式。

2. 设置应用栏主题

在 AppTheme 里，分别设置 light 与 dark 里的 appBarTheme。

```
（文件: lib/app/themes/app_theme.dart）
class AppTheme {
  // 亮色主题
  static ThemeData light = ThemeData(
    ...
    appBarTheme: appBarTheme,
  );

  // 暗色主题
  static ThemeData dark = ThemeData(
    ...
    appBarTheme: appBarThemeDark,
  );
}
```

3. 测试

重启应用调试，在模拟器上切换到系统暗色模式，观察应用栏样式。

使用亮色主题时存在两个问题：标签栏文字和应用标志会消失不见。这是因为它们的

颜色是白色，亮色主题下应用栏背景颜色也是白色，后面我们会解决这两个问题。

下面修改一下应用栏，如暂时先把 AppBar 的 title 设置成 Text 小部件，然后在 actions 里添加一个文本小部件（显示效果见图 24.3）。

```
（文件：lib/app/components/app_page_header.dart）
class AppPageHeader extends StatelessWidget ... {
 ...
 @override
 Widget build(BuildContext context) {
  return AppBar(
    // title: AppLogo(),
    title: Text('小白摄影'),
    ...
    actions: [
      Container(
        alignment: Alignment.center,
        child: Text('登录 / 注册'),
      ),
      AppPageHeaderActionsMore(),
    ],
    ...
  );
 }
}
```

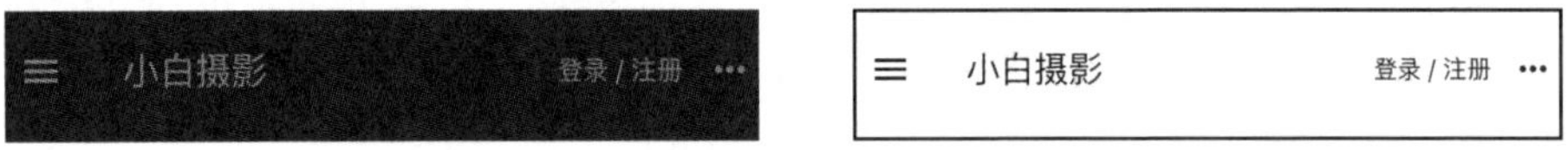

图 24.3　暗色与亮色主题 AppBar 样式对比

观察后，再把 AppBar 小部件改回之前的样子。

24.2.5　任务：根据平台暗色模式设置小部件样式

应用亮色主题时，AppBar 的背景颜色是白色，自定义标志（AppLogo）也是白色，这就会导致亮色主题下应用标志不可见。下面我们在应用标志小部件里，先判断系统是否使用暗色模式，然后再决定应用标志的颜色。

1. 改进应用标志小部件

改进应用标志小部件，代码如下。

```
（文件：lib/app/components/app_logo.dart）
import 'package:flutter/material.dart';

class AppLogo extends StatelessWidget {
 final double size;
 final Color? color;

 AppLogo({
  this.size = 32,
```

```
    this.color,
  });

  @override
  Widget build(BuildContext context) {
    Color _color;

    final brightness = MediaQuery.of(context).platformBrightness;
    final isDarkMode = brightness == Brightness.dark;

    if (color == null) {
      _color = isDarkMode ? Colors.grey : Colors.black;
    } else {
      _color = color!;
    }

    return Image.asset(
      'assets/images/logo.png',
      width: size,
      color: _color,
    );
  }
}
```

代码解析：

（1）打开 app_logo 文件，允许 color 的值是 null，先在 Color 后加上"?"，再去掉 this.color 参数默认的值。

（2）在 build() 方法里声明 _color，其值就是应用标志要使用的颜色。

```
Widget build(BuildContext context) {
  Color _color;
  ...
}
```

（3）使用一个媒体查询，获取系统的 Brightness。如果其值等于 Brightness.dark，说明系统正在使用暗色模式，将判断结果交给 isDarkMode。

```
final brightness = MediaQuery.of(context).platformBrightness;
final isDarkMode = brightness == Brightness.dark;
```

（4）当小部件 color 属性值是 null 时，即使用小部件时未设置 color 值，则 _color 由 isDarkMode 的值确定。如果是 true，_color 就是 Colors.grey，否则就用 Colors.black 颜色。也就是说，如果系统使用暗色模式，_color 的值是 Colors.grey，否则就是 Colors.black。

```
if (color == null) {
  _color = isDarkMode ? Colors.grey : Colors.black;
} else {
  _color = color!;
}
```

（5）如果使用应用标志小部件时设置了 color 参数的值，则 _color 等于 color 属性的值。

```
return Image.asset(
  'assets/images/logo.png',
```

```
  width: size,
  color: _color,
);
```

（6）最后修改 Image 的 color 参数，设置成_color。

2. 测试

在模拟器中切换到系统暗色模式，观察应用栏上应用标志的颜色变化（见图 24.4）。

图 24.4　暗色与亮色主题应用标志颜色的对比

24.2.6　任务：设置标签栏主题（TabBarTheme）

TabBar 小部件会用到应用主题里 tabBarTheme 设置的主题样式。

1. 定义标签栏主题

在 app_theme 文件里，首先定义两个标签栏主题 tabBarTheme 与 tabBarThemeDark，值为 TabBarTheme，然后设置标签栏的标签文本颜色（labelColor），以及指示器的大小（indicatorSize）与样式（indicator）。

```
（文件：lib/app/themes/app_theme.dart）
// 标签栏主题
const tabBarTheme = TabBarTheme(
  labelColor: Colors.black,
  indicatorSize: TabBarIndicatorSize.label,
  indicator: BoxDecoration(
    border: Border(
      bottom: BorderSide(
        width: 1,
        color: Colors.black,
      ),
    ),
  ),
);

const tabBarThemeDark = TabBarTheme(
  labelColor: Colors.grey,
  indicatorSize: TabBarIndicatorSize.label,
  indicator: BoxDecoration(
    border: Border(
      bottom: BorderSide(
        width: 1,
        color: Colors.grey,
      ),
    ),
  ),
);
```

2．设置标签栏主题

在 AppTheme 里，分别设 light 与 dark 里的 tabBarTheme。

```
class AppTheme {
  // 亮色主题
  static ThemeData light = ThemeData(
    ...
    tabBarTheme: tabBarTheme,
  );

  // 暗色主题
  static ThemeData dark = ThemeData(
    ...
    tabBarTheme: tabBarThemeDark,
  );
}
```

3．测试

重启应用调试，在模拟器中观察应用栏里的标签栏样式（见图 24.5）。

图 24.5　亮色与暗色主题标签栏样式对比

24.2.7　任务：设置底部导航栏主题（BottomNavigationBarThemeData）

BottomNavigationBar 小部件会用到应用主题里 bottomNavigationBarTheme 设置的主题样式。

1．定义底部导航栏主题

在 app_theme 里定义两个底部导航栏主题 bottomNavigationBarTheme 与 bottomNavigationBarThemeDark，值为新建的 BottomNavigationBarThemeData。BottomNavigationBarTheme 的 copyWith()方法可以先复制一份当前底部导航栏主题，然后在这个方法里覆盖某些样式。

```
（文件：lib/app/themes/app_theme.dart）
// 底部导航栏主题
const bottomNavigationBarTheme = BottomNavigationBarThemeData(
  elevation: 1,
  showSelectedLabels: true,
  type: BottomNavigationBarType.fixed,
  unselectedItemColor: Colors.black,
  selectedItemColor: primaryColor,
);

final bottomNavigationBarThemeDark = bottomNavigationBarTheme.copyWith(
  unselectedItemColor: Colors.grey,
```

```
  selectedItemColor: primaryColorDark,
);
```

2．设置底部导航栏主题

在 AppTheme 里，分别设置 light 与 dark 里的 bottomNavigationBarTheme。

```
（文件：lib/app/themes/app_theme.dart）
class AppTheme {
  // 亮色主题
  static ThemeData light = ThemeData(
    ...
    bottomNavigationBarTheme: bottomNavigationBarTheme,
  );
  // 暗色主题
  static ThemeData dark = ThemeData(
    ...
    bottomNavigationBarTheme: bottomNavigationBarThemeDark,
  );
}
```

3．修改 AppPageBottom 小部件

打开 app_page_bottom，首先使用 BottomNavigationBar 小部件把之前设置的 unselectedItemColor、selectedItemColor、showSelectedLabels、type 参数删除（因为已在底部导航栏主题里设置了）。然后分别设置 BottomNavigationBarItem 里的 activeIcon，设置激活状态下使用的小图标。

```
（文件：lib/app/components/app_page_bottom.dart）
import 'package:flutter/material.dart';

class AppPageBottom extends StatelessWidget {
  ...
  @override
  Widget build(BuildContext context) {
    return BottomNavigationBar(
      currentIndex: currentIndex,
      onTap: onTap,
      items: [
        BottomNavigationBarItem(
          icon: Icon(Icons.explore_outlined),
          activeIcon: Icon(Icons.explore),
          label: '发现',
        ),
        BottomNavigationBarItem(
          icon: Icon(Icons.add_a_photo_outlined),
          activeIcon: Icon(Icons.add_a_photo),
          label: '添加',
        ),
        BottomNavigationBarItem(
          icon: Icon(Icons.account_circle_outlined),
          activeIcon: Icon(Icons.account_circle),
```

```
        label: '用户',
      ),
    ],
  );
  }
}
```

4. 测试

重启应用调试，在模拟器中观察底部导航栏的样式（见图 24.6）。

图 24.6　亮色与暗色主题底部导航栏样式对比

24.2.8　任务：设置消息提示栏主题（SnackBarTheme）

SnackBar 小部件会用到应用主题里 snackBarTheme 设置的主题样式。

1. 定义消息提示栏主题

在 app_theme 里定义两个消息提示栏主题 snackBarTheme 与 snackBarThemeDark。新建一个 SnackBarThemeData，设置消息提示栏的背景颜色，在 snackBarThemeDark 里设置内容文本样式。

```
（文件：lib/app/themes/app_theme.dart）
// SnackBar 主题
const snackBarTheme = SnackBarThemeData(
 backgroundColor: Colors.black87,
);

const snackBarThemeDark = SnackBarThemeData(
 backgroundColor: Colors.black87,
 contentTextStyle: TextStyle(
   color: primaryTextColorDark,
 ),
);
```

2. 设置消息提示栏主题

在 AppTheme 里分别设置 light 与 dark 里的 snackBarTheme。

```
（文件：lib/app/themes/app_theme.dart）
class AppTheme {
 // 亮色主题
 static ThemeData light = ThemeData(
  ...
   snackBarTheme: snackBarTheme,
 );
 // 暗色主题
 static ThemeData dark = ThemeData(
```

```
    ...
    snackBarTheme: snackBarThemeDark,
  );
}
```

3. 测试

重启应用调试，在模拟器中测试。先打开"用户"页面，单击用户名，退出登录。然后打开"发现"页面，单击列表项目上的心形小图标，因为当前用户没有登录，所以点赞内容时，会在页面上显示一个 SnackBar，提示"请先登录"（见图 24.7）。

图 24.7　亮色与暗色主题消息提示栏样式对比

24.2.9　任务：设置按钮主题（ElevatedButtonThemeData）

ElevatedButton 小部件会用到应用主题里 elevatedButtonTheme 设置的主题样式。

1. 定义 ElevatedButton 主题

在 app_theme 里定义两个 ElevatedButton 主题 elevatedButtonTheme 与 elevatedButtonThemeDark。新建一个 ElevatedButtonThemeData，设置 style，修改按钮的高度与形状。

```
（文件：lib/app/themes/app_theme.dart）
// 按钮主题
final elevatedButtonTheme = ElevatedButtonThemeData(
  style: ElevatedButton.styleFrom(
    elevation: 0,
    shape: BeveledRectangleBorder(),
  ),
);

final elevatedButtonThemeDark = ElevatedButtonThemeData(
  style: ElevatedButton.styleFrom(
    elevation: 0,
    shape: BeveledRectangleBorder(),
  ),
);
```

2. 设置 ElevatedButton 主题

在 AppTheme 里，分别设置 light 与 dark 里的 elevatedButtonTheme。

```
（文件：lib/app/themes/app_theme.dart）
class AppTheme {
  // 亮色主题
  static ThemeData light = ThemeData(
    ...
```

```
  elevatedButtonTheme: elevatedButtonTheme,
);
// 暗色主题
static ThemeData dark = ThemeData(
  ...
  elevatedButtonTheme: elevatedButtonThemeDark,
);
}
```

3. 测试

重启应用调试，在模拟器中观察 ElevatedButton 按钮样式（见图 24.8）。

图 24.8　亮色主题与暗色主题 ElevatedButton 按钮样式对比

ElevatedButton 有多种不同状态，如正常状态、禁用状态等，可以分别为其设置按钮样式。例如，修改暗色主题下 ElevatedButton 正常状态的文字颜色，需设置样式里的 onPrimary。

```
final elevatedButtonThemeDark = ElevatedButtonThemeData(
  style: ElevatedButton.styleFrom(
    ...
    onPrimary: Colors.white,
  ),
);
```

24.3　问题与思考

问题：如何调整弹出菜单小图标的颜色

单击"发现"页面顶部的更多小图标，更改弹出菜单里的小图标（见图 24.9）颜色。

（1）修改弹出菜单小图标颜色。

打开 app_page_header_actions_more 文件，修改 PopupMenuItem 里 Icon 的 color。如果菜单项目当前是激活状态，图标使用应用主题里的主要颜色；如果当前不是激活状态，让 color 的值为 null。

```
（文件：lib/app/components/app_page_header_actions_more.dart）
Icon(
  Icons.view_agenda_outlined,
  color: postIndexModel.layout == PostListLayout.stack
    ? Theme.of(context).primaryColor
    : null,
)
```

（2）测试应用。在"发现"页面，打开弹出菜单，观察小图标的颜色（见图 24.10）。

图 24.9　弹出菜单里的小图标　　　　　图 24.10　修改图标颜色后的弹出菜单

24.4　整 理 项 目

在终端，在项目所在目录下，首先把当前分支切换到 master，然后合并 theme 分支，再把 master 与 theme 两个本地分支推送到项目的 origin 远程仓库里。

```
git checkout master
git merge theme
git push origin master theme
```

第 25 章

发布应用

本章我们首先将编译用 Flutter 开发的移动应用，然后把它发布到苹果的应用商店（AppStore）里。

25.1　准备项目（release）

在终端，在项目所在目录下执行 git branch 命令，确定当前位于 master 分支。基于 master 分支创建一个新的分支 release，并切换到该分支上。

```
git checkout -b release
```

本章每完成一个任务，就在 release 分支上做一次提交。本章最后会把 release 分支合并到 master 分支上。

25.2　在苹果应用商店发布应用

如果用户想用真实的 iOS 设备（如 iPhone）调试 Flutter 移动端应用，并需要将应用发布到苹果应用商店里，那么他需要准备一台安装了 macOS 系统的桌面计算机（Mac），还需要按年付费，加入苹果的开发者计划中。

25.2.1　任务：加入苹果开发者计划

加入苹果开发者计划，需要准备一张信用卡，一部 iPhone，还有一台 Mac 计算机。

1. 在 iPhone 里安装 Apple Developer

打开 iPhone 里的 AppStore，找到并安装 Apple Developer 应用（见图 25.1）。

2. 登录与注册

图 25.1　在 iPhone 中安装 Apple Developer

首先打开 Apple Developer 里的账户，用 Apple ID 登录，然后在 APPLE DEVELOPER PROGRAM 下单击"立即注册"按钮（见图 25.2）。

注册时，需要提供开发者的联系信息与身份信息，以完成实名认证，并用信用卡支付费用。

注册完成后，在 APPLE DEVELOPER PROGRAM 下方会提示"已注册"（见图 25.3）。

3．登录苹果开发者网站

访问苹果开发者网站（https://developer.apple.com/），使用 Apple ID 登录网站（见图 25.4）。

图 25.2　注册 Apple Developer Program

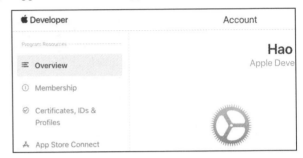

图 25.3　注册完成后会显示"已注册"

图 25.4　苹果开发者网站截图

25.2.2　任务：用真实设备调试应用（iOS）

加入苹果的开发者计划后，就可以在真实设备（iPhone 或 iPad）上调试应用了。

1．打开 iOS 项目文件

双击项目里 ios 目录下的 Runner.xcworkspace 文件（ios/Runner.xcworkspace），默认会用 XCode 打开该项目文件。

2．自动管理签名

首先在左侧栏中选择 Runner，然后在上方选择 Signing & Capabilities 选项卡，再选中 Automatically manage signing 复选框，设置自动管理签名（见图 25.5）。

图 25.5　选中 Automatically manage signing 复选框

3．添加账户

打开 Signing & Capabilities 选项卡，单击 Team 后的 Add Account...（添加账户）按钮，使用 Apple ID 登录（见图 25.6）。登录后，关闭显示窗口。

4．设置 Team

打开 Team 右侧的下拉菜单，当前选择的是 None，将其改为刚才添加的账户（见图 25.7）。确定后，下面会显示正在创建证书，提示 Creating provisioning profile ...信息（见图 25.8）。

创建证书成功以后，Signing Certificate 后会显示 Apple Development，后面是苹果开发者的名字（见图 25.9）。

图 25.6　使用 Apple ID 登录　　　　　　　图 25.7　选择 Team

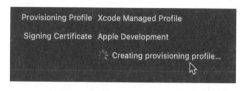

图 25.8　正在创建 Provisioning profile　　　图 25.9　Signing Certificate（签名证书）

5. 修改 Bundle identifier

修改 Bundle identifier，可以把它理解为应用的 ID，一般这个 ID 会使用反向域名的命名方式。例如，用户有一个域名是 ninghao.co，这里就是 co.ninghao，后面是应用的名字，如 xb2-flutter（见图 25.10）。

图 25.10　修改 Bundle Identifier

6. 在苹果开发者网站查看证书

我们登录苹果开发者网站，打开 Certificates，这里会显示签发的证书（见图 25.11）。

7. 设置在 macOS 系统中允许任何来源的应用

首先在终端执行以下命令：

```
sudo spctl --master-disable
```

然后打开"系统偏好设置→安全性与隐私"，单击左下角的小锁图标，设置允许"任务来源"。

8. 运行真机调试

将 iPhone 与计算机用数据线连接在一起，选择使用真实设备运行应用调试（见图 25.12）。

图 25.11　在苹果开发者网站中显示的证书　　　图 25.12　在设备列表中选择真实的设备

25.2.3 任务：应用小图标（iOS）

安装 iOS 设备上的应用，会使用 Flutter 项目提供的默认小图标，用户可以把它们替换成个人选定的小图标。

1．准备图标文件

先用图形设计软件设计一个小图标，图像尺寸是 1024×1024（见图 25.13）。

2．自动生成图标

借助工具，可以快速生成不同尺寸的小图标。下面我们来看看应如何操作。

登录 appicon.co，把 1024×1024 的图像文件拖放到网站上（见图 25.14）。

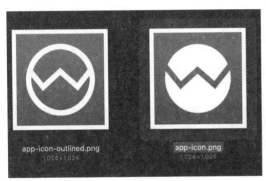

图 25.13　准备小图标图像文件　　　　图 25.14　将图标文件拖放到 appicon.co 网站中

选择生成 iPhone 小图标，单击 Generate（生成）按钮，会自动下载一个压缩包。打开解压之后的目录，在 Assets.xcassets 下有一个 AppIcon.appiconset 目录，其中是一些小图标图像文件，还有一个 .json 文件。

3．设置项目的图标资源

首先复制解压得到的 AppIcon.appiconset 目录，替换项目 icon/Runner/Assets.xcassets 里的 AppIcon.appiconset 目录。

然后打开 ios/Runner.xcworkspace，选择 Runner 下的 Assets.xcassets，再选择 AppIcon（见图 25.15），观察现在 iOS 应用使用的小图标（见图 25.16）。

图 25.15　选择 AppIcon 资源　　　　图 25.16　AppIcon 资源预览

4．重新运行应用调试

再次运行应用调试，编译安装成功后，应用使用的就是用户设置的个性化小图标了（见图 25.17）。

图 25.17　应用小图标

25.2.4　任务：应用启动屏幕（iOS）

应用启动时，会先显示一个启动屏幕，下面我们就来定制应用在 iOS 平台的启动屏幕。

1．设置启动屏幕图像

打开 ios/Runner.xcworkspace，选择 Runner 下的 Assets.xcassets 文件，再选择 LaunchImage 资源，默认情况下 Flutter 使用的启动屏幕图像就是个空白图像。用户可以使用其他图像替换它，使用的图像就是要在启动屏幕上显示的图像（见图 25.18）。

把准备好的图像分别拖放到 LaunchImage 的 1x、2x、3x 里（见图 25.19）。

图 25.18　选择 LaunchImage 资源

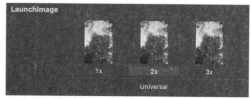

图 25.19　将图像拖到 LaunchImage 对应尺寸中

2．准备应用小图标资源

启动屏幕上显示应用图标，选中准备好的 1 倍（app-logo-light.png）、2 倍（app-logo-light@2x.png）、3 倍（app-logo-light@3x.png）大小的小图标，将其拖放到 Assets.xcassets 里（见图 25.20）。

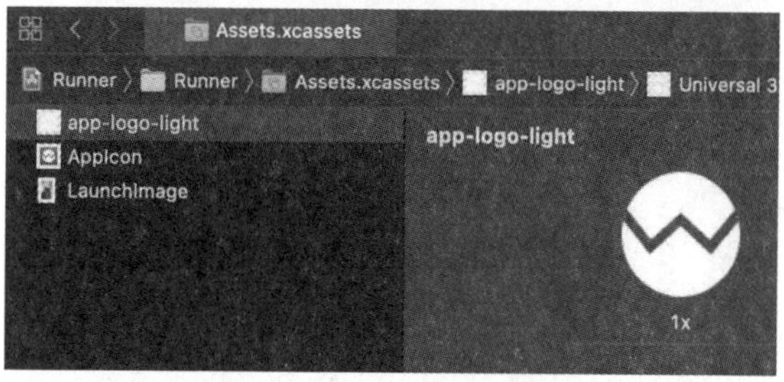

3．设计 Storyboard

图 25.20　将准备好的应用标志拖放到 Assets.xcassets 里

Flutter 为用户准备了一个 LaunchScreen.storyboard，默认情况下，项目会使用它作为应用的 Launch Screen（启动屏幕）。打开 storyboard，其中的 Image View 显示的图像就是 Assets.xcassets 里的 LaunchImage（见图 25.21），我们可以调整一下图像的位置。

在这个图像上面可以再添加一个应用标志，按 Shift+Command+L 快捷键搜索 Image，添加一个 Image View（见图 25.22）。

打开尺寸检查器，设置 View 的宽度（96）与高度（96），再调整 Image View 的 X 与 Y 的位置（见图 25.23）。

在属性检查器这里，设置 Image View 为 app-logo-light（见图 25.24）。

在尺寸检查器里，设置好 Autoresizing（见图 25.25）。至此，我们已设置好应用启动屏幕时的 storyboard。

图 25.21　选择 LaunchImage 文件

图 25.22　添加 Image View

图 25.23　在尺寸检查器设置宽度、高度、位置

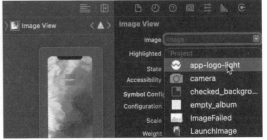

图 25.24　在属性检查器里设置 Image View

4．重新运行应用调试

重启应用调试，通过观察可发现，现在应用启动时会显示我们设置的启动屏幕（见图 25.26）。

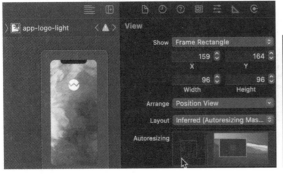

图 25.25　在尺寸检查器调整 Autoresizing

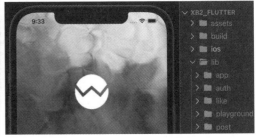

图 25.26　应用启动时显示启动屏幕

25.2.5　任务：注册应用 ID

发布应用之前，我们需要先在苹果开发者网站注册应用 ID。

1．新建 Identifiers

登录苹果开发者网站，打开边栏上的 Identifiers，单击添加图标按钮（见图 25.27）。

2．选择 App IDs

注册新的 ID，选择 App IDs，类型为 App。

3．配置

配置要创建的 Identifiers 和 Bundle ID（见图 25.28）。

图 25.27　创建 Identifiers（IDs）

图 25.28　配置 Identifiers 和 Bundle ID

4．观察 ID 列表

注册完成后，Identifiers 页面会列出刚才新注册的应用 ID（见图 25.29）。

25.2.6　任务：在 App Store Connect 创建应用

图 25.29　观察创建好的 Identifiers

通过 App Store Connect 网站（https://appstoreconnect.apple.com/）可以管理用户发布到苹果应用商店上的应用。首先我们来登录网站，新建一个应用。

1．新建应用

打开 App Store Connect 网站，打开"我的 App"，单击添加按钮，新建一个 App（见图 25.30）。

应用平台选择 iOS，应用名称设置为"小白摄影"，设置好语言、套装 ID（Bundle ID）等信息（见图 25.31），单击"创建"按钮。

图 25.30　在 App Store Connect 上新建 App

图 25.31　新建 App

2．配置版本信息

新建的应用版本需要进行配置。首先准备一些应用截图，分别上传到"iPhone 6.5 英寸显示屏"与"iPhone 5.5 英寸显示屏"下（见图 25.32）。然后在下方设置应用宣传文本、描述、关键字、网址等信息。

3．配置 App 综合信息

继续配置 App 综合信息，设置应用的版本号与版权。

4．配置 App 审核信息

配置 App 审核信息时（见图 25.33），需要提供一个应用测试账户，审核应用时苹果需要使用该账户登录。

图 25.32　上传应用截图　　　　　　　　　图 25.33　提供应用审核令牌

全部配置完毕后，单击页面右上角的"存储"按钮，保存刚才所做的配置。

25.2.7　任务：构建应用（iOS）

下面我们来构建、验证、分发该 iOS 应用。

1．设置应用标识

打开 ios/Runner.xcworkspace，选择边栏的 Runner，打开 General 选项卡（见图 25.34）。

图 25.34　打开 General 选项卡

在 Identify 里配置应用的 Display Name（显示名）、Bundle Indentifier（套装 ID）、Version（版本号）和 Build（构建数），如图 25.35 所示。

2．运行构建命令

在终端，在项目所在目录下执行构建命令：

```
flutter build ipa
```

构建完成后，build/ios/archive 目录下会生成一个 Runner.xcarchive 文件（见图 25.36），找到并双击打开该文件。也可以在终端用 open 命令打开该文件，具体操作为：复制文件地址，执行 open 命令时加上文件地址。

图 25.35 配置 Identity　　　　　　　　　图 25.36 在终端运行构建命令

3．验证应用

打开 Runner.xcarchive 文件后，单击 Validate App 按钮，验证应用（见图 25.37）。

单击 Next 按钮，选择自动管理签名。继续单击 Next 按钮，选中 Generate an Apple Distribution certificate 复选框，生成苹果分发证书。继续下一步，提示生成一个证书，建议导出证书，存放在安全的地方。单击 Export Signing Certificate，输入名字，设置存储位置，再输入设置的密码并确认密码，然后单击 Save 按钮进行保存（见图 25.38）。

图 25.37 验证应用（Validate App）　　　　图 25.38 在本地计算机上保存证书

保存证书后，继续下一步。验证过程中会多次提示输入登录密码，输入密码后单击"始终允许"按钮（见图 25.39）。

我们来检查一下应用信息（见图 25.40）。

图 25.39 验证过程中提示输入系统用户登录密码　　图 25.40 检查应用信息

再次单击 Validate 按钮进行验证，然后单击 Done 按钮完成整个操作。此时，系统会提示验证成功（见图 25.41）。

4．分发应用

验证应用成功后，需要再次单击 Distribute App 按钮，分发应用（见图 25.42）。

图 25.41　验证成功后的提示　　　　　　　图 25.42　执行分发应用

分发方式选择 App Store Connect（见图 25.43）。

继续下一步，选择目标，这里选择 Upload（见图 25.44）。

图 25.43　选择 App Store Connect　　　　　图 25.44　执行 Upload（上传）

单击 Next 按钮，继续下一步。如图 25.45 所示，选择 Automatically manage signing（自动管理签名），单击 Next 按钮。

最后单击 Upload 按钮，把构建好的应用上传到 App Store Connect 上。上传成功后，系统会给出提示信息（见图 25.46）。

图 25.45　选择 Automatically manage signing　　　图 25.46　上传成功提示

25.2.8　任务：修正问题后重新构建

构建并分发 iOS 应用后，用户会收到一封邮件，如图 25.47 所示。这里给出了一个必须解决的问题，即 info.plist 里少了点东西。因为应用需要访问用户相册，所以必须在 info.plist 里进行说明。

1．修正问题

打开 ios/Runner.xcworkspace，在 Runner 里找到 info.plist（见图 25.48）。

图 25.47　在 Apple 邮件中提示要解决的问题

图 25.48　选择 Runner 下的 info.plist

这里可以选择添加项目，首先在下拉菜单里找到 Privacy - Photo Library Usage Description 选项（见图 25.49），输入对应的 Value（即需要在照片里上传的图像文件），然后保存文件。

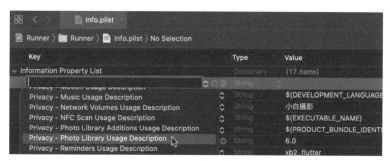

图 25.49　添加 Privacy - Photo Library Usage Description 项目

2．修改版本

打开 pubspec.yaml 文件，修改项目的版本号为 1.0.0+2，加号后面的数字表示构建序号，之前是 1，所以这次可以改成 2，表示第二次构建应用。

```
（文件：pubspec.yaml）
version: 1.0.0+2
```

3．运行构建命令

在终端，在项目所在目录下，执行构建命令：

```
flutter build ipa
```

4．分发应用

打开构建生成的 xcarchive 文件，执行 Distribute App 分发应用。如果在苹果 App Store Connect 网站处理成功，用户会收到一封邮件，提示完成了处理。

25.2.9　任务：提交发布应用（App Store Connect）

确定应用有可用构建版本后，就可以提交审核了。在 App Store Connect 网站打开应用，再打开"小白摄影"应用（见图 25.50）。

1．选择构建版本

在构建版本处，单击"请在提交 App 前先选择一个构建版本。"按钮（见图 25.51）。选择列出的可用构建版本（见图 25.52），单击"完成"按钮。

图 25.51　选择要审核的构建版本

图 25.50　在 App Store Connect 网站打开应用

图 25.52　选择可用的构建版本

下面需要设置出口合规证明信息（见图 25.53），全部选择"是"，然后单击"下一步"按钮，再单击"完成"按钮。

2．提交审核检查问题

单击页面右上角的"提交以供审核"按钮时，有时会无法提交，此时需要仔细查看无法提交的原因（见图 25.54）。只有解决了这些问题，才能正式提交审核。

图 25.53　设置出口合规证明信息

图 25.54　提交审核会提示现有问题

3．App 隐私

在边栏"综合"的下面，打开 App 隐私（见图 25.55）。单击"开始"按钮，填写信息。编辑隐私政策，填写"隐私政策网址（URL）"（见图 25.56）。

图 25.55　设置 App 隐私

图 25.56　设置隐私政策

配置好 App 隐私后，单击页面右上角的"发布"按钮。

4．App 信息

打开边栏上的 App 信息，设置应用的类别（见图 25.57）。

根据应用的实际情况，设置内容版权信息与年龄分级（见图 25.58）。

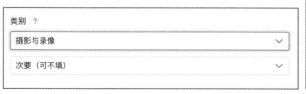

图 25.57 设置应用类别　　　　　　　　图 25.58 设置内容版权与年龄分级

设置应用的版权信息（见图 25.59）。

5．价格与销售范围

在左侧边栏选择"价格与销售范围"选项，在右侧设置应用的价格和销售范围（见图 25.60）。

图 25.59 设置版权信息　　　　　　　　图 25.60 设置价格与销售范围

6．提交审核

单击页面右上角的"提交以供审核"按钮（见图 25.61）。

如果没有要解决的问题了，就会提示已成功提交审核信息（见图 25.61）。

图 25.61 提交审核　　　　　　　　　图 25.62 成功提交审核

25.2.10 任务：通过 TestFlight 安装测试应用

通过 TestFlight 可以让指定用户在个人 iOS 设备上安装使用未审核通过的应用。

1．创建群组

登录 App Store Connect 网站，首先打开应用，然后打开 TestFlight（见图 25.63），创建一个内部群组（见图 25.64）。

图 25.63　打开 TestFlight

图 25.64　新建内部群组

2. 添加测试员

在创建的群组里，可以添加测试员（见图 25.65）。

图 25.65　添加测试员

3. 测试员安装测试应用

被添加到应用群组的测试员会收到一封邮件。

单击 View in TestFlight 按钮（见图 25.66），页面上会显示一个兑换码。用户可以在个人 iPhone 手机上安装 TestFlight 应用，打开应用，单击右上角的"兑换"按钮，输入兑换码，进行兑换（见图 25.67）。兑换成功后，App 下面就会出现可安装测试的应用，单击"安装"按钮，就可以把该应用安装在设备上使用了（见图 25.68）。

图 25.66　测试员收到的邮件　　　图 25.67　输入兑换码　　　图 25.68　安装测试应用

25.3　问题与思考

问题：如何提交审核新版本的应用

应用审核通过后，在 App Store Conenct 网站打开应用，左边栏会显示某个版本的应用可供销售。如果用户更新了应用，并上传了新的构建版本，想提交审核新版本的构建，首先可单击边栏上的"+"按钮，输入新版本号，然后选择要提交审核的构建版本，再单击"提交以供审核"按钮，进入审核状态（见图 25.69）。审核通过后，用户就可以在苹果 App Store 下载新版本的应用了。

图 25.69　创建新版本应用并重新提交审核

25.4　整 理 项 目

在终端，在项目所在目录下，首先把当前分支切换到 master，然后合并 release 分支，再把 master 与 release 两个本地分支推送到项目的 origin 远程仓库里。

```
git checkout master
git merge release
git push origin master release
```

第26章

注册用户

之前我们向苹果商店提交应用时，审核结果是元数据被拒绝，拒绝原因主要是"应用的用户从哪里来""应用里有没有付费以后才能查看的内容"等。首先为了能通过应用商店审核，我们可以在应用里添加一个注册用户界面，然后重复之前的发布操作，再次提交审核。

26.1　准备项目（user-create）

在终端，在项目所在目录下查看项目分支，显示当前位于 master 分支。基于 master 分支创建 user-create 分支，并切换到该分支上。

```
git checkout -b user-create
```

下面每完成一个任务，就在 user-create 分支上做一次提交。本章最后会把 user-create 分支合并到 master 分支上。

26.2　注册用户界面

26.2.1　任务：准备创建用户模型（UserCreateModel）

1. 创建用户模型

新建一个文件（lib/user/create/user_create_model.dart），在文件顶部导入 dart:convert、material、http、app_config 和 http_exception。在文件里定义类 UserCreateModel，继承自 ChangeNotifier。

```
（文件：lib/user/create/user_create_model.dart）
import 'dart:convert';
import 'package:flutter/material.dart';
import 'package:http/http.dart' as http;
import 'package:xb2_flutter/app/app_config.dart';
import 'package:xb2_flutter/app/exceptions/http_exception.dart';

class UserCreateModel extends ChangeNotifier {
}
```

2. 创建用户方法

在 UserCreateModel 类里定义 createUser()，以请求创建新的用户。使用该方法时，需要提供 name 与 password 参数。首先将请求创建用户的接口地址交给 uri，然后用 http.post() 请求该地址，设置 body 参数，值是一个对象，对象里面要设置 name 与 password，也就是创建的用户名字和用户设置的密码。

用户创建成功后，响应状态码是 201。如果不是 201，就会抛出一个 HttpException 异常。如果成功创建了用户，就会返回新创建的用户 ID，也就是响应主体里的 insertId。

```dart
（文件：lib/user/create/user_create_model.dart）
class UserCreateModel extends ChangeNotifier {
  Future<int> createUser({
    required String name,
    required String password,
  }) async {
    final uri = Uri.parse('${AppConfig.apiBaseUrl}/users');
    final response = await http.post(uri, body: {
      'name': name,
      'password': password,
    });

    final responseBody = jsonDecode(response.body);
    if (response.statusCode == 201) {
      notifyListeners();
      return responseBody['insertId'];
    } else {
      throw HttpException(responseBody['message']);
    }
  }
}
```

26.2.2　任务：用 Provider 提供创建用户模型

1. 创建 Provider

新建一个文件（lib/user/user_provider.dart），在文件顶部导入 provider 和 user_create_model。

再创建一个 userCreateProvider，值是一个新建的 ChangeNotifierProvider，用 create 返回一个 UserCreateModel 实例。声明一个 userProviders，值是一个列表，把 userCreateProvider 放到该列表里。

```dart
（文件：lib/user/user_provider.dart）
import 'package:provider/provider.dart';
import 'package:xb2_flutter/user/create/user_create_model.dart';

final userCreateProvider = ChangeNotifierProvider(
  create: (context) => UserCreateModel(),
);
final userProviders = [
```

```
    userCreateProvider,
];
```

2. 使用 Provider

打开 app.dart 文件，首先导入 user_provider，然后在 MultiProvider 的 providers 里，用 spread 操作符把 userProviders 里的内容展开。

```
（文件：lib/app/app.dart）
...
import 'package:xb2_flutter/user/user_provider.dart';
...

class _AppState extends State<App> {
  ...
  @override
  Widget build(BuildContext context) {
    return MultiProvider(
      providers: [
        ...
        ...userProviders,
      ],
      ...
    );
  }
}
```

26.2.3　任务：准备创建用户表单小部件（UserCreateForm）

1. 准备创建用户表单小部件

创建用户表单与创建用户登录表单差不多。打开 auth_login_form 文件，首先复制文件的全部内容，然后新建一个文件（lib/user/create/components/user_create_form.dart），把复制的代码粘贴到该文件里。在文件里查找 AuthLogin，全部替换成 UserCreate。

```
（文件：lib/user/create/components/user_create_form.dart）
...
class UserCreateForm extends StatefulWidget {
  @override
  _UserCreateFormState createState() => _UserCreateFormState();
}

class _UserCreateFormState extends State<UserCreateForm> {
  ...

  @override
  Widget build(BuildContext context) {
    ...
    final userCreateModel = context.read<UserCreateModel>();

    // 标题
    final header = AppHeaderText('注册用户');
```

```
// 用户
final nameField = AppTextField(
  ...
);

// 密码
final passwordField = AppPasswordField(
  ...
);

// 提交
final submitButton = AppButton(
  onPressed: () async {
    formKey.currentState!.validate();

    try {
      await userCreateModel.createUser(
        name: name!,
        password: password!,
      );

      await authModel.login(
        LoginData(
          name: name!,
          password: password!,
        ),
      );

      appModel.setPageName('');
    } on HttpException catch (e) {
      ScaffoldMessenger.of(context).showSnackBar(
        SnackBar(content: Text(e.message)),
      );
    }
  },
  text: '确定注册',
);

return Container(
  padding: EdgeInsets.all(16),
  child: Form(
    ...
  ),
);
}
}
```

代码解析：

（1）在 build() 里读取 UserCreateModel 提供的值，把它交给 userCreateModel。

```
final userCreateModel = context.read<UserCreateModel>();
```

（2）把标题文字修改成"注册用户"。

```
final header = AppHeaderText('注册用户');
```

（3）修改 submitButton 的 onPressed()。执行 authModel.login()前，先执行 userCreateModel.createUser()请求创建新的用户。

```
await userCreateModel.createUser(
  name: name!,
  password: password!,
);
await authModel.login(
  ...
);
```

2. 准备创建用户小部件

打开 user_create 文件，首先删除文件里的所有内容，然后重新定义一个 Stateless 小部件，名字是 UserCreate。在小部件里首先用一个 Scaffold 设置 appBar，然后新建 UserCreateForm 小部件，把它交给 body 参数。

```
（文件：lib/user/create/user_create.dart）
import 'package:flutter/material.dart';
import
'package:xb2_flutter/user/create/components/user_create_form.dart';

class UserCreate extends StatelessWidget {
  @override
  Widget build(BuildContext context) {
    return Scaffold(
      appBar: AppBar(
        title: Text('注册用户'),
      ),
      body: UserCreateForm(),
    );
  }
}
```

26.2.4 任务：修改用户未登录时的页面

1. 修改用户未登录页面

打开 user_profile 文件，首先把之前的 login 按钮文字改成"登录"，然后复制一份登录按钮，再准备一个"注册"按钮。单击按钮时，执行 appModel.setPageName()，把 AppModel 里的 pageName 属性值改成 UserCreate。再准备一个 separator，定义一个 actions，用一个 Row 小部件把 login、separator、register 放到 Row 小部件的 children 里。

```
（文件：lib/user/profile/user_profile.dart）
...

class UserProfile extends StatelessWidget {
  @override
```

```
Widget build(BuildContext context) {
  ...

  // 登录
  final login = TextButton(
    child: Text('登录'),
    onPressed: () {
      appModel.setPageName('AuthLogin');
    },
  );

  // 注册
  final register = TextButton(
    child: Text('注册'),
    onPressed: () {
      appModel.setPageName('UserCreate');
    },
  );

  // 分隔
  final separator = Text('/');

  // 动作
  final actions = Row(
    mainAxisAlignment: MainAxisAlignment.center,
    children: [
      login,
      separator,
      register,
    ],
  );

  ...

  return Container(
    height: double.infinity,
    width: double.infinity,
    child: Center(
      child: authModel.isLoggedIn ? userProfile : actions,
    ),
  );
}
}
```

最后修改小部件界面，更改 Center 小部件的 child，用户登录就用 user Profile，未登录就用 actions 。

```
Center(
  child: authModel.isLoggedIn ? userProfile : actions,
),
```

2. 在页面列表添加 UserCreate 页面

打开 app_router_delegate 文件，首先在文件顶部导入 user_create。然后在 Navigator 的

pages 里进行判断，如果 appModel.pageName 等于 UserCreate，就添加一个新页面，新建一个 MaterialPage，页面相关的小部件设置成 UserCreate。

```
（文件：lib/app/router/app_router_delegate.dart）
...
import 'package:xb2_flutter/user/create/user_create.dart';

class AppRouterDelegate extends RouterDelegate<AppRouteConfiguration>
    with ... {
  ...

  @override
  Widget build(BuildContext context) {
    ...
    return Navigator(
      // key: _navigatorKey,
      pages: [
        ...
        if (appModel.pageName == 'UserCreate')
          MaterialPage(
            key: ValueKey('UserCreate'),
            child: UserCreate(),
          ),
      ],
      ...
    );
  }
}
```

3. 测试

在模拟器中测试，打开"用户"页面，如果用户没有登录，页面上会显示"登录/注册"按钮。单击"注册"按钮，打开的是 UserCreate，里面显示的是一个 UserCreateForm，输入要注册的用户名，再输入密码，然后单击"确定注册"按钮（见图 26.1）。

用户注册成功后，可以使用新用户登录。如果登录成功，用户页面上会显示用户名。

图 26.1　单击"确定注册"按钮

26.2.5　任务：修改应用重新编译并提交审核

1. 删除首页菜单小图标

打开 app_home 文件，首先把之前在 Scaffold 里添加的 drawer 这行代码注释或删除。

```
（文件：lib/app/components/app_home.dart）
class _AppHomeState extends State<AppHome> {
  ...
  @override
```

```
Widget build(BuildContext context) {
  return DefaultTabController(
    ...
    child: Scaffold(
      ...
      // drawer: AppPageAside(),
    ),
  );
}
}
```

然后打开 app_page_header 文件，把 AppBar 小部件里的 leading 参数注释或删除。这样，首页头部就不会显示之前的菜单小图标了（见图 26.2）。

```
（文件：lib/app/components/app_page_header.dart）
class AppPageHeader extends StatelessWidget ... {
  ...
  @override
  Widget build(BuildContext context) {
    return AppBar(
      ...
      // leading: IconButton(
      //   ...
      // ),
      ...
    );
  }
}
```

2．修改版本号

打开 pubspec.yaml 文件，把 version 属性值改成 1.1.0+1。

```
（文件：pubspec.yaml）
version: 1.1.0+1
```

3．编译并上传应用

在终端，项目所在目录下，执行构建命令：

```
flutter build ipa
```

编译完成后，打开生成的 xcarchive 文件，单击 Distribute App 按钮，完成应用分发。

4．设置 TestFlight

登录 App Store Connect，在 TestFlight 里可以看到最新上传的应用，这里显示正在处理（见图 26.3）。

图 26.2　删除 leading 参数后不再显示菜单小图标

图 26.3　正在处理构建版本

379

处理完成后，单击"管理"按钮（见图 26.4），全部选择"是"，再单击"开始内部测试"按钮，这样测试员就可以安装该新版本的应用了。

5．重新提交审核

打开 App Store 选项卡（见图 26.5）。

图 26.4　管理出口合规证明　　　　　　　　图 26.5　打开 App Store 选项卡

首先找到构建版本，把旧的构建版本删除，然后选择一个新版本，如前面构建的 1.1.0 版本（见图 26.6）。单击"完成"按钮存储后，再次单击"提交以供审核"按钮，等待审核结果。

审核通过后，应用名字下会显示"可供销售"文字（见图 26.7）。

图 26.6　添加构建版本　　　　　　　　图 26.7　　显示"可供销售"字样

现在，用户就可以通过 AppStore 搜索"小白摄影"，找到我们在本书中开发的应用，并可把它安装在手机上进行测试了。

26.3　整 理 项 目

在终端，在项目所在目录下，首先把当前分支切换到 master，然后合并 user-create 分支，再把 master 与 user-create 两个本地分支推送到项目的 origin 远程仓库里。

```
git checkout master
git merge user-create
git push origin master user-create
```

第 27 章

下一站

下面介绍一下接下来读者可以尝试做的一些事情。

1. 状态管理

本书介绍了用 Provider 提供的方法做应用的状态管理，这为使用其他的状态管理方法打好了基础。如果你需要构建较为复杂的应用，可以考虑引入更高级的状态管理方案，如 MobX 或者 Redux。

2. 内容分页

目前，我们一起搭建的应用，其内容列表只能显示第一页内容，读者可以尝试无限滚动加载功能，就是当滚动到页面底部时，如果还有可显示的内容列表数据，就去请求新的列表数据，再把它们显示出来。

无限加载的思路很简单，需要监视页面的滚动，检测是否滚动到了页面底部，并且还有可加载的新的列表数据，这时就可以请求内容列表接口，获取新的列表数据。可以将内容列表滚动视图换成 CustomScrollView，给它提供一个滚动控制器，用这个控制器可以监听视图滚动。

请求内容列表接口后，在得到的响应数据里，X-Total-Count 头部数据的值就是列表总共的项目数量，配合每页的项目数量（30），可以计算出总共的页数，在接口里使用 page 查询符设置页码，就可以获取某页的列表数据。

示例：

https://nid-node.ninghao.co/posts?sort=most_comments&page=1

https://nid-node.ninghao.co/posts?sort=most_comments&page=2

3. 图像元数据

内容相关的图像会包含一些元数据，如拍摄照片用的相机、镜头、处理图像用的软件等等。您可以在内容页准备一个显示这些元数据的界面。

接口：

/files/$fileId/metadata

示例：

https://nid-node.ninghao.co/files/1/metadata

界面参考如图 27.1 所示。

4. 评论与回复

在内容页上可以显示与内容相关的评论与回复，你可以准备一个评论按钮，单击按钮时显示一个底板，在底板上显示内容的评论与回复列表。评论与回复页面参考图 27.2。

图 27.1　照片元数据界面参考图　　　　　图 27.2　评论与回复页面参考图

接口：

/comments?page=$pageNumber&post=$postId

/comments/$commentId/replies

示例：

https://nid-node.ninghao.co/comments?page=1&post=25

https://nid-node.ninghao.co/comments/31/replies

5．搜索

服务端提供了搜索接口，可以搜索标签、用户、相机和镜头，如图 27.3 所示。

图 27.3　搜索页面参考图

接口：

/search/$value?$query=$searchKeyword

示例：

https://nid-node.ninghao.co/search/users?name=王

https://nid-node.ninghao.co/search/tags?name=水

https://nid-node.ninghao.co/search/cameras?makeModel=canon

https://nid-node.ninghao.co/search/lens?makeModel=fuji

至此，你已成为一名优秀的客户端应用开发者。恭喜一路走来的成长！

此次开发之旅即将结束，新的旅程又将开始，我们后会有期！